Alba-Modellbahn-Praxis

11

MODELLBAHN DIGITAL-PROFI

Digital Fahren, Schalten und Melden
– ein Systemvergleich der Profisteuerungen

von Werner Kraus

mit 48 Tabellen, 17 Zeichnungen und 63 Fotos

alba

CIP-Kurztitelaufnahme der Deutschen Bibliothek

Kraus, Werner:
Modellbahn-Digital-Profi : digital fahren, schalten und melden - ein Systemvergleich der Profisteuerungen / von Werner Kraus. - Düsseldorf : Alba, 1999.
(Alba-Modellbahn-Praxis ; 11)
Früher u.d.T.: Kraus, Werner: Modellbahn-Digital-Praxis
ISBN 3-87094-587-7

Erschienen Oktober 1999

Titelfoto Markus Tiedtke

Layout Susanne Kreitzberg

Herstellung L. N. Schaffrath, Geldern

ISBN 3-87094-587-7

Inhalt

Glossar

Analog-Lok, Triebfahrzeug mit konventioneller bzw herkömmlicher Technik:

Modellbahnloks bzw Triebfahrzeuge aller Baugrößen, die sich mit einem Gleich- oder Wechselstromfahrpult (sog. Modellbahntrafo) hinsichtlich Fahrtrichtung und Geschwindigkeit steuern lassen. Sie sind mit üblicher Fahrzeugtechnik ausgestattet, also Gleichstromloks mit Permanentmagnetmotoren und Wechselstromloks mit Reihenschlußmotoren (Allstrommotoren, Feldspule) und mechanischem Fahrtrichtungsrelais.

Analogstromkreis:

Stromkreis, in dem üblicherweise Analog-Loks (Gleichstrom- oder Wechselstromfahrzeuge) verkehren und mit einem Gleich- oder Wechselstromfahrpult gesteuert werden. Bei Gleichstrombahnen geschieht die Stromzufuhr zwischen Fahrpult und Fahrzeug über Zweischienen-Zweileiter-Gleise, bei Wechselstrombahnen über Zweischienen-Dreileiter-Gleise (symmetrischer Aufbau mit Mittelleiter in Form von Punktkontakten, beide Schienen als „Rückleiter").

Digital-Lok:

Elektromechanische Antriebstechnik wie bei Analog-Loks, zusätzlich sind den Motoren bei Gleichstrom-Loks sog. Lokdecoder vorgeschaltet. Bei Wechselstrom-Loks sind den Motoren ebenfalls sog. Lokdecoder vorgeschaltet; sie ersetzen hier jedoch gleichzeitig das ansonsten bei Wechselstromfahrzeugen notwendige Fahrtrichtungsrelais.

Digitalstromkreis:

Aus einer Zentraleinheit (Digitalzentrale mit Fahrzeugsteuerung) mit Fahrspannung und Informationen (z.B. Daten wie Fahrtrichtung, Geschwindigkeit) versorgter Stromkreis, in dem üblicherweise Digital-Loks verkehren, deren Lokdecoder (Empfänger) die jeweils für sie bestimmten Daten auswerten und in gewünschte Befehle für den Motor umformen.

Lokadresse:

Nummer (meist zwei Ziffern) mit der eine Lok aufgerufen und anschließend gesteuert wird (vergleichbar mit einer Telefonnummer, die gewählt wird, um einen bestimmten Teilnehmer zu erreichen).

Lokdecoder, Lokempfänger:

In jeder Digital-Lok eingebaute Baugruppe (Empfänger), die aus der am Gleis anliegenden Spannung und aus einer Vielzahl unterschiedlicher Informationen (Daten), die für diese Lok bestimmte Nachrichten (Lokadresse, Fahrtrichtung, Geschwindigkeit, usw) selbsttätig herausfiltert und in elektrische Signale umformt, welche den Motor in der gewünschten Zeit und der gewünschten Drehrichtung (Fahrtrichtung) mit der am Gleis liegenden Spannung versorgen.

Lastausgleich, Lastregelung, Motordrehzahlregelung:

Verfahren welches das lastabhängige Verhalten von Modellbahnmotoren (nahezu) egalisiert, also vom Bediener nicht gewünschte Geschwindigkeitsänderungen (wie Zunahme der Geschwindigkeit in Gefälleabschnitten) vermeiden hilft. Verfahren hat ursächlich mit Digitalsteuerungen nichts zu tun, erforderliche Schaltungen lassen sich jedoch gut in Lok-Decoder integrieren.

Zusatzfunktion, fernsteuerbare Funktion:

Eine Triebfahrzeugbeleuchtung, die bei Digitalsystemen üblicherweise ständig mit gleichmäßiger Intensität arbeitet, zählt nicht zu fernsteuerbaren Funktionen. Erst wenn diese Beleuchtung vom Fahrgerät aus zu jedem beliebigen Zeitpunkt aus- und eingeschaltet werden kann handelt es sich um eine fernsteuerbare Funktion.

Vorwort

Der inhaltlich völlig neu konzipierte AMP Band 11 behandelt Profi-Digitalsteuerungen und bildet damit die konsequente Fortsetzung von Band 10, dessen Schwerpunkt Digitalsysteme für Modellbahn-Einsteiger sind.

FAHREN kann man schon mit Einsteiger-Digitalsteuerungen, aber erst die Profi-Versionen ermöglichen einen Betrieb mit loktypspezifischen Höchstgeschwindigkeiten, die vorbildgerechte Nachbildung zugmasseabhängiger Beschleunigungs- und Bremsvorgänge, die ferngesteuerte Bedienung von Fahrzeugkupplungen, Signaleinrichtungen, Licht, Rauchentwicklern und fahrzeugtypischen Betriebsgeräuschen. Erst Profi-Digitalsteuerungen vermitteln das Gefühl „Lokführer“ zu sein.

Jede Weiche und jedes Signal einzeln digital zu SCHALTEN kann einen Profi kaum zufrieden stellen. Sinn macht hingegen das Schalten kompletter Fahrstraßen mit nur einem einzigen Knopfdruck. Und das läßt sich bei Profi-Digitalsteuerungen mit minimalem Verdrahtungsaufwand realisieren. Das gilt ebenso für Blockschaltungen und Schattenbahnhofsteuerungen.

Das MELDEN von freien und besetzten Gleisabschnitten sowie die Registrierung von zuggesteuerten Kontakten bilden eine Voraussetzung zur Nachbildung eines vorbildorientierten Zugverkehrs.

Die bei Profi-Digitalsteuerungen vergleichsweise einfach zu realisierende Kombination von SCHALTEN und MELDEN läßt den Modellbahner zum „Fahrdienstleiter“ avancieren.

Werden alle drei Aufgaben – FAHREN, SCHALTEN und MELDEN – via Interface, Software und PC miteinander verknüpft, so entsteht ein Betrieb nach Fahrplan. Somit sind der eigenen Kreativität und der Freude beim Spiel mit der Modellbahn kaum noch Grenzen gesetzt – in der Regel ist es das Hobbybudget, das zu einem schrittweisen Ausbau mahnt.

Zweck dieses Buches ist es,

- Aufsteigern von Einsteiger-Digitalsteuerungen,
- Direkteinsteigern in die digitale Modellbahnsteuerung und
- Umsteigern von herkömmlicher Analogtechnik auf eine Digitalsteuerung

Kriterien für eine sachgerechte Systemauswahl aufzuzeigen.

Dabei hilft eine ausführliche Beschreibung des inzwischen recht umfangreichen Angebotes an Steuerungssystemen und geeignetem Zubehör mit seinen spezifischen Vor- und Nachteilen. Breiten Raum nimmt hierbei die detaillierte Darstellung der verschiedenen Systeme etablierter Hersteller und der Offerten von Zubehöranbietern ein.

Der Leser wird in die Lage versetzt, eine seinen persönlichen Vorstellungen und Erwartungen entsprechende Profi-Digitalsteuerung auszuwählen und seine Ziele zu realisieren. Dabei wird stets im Auge behalten, daß die Digitaltechnik letztlich auch nur ein Hilfsmittel zur Erreichung eines vorbildgerechten Fahrverhaltens und zur Nachbildung eines am Vorbild orientierten Betriebsablaufes darstellt.

Werner Kraus

1 Grundsätzliche Auswahlkriterien

Welche Bedeutung haben Baugröße und Stromversorgungssystem für den Digitalbetrieb? Was bedeutet Kompatibilität? Welcher Stellenwert ist der Normung in der Praxis beizumessen? Welche Rolle spielen Aufbau und Bedienung bei einer Profi-Digitalsteuerung? Und was ist beim Leistungsbedarf zu beachten? Inwieweit erhöhen fernsteuerbare Zusatzfunktionen den Spaß am Spiel? Die Beantwortung dieser grundsätzlichen Fragen bildet den Schwerpunkt des ersten Kapitels.

Angebotsübersicht

Die Offerte an Profi-Digitalsystemen ist umfangreich. Deshalb zunächst eine Übersicht mit Angaben zur Eignung hinsichtlich der Baugröße und des „Stromversorgungssystems". Damit kann der Interessent eine erste Vorauswahl treffen.

Zubehörangebote

Zahlreiche Firmen bieten inzwischen Zubehör für Profi-Digitalsteuerungen an. Die Angebotspalette reicht vom Lokdecoder über Magnetartikel- und Schaltdecoder bis hin zu komfortabler Software. Diese Angebote werden in einem eigenen Kapitel vorgestellt.

Übersicht Profi-Digitalsysteme und Einsteigerversionen

Baugröße		Z	N	H0 Gleichstrom	H0 Wechselstrom	IIm Lehmann	0	I
Spurweite in mm		6,5	9	16,5	16,5	45	32	45
Maßstab		1:220	1:160	1:87	1:87	1:22,5	1:45	1:32
Märklin Digital	**P**				X			X
Delta Control	E				X			
Delta Station	E				X			X
Digital Plus	**P**		X	X		X	X	X
Digital Plus Set 01/02	(E)			X				
Arnold Digital	**P**		X	X	X			
Commander 9	E		X	X				
Zimo Digital	**P**		X	X	X	X	X	X
Selectrix 2000	**P**		X	X				
Central Control 2000	E		X	X				
Intellibox	P			X	X			
Fleischmann FMZ	**P**		X	X				
DIGITALcontrol	E		X	X				
FMZ Control 4	(E)		X	X				
Roco Digital	**E**			X				
Lehmann Digital	E					X		
Digitrax	**P**		X	X				

E: Einsteigerversion P: Profi-Digitalversion

Baugröße und Digitalbetrieb

Wer neu in das Modellbahnhobby einsteigt, für den steht die Wahl der Modellbahnbaugröße an erster Stelle. Und wer neu und zugleich digital einsteigt, für den gilt es dabei einige digitalspezifische Aspekte zu beachten.

Wer genügend Platz hat – und damit seine Baugröße „frei" wählen kann – sollte sich vor seiner Entscheidung sehr wohl überlegen, was er vom Spiel mit der digitalen Modellbahn erwartet und welche Vor- und Nachteile die jeweilige Baugröße speziell unter dem Gesichtspunkt des Digitalbetriebes hat.

Profi-Digitalsteuerungen sind für die Modellbahnbaugrößen N bis I erhältlich.

In Baugröße N besteht eine große Auswahl an Fahrzeugen von verschiedenen Herstellern (Arnold, Fleischmann, Roco, Trix, usw.) in guter Detaillierung. Kupplungen und herkömmliches Stromversorgungssystem sind identisch. Auf kleiner Fläche lassen sich lange Strecken, zahlreiche Weichen, Signale, Drehscheiben, usw. unterbringen und natürlich entsprechend viele Züge einsetzen. Fahren mit vorbildgerecht langen Reise- und Güterzügen stellt bei dieser Baugröße kein Problem dar. Auf betriebsintensiven Anlagen kommen die Vorzüge von Digitalsteuerungen besonders gut zur Geltung. Die Fahreigenschaften sind – vorausgesetzt es werden Lokdecoder mit integrierter Motordrehzahlregelung verwendet – durchaus akzeptabel, weil zeitgemäße Lokdecodertechnik selbst aus vergleichsweise weniger gut laufenden Analog-Loks Digital-Loks mit guten Fahreigenschaften macht.

Reibungsloser Betrieb erfordert in Baugröße N beim Unterbau und beim Gleisbau sorgfältige Arbeit, denn die kleinen Fahrzeuge verzeihen Fehlstellen kaum. Das Raumangebot in N-Triebfahrzeugen ist mitunter begrenzt, so daß der Einbau von Lokdecodern nicht immer ganz einfach ist. Fernsteuerbaren Funktionen sind aus räumlichen Gründen enge Grenzen gesetzt. Außer der Fahrzeugbeleuchtung wird derzeit nichts angeboten. Vorstellbar sind in N schaltbare Dampfentwickler und fernsteuerbare Lokpfeifen. Arnold bietet als einziger N-Hersteller Fahrzeuge mit einer mechanisch wirkenden Rangierkupplung, der sog. SIMPLEX-Kupplung an. Arnold Digital-Loks sind in Verbindung mit dieser Kupplung natürlich für Rangieraufgaben prädestiniert.

Wer sich keinen Beschränkungen hinsichtlich der Triebfahrzeugauswahl unterwerfen möchte, muß bei Baugröße N eine Profi-Digitalsteuerung wählen, die auch den Einsatz von Analog-Loks im Digitalstromkreis erlaubt, weil in manche Loks kein Lokdecoder hineinpaßt, oder aber Zusatzkosten beim Decodereinbau durch erforderliche Änderungen an den Fahrgestellen entstehen.

Der Aufbau von H0-Digitalanlagen ist allein schon durch die größeren Abmessungen (stabilere Ausführung) von Gleisen, Weichen, Signalen, usw. bedeutend einfacher. Die Güte der elektromechanischen Triebfahrzeugkonstruktionen erreicht zumeist einen hohen Standard. Der Einbau von Lokdecodern in Triebfahrzeuge ist – aufgrund der größeren Fahrzeugabmessungen – verhältnismäßig einfach. Ab der Baugröße H0 vermögen Digitalsteuerungen zusätzliche Vorzüge auszuspielen. Ferngesteuerter Betrieb von Geräuschsimulationsbausteinen (Themen: Läuten, Pfeifen, Bimmeln, Fahrzeugbetriebsgeräusche), sowie von Funktionen (das reicht von fernsteuerbaren Fahrzeugkupplungen, ein- und ausschaltbaren Dampfentwicklern, über heb- und senkbare Stromabnehmer, fernbetätigte Türen bis hin zum voll funktionsfähigen Kranwagen und Spezialfahrzeugen beispielsweise zur maßstabsgerechten Messung und Anzeige der Geschwindigkeit) sind ab dieser Baugröße aufgrund der Fahrzeugabmessungen realitätsnah zu verwirklichen. Die Fahreigenschaften von H0-Modellen sind im allgemeinen gut und werden durch den Einbau von Lokdecodern weiter verbessert.

Märklin bietet bereits seit Jahren in den Baugrößen H0 und I Digital-Loks mit fernsteuer-

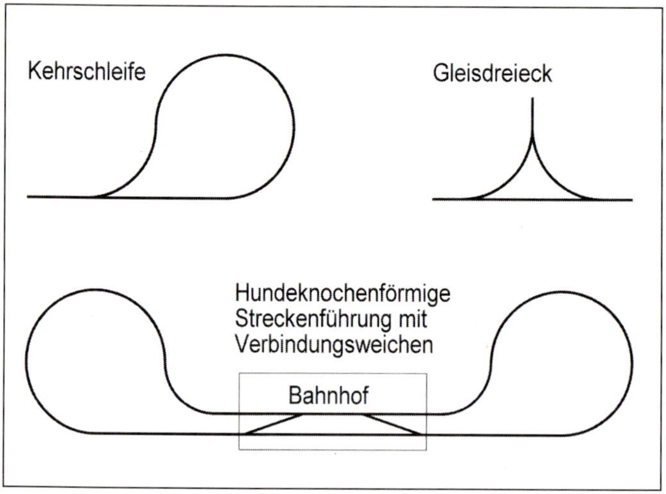

Beim Märklinsystem haben solche Gleisführungen keinen zusätzlichen Schaltungsaufwand zur Folge, während bei Zweischienen-Zweileiter-Systemen auch bei Digitalbetrieb Zusatzschaltungen und Verdrahtungsaufwand entstehen.

barer TELEX-Kupplung an – für den rangierbegeisterten Modellbahner stellen solche Fahrzeuge geradezu ein Muß dar! Neuerdings führt auch Roco Digital-Rangierloks mit fernsteuerbaren Kupplungen im Angebot.

Der Aufbau betriebsintensiver H0-Anlagen erfordert jedoch vergleichsweise viel Platz. Das H0-Angebot erscheint auf den ersten Blick beeindruckend. Aber man bewegt sich bei der Baugröße H0 in einem Systemdschungel von Stromversorgungs- und Kupplungsvarianten. An der Grundsatzentscheidung zwischen Zweischienen-Zweileiter-Gleichstrombahnen (Fleischmann, Roco, Trix, usw.) und Zweischienen-Dreileiter-Wechselstrom-Bahnen (Märklin, Hag) kommt der Modellbahner nicht vorbei. Ist diese Entscheidung getroffen, dann reduziert sich das zur Wahl stehende Angebot mitunter beträchtlich.

Wer entweder über ausreichend viel Platz verfügt, oder sich auf die Optimierung von Fahrzeugen mit vielen fernsteuerbaren Funktionen konzentrieren möchte, dem wird die Baugröße H0 oder größer empfohlen.

Betriebsorientierten Digital-Modellbahnern und Digital-Interessenten mit begrenzter Anlagenfläche wird zu Baugröße N geraten.

Gleis- und Stromversorgungssysteme

Wer sich für Baugröße H0 und hier für das Fabrikat Märklin entscheidet, wählt mit dem symmetrisch aufgebauten mit einer gleismittig angeordneten Zuleitung und den zwei Schienen als Rückleiter zweifellos das Optimum an Betriebssicherheit. Zugleich bietet dieses System den Vorteil, daß auch bei Digitalsteuerungen sämtliche Gleisbilder ohne zusätzlichen Schaltungsaufwand realisiert werden können. Denn für den Digitalbetrieb gilt ebenfalls, daß beim Märklinsystem beispielsweise hundeknochenförmige Gleisführungen, Kehrschleifen und Gleisdreiecke keine schaltungstechnischen Zusatzaufwendungen nach sich ziehen. Und die Erfassung von Gleisbesetztzuständen oder zuggesteuerte Kontaktgeber sind beim Zweischienen-Dreileiter-System geradezu simpel, weil dazu eine der beiden Rückleiterschienen verwendet werden kann. Jeder Radsatz verbindet die beiden Rückleiterschienen und meldet so ohne zusätzliche Elektronikschaltungen sicher und eindeutig Gleisbesetztzustände bzw. freie Gleisabschnitte. Dieses Prinzip kann ebenso als zuggesteuerter Kontaktgeber Verwendung finden.

Dagegen bieten Zweischienen-Zweileiter-Gleise in der Regel den Vorteil eines vorbildgetreueren Aussehens. Systembedingt ist jedoch der Rad/Schienenkontakt kritischer zu beurteilen. Und ebenso muß sich der Anwender bewußt sein, daß der „unsymmetrische" Aufbau von Hin- und Rückleiterschiene beispielsweise bei Gleisdreiecken, Kehrschleifen und beim erzeugen von Rückmeldungen, sowie bei der Generierung zuggesteuerter Kontakte zusätzlichen Schaltungsaufwand – und damit auch Kosten – verursacht.

Wer sich als Aufsteiger oder Umsteiger für ein Profi-Digitalsystem entscheidet, der ist bereits auf ein Gleis- und Stromversorgungssystem fixiert – Empfehlungen wären hier unangebracht. Wer seine Priorität auf Kontaktsicherheit und Minimierung des Schaltungsaufwandes legt, wird sich als H0 Neueinsteiger für Zweischienen-Dreileiter-

Adressenkapazitäten im Vergleich

	Märklin Digital	Digital Plus	Arnold Digital	Trix Selectrix	Fleischmann FMZ Control
Adressen-gesamtzahl				104	119
Analog-Loks	0	1	0 [1])	0	[2])
Digital-Loks	80	99	119	Adressengesamtzahl beliebig auf Loks, Magnetartikel und Rückmeldedecoder verteilbar Beispiel: 52 Loks + 40 Funktionsdecoder + 12 Besetztmelder [3]) = 104 Adressen	Adressengesamtzahl beliebig auf Loks und Magnetartikel verteilbar Beispiel: 60 Loks + 59 Schaltdecoder = 119 Adressen
Magnetartikel	256	256	256		
Rückmeldungen	496	1024	0		0

[1]) Gilt aus patentrechtlichen Gründen für in Deutschland ausgelieferte Geräte. [2]) Es können zusätzlich zu den Digital-Loks so viele Analog-Loks gesteuert werden, wie um sog. FMZ-Koppler ergänzte Gleichstromfahrpulte eingesetzt werden. [3]) Mit einem Selectrix-Besetztmelder läßt sich der Besetztzustand von acht Gleisabschnitten melden

Gleise entscheiden. Wer der Optik den Vorrang einräumt, wird ein Zweischienen-Zweileiter-Gleis wählen.

Adressenkapazität

Einsteiger-Digitalsteuerungen sind in der Regel für maximal neun Triebfahrzeuge ausgelegt. Profi-Systeme erlauben den Einsatz von bis zu weit über 100 Triebfahrzeugen. Die Lokadressenkapazität einer Digitalsteuerung ist weniger für die Zahl gleichzeitig steuerbarer Triebfahrzeuge von Bedeutung, als vielmehr für das betriebsbereite abstellen mehrerer Fahrzeuge auf einer Anlage.

Der Begriff Adressenkapazität schließt neben den Lokadressen auch die Adressenzahl für Magnetartikel bzw. Dauerstromverbraucher, sowie für Rückmeldungen ein. Wie die Tabelle verdeutlicht, gibt es Digitalsteuerungen, welche für die drei Aufgabengebiete FAHREN, SCHALTEN und MELDEN jeweils separate Adressenkontingente ausweisen. Diese Systematik ist für den Anwender sehr übersichtlich. Beispiele sind Märklin Digital und Digital Plus. Trix und Fleischmann arbeiten mit einem Adressenkontingent, das beliebig auf Digital-Loks, Magnetartikel bzw. Dauerstromverbraucher und Rückmeldedecoder (nur bei Selectrix) aufgeteilt werden kann. Auch gibt es immer noch Profi-Digitalsteuerungen, die für die Übertragung von Meldungen überhaupt keine Lösung – und damit auch kein Adressenkontingent – bieten. Arnold Digital und Fleischmann FMZ lauten die Beispiele.

Digitalsteuerungen mit separaten Adressenkontingenten für die Aufgabenbereiche FAHREN, SCHALTEN und MELDEN sind etwas einfacher zu handhaben, als solche, die eine beliebige Adressenverteilung erlauben. Die bei Arnold Digital und Fleischmann FMZ fehlende Möglichkeit zur Übertragung von Rückmeldungen stellt – je nach Zielsetzung für den eigenen Digitalbetrieb – einen gravierenden Nachteil dar.

Normen für Digitalsteuerungen

In den USA gibt es die sog „National Model Railroad Association", die nationale Modelleisenbahnvereinigung NMRA. Sie hat im Herbst 1994 eine Entscheidung zugunsten des DCC-Datenformates (Digital Command Control) getroffen. Dieses Datenformat wurde von der Fa. Lenz-Elektronik mit entwickelt und vorgeschlagen. Es hat einen Adressenumfang von insgesamt 10 239 Adressen.

Zuerst denkt man natürlich an die Datenübertragung von einem Fahrgerät bzw. einer Digitalzentrale über die Gleise zu den Lokdecodern in den Triebfahrzeugen. Und dann vielleicht an den Informationsweg zwischen den Stellpulten bzw. der Digitalzentrale und den Magnetartikeldecodern, sowie den daran anzuschließenden Signalen und Weichen. Aber auch das ist nur ein Teil des gesamten Systems. Genauso müssen Meldungen von Rückmeldedecodern über Signal- und Weichenstellungen, Gleisfrei- und Gleisbelegtzustände oder von Zügen betätigte Kontakte zurück zur Digitalzentrale übermittelt werden. Schließlich erfolgt zwischen allen Bedienungsgeräten, also den stationären und mobilen Fahrgeräten, den Stellpulten, den Fahrstraßenstellpulten, einem Interface, usw. und der Digitalzentrale ebenfalls ein ständiger Datenaustausch.

Die Skizze verdeutlicht, daß nur das Datenformat zwischen der Digitalzentrale und den Decodern genormt ist. Die Art der Kommunikation und deren technische Ausführung zwischen den einzelnen Bedienungsgeräten ist dagegen schon nicht mehr nicht einheitlich festgelegt. Folglich lassen sich trotz identischem NMRA-Standard beispielsweise eine Digitalzentrale von Digital Plus und eine Lokmaus von Roco nicht kombinieren. Aber – und das scheint ungleich bedeutsamer – mit einer Digital Plus Zentrale kann jede Roco-Lok mit NMRA-Lokdecoder gesteuert werden. Bei der Übertragung von Meldungen von einer Anlage zur Digitalzentrale hilft die Normung auch nicht weiter – dieser Kommunikationsweg ist ebenso wenig standardisiert wie die Verbindung von Digitalgeräten untereinander.

Der Wert einer Normung muß sich am Nutzen für den Anwender messen lassen. Die

Datenaustausch zwischen Digitalkomponenten – die Grenzen der Normung werden deutlich!

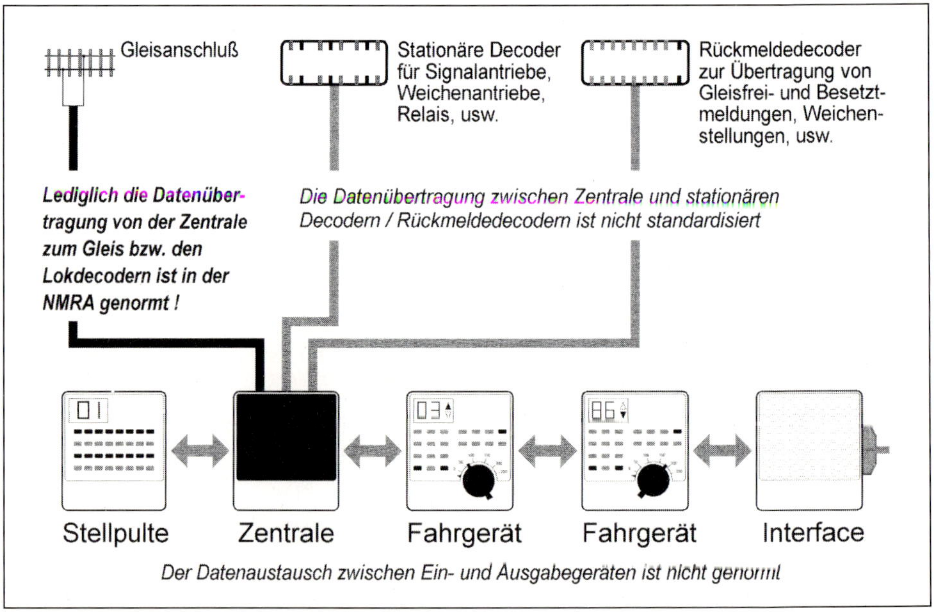

Übersicht Datenformate und Bus-Systeme bei Profi-Digitalsteuerungen

Nr.	Anbieter	Gerätebezeichnung	Datenformat (Gleisformat)	Bus-System
1	Märklin	Delta Control, Delta Station, Märklin Digital	Motorola	II C-Bus
2	Lenz Elektronik	Digital Plus	NMRA	X-Bus (RS 485)
3	Rivarossi/Jouef/ Lima/Arnold	Commander 9 – ab Frühjahr 1998 –	NMRA	–
4	Rivarossi/Jouef/ Lima/Arnold	Arnold Digital (neu) – ab Mitte 1998 –	NMRA + Motorola (ab 1999)	II C-Bus + X-Bus (RS 485)
5	Zimo Elektronik	Zimo Digital	NMRA + Motorola + Zimo-Standard	CAN-Bus
6	Trix	Central Control 2000 SELECTRIX 2000	Selectrix-Standard + NMRA (eingeschränkt)	Sx-Bus + Px-Bus
7	Uhlenbrock	Intellibox	NMRA + Motorola + Selectrix-Standard (eingeschränkt)	II C-Bus + LocoNet
8	Fleischmann	DIGITALcontrol FMZ Control 4 FMZ Control	FMZ-Standard	– –
9	Roco	Roco Digital	NMRA	–
10	Lehmann	LGB Digital	NMRA	–
11	Digitrax	Chief	NMRA	LocoNet
12	Märklin	Märklin Digital= – Herbst 1989 bis Herbst 1996 –	NMRA	II C-Bus
13	Arnold	Arnold Digital (alt) – Dezember 1988 bis Mai 1995 –	NMRA	II C-Bus
14	Arnold	Commander 6 – Herbst 1992 bis Mai 1995 –	NMRA	–

Bedeutung der NMRA – mit welcher die Hersteller hierzulande so gerne werben – relativiert sich etwas. Arnold Commander 6, Arnold-Digital (alt), Digital Plus, LGB Digital und Märklin-Digital= erlauben beispielsweise den Einsatz einer herkömmlichen Analog-Lok im Digitalstromkreis. Die ebenfalls genormte Roco-Variante, in Deutschland erworbene Arnold Commander 9, Arnold Digital (neu), Digitrax und die Intellibox gestatten dies gerade nicht und zwingen damit zum Einbau eines Lokdecoders in jede Lok – aber jede der Steuerungen ist genormt.

Das Kriterium „genormte Steuerung nach NMRA" hilft also bei der Systementscheidung nicht immer weiter. Andererseits ist eine Entscheidung zugunsten einer Steuerung nach NMRA-Standard bei Gleichstrombahnen sicher zukunftsorientiert.

Allmählich kristallisieren sich zwei Gruppen von Digitalsteuerungen heraus. Die eine ver-

Digitalsteuerungen, die entweder ausschließlich oder zusätzlich, mit dem Motorola-Format arbeiten

Nr.	Anbieter	Bezeichnung
1	Märklin	Delta Control
2	Märklin	Delta Station
3	Märklin	Märklin Digital
4	Uhlenbrock	Intellibox
5	Zimo Elektronik	Zimo Digital
6	Rivarossi/Jouef/ Lima/Arnold	Arnold Digital (neu), ab 1999

wendet den Standard nach NMRA-Spezifikation und die andere arbeitet mit dem vom Marktführer Märklin eingesetzten Motorola-Format. Bei den Bussystemen zur Verbindung von Digitalgeräten untereinander und bei der Übertragung von Meldungen ist eine Standardisierung momentan nicht in Sicht.

Kompatibilität für Ein- und Umsteiger

Im Fremdwörterduden ist der Begriff Kompatibilität mit den Worten „vereinbar, zusammenpassend" erklärt. Im Idealfall sollten Fahrzeugsteuerungen, Stromversorgungssysteme, Kupplungen, technische Fahrzeugausrüstung (Lokdecoder) innerhalb jeder Baugröße von verschiedenen Herstellern gemeinsam auf einer Anlage eingesetzt werden können. Daß dem nicht so ist, wissen alle Modellbahner.

Welche Forderungen sollte eine kompatible Profi-Digitalsteuerung im Idealfall erfüllen?

- Digital-Loks sollten im Digitalstromkreis fahren
- Digital-Loks aus Einsteigersystemen sollten auch mit dem Profi-Digitalsystem gesteuert werden können

Digitalsteuerungen für Gleichstrombahnen verschiedener Baugrößen nach NMRA-Spezifikation

Nr.	Anbieter	Bezeichnung	Bemerkungen
1.	Lenz Elektronik	Digital Plus	
2	Rivarossi/Jouef/ Lima/Arnold	Commander 9	Commander 9 seit Frühjahr 1998
3	Rivarossi/Jouef/ Lima/Arnold	Arnold Digital (neu)	Arnold Digital „neu", seit Mitte 1998, ab 1999 zusätzlich Motorola Standard
4	Zimo Elektronik	Zimo-Digital	auch für Motorola- und ZIMO-Standard ausgelegt
5	Trix	Selectrix	Digital-Loks mit NMRA-Lokdecoder steuerbar
6	Uhlenbrock	Intellibox	auch für Motorola und eingeschränkt für Selectrix-Standard ausgelegt
7	Roco	Roco Digital	
8	Lehmann	LGB Digital	
9	Case Hobbies	Digitrax	
10	Märklin	Märklin Digital=	Im Angebot der Fa. Märklin von Herbst 1989 bis Herbst 1996, baugleich mit Arnold Digital „alt"
11	Arnold	Arnold Digital (alt)	Wird in der mit Märklin Digital= identischen Ursprungsausführung nicht mehr hergestellt, wurde angeboten von der ehemaligen Fa. Arnold von Dezember 1988 bis Mai 1995
12	Arnold	Commander 6 (alt)	Wird inzwischen nicht mehr produziert, wurde angeboten von der ehemaligen Fa. Arnold von Herbst 1992 bis Mai 1995

Kompatibilität von Profi-Digitalsteuerungen

	Märklin Digital	Digital Plus	Arnold Digital	Zimo Digital	Trix Selectrix	Fleischmann FMZ
Digital-Lok im Digitalstromkreis steuerbar	Ja	Ja	Ja	Ja	Ja	Ja
Digital-Loks aus zugehörigem Einsteiger Digitalsystem beim Profi-Digitalsystem einsetzbar	Ja, DELTA-Loks	Ja	Ja	Ja	Ja	Ja
Digital-Lok mit herkömmlichem Fahrpult im Analogstromkreis steuerbar	Ja [1])	Ja	Ja	Ja	Nein [3])	Nein
Analog-Lok im Digitalstromkreis steuerbar	Nein	Ja	Nein [2])	Nein	Nein	Ja [4])
Automatische Erkennung der Stromversorgungsart	Ja [1])	Ja	Nein [2])	Nein	Nein	Nein
Digital- und Analogstromkreise auf einer Anlage kombinierbar	Ja [1])	Ja	Nein	Nein	Nein	Ja
Von der Digitalzentrale zu den Decodern gesendete Datenformate (Multiprotokollgerät)	Motorola	NMRA	NMRA + Motorola	NMRA + Motorola+ Zimo	Selectrix + NMRA	FMZ
Vom Decoder erkannte Datenformate (Multiprotokolldecoder)	Motorola	NMRA	NMRA + Motorola	NMRA oder Zimo	Selectrix	FMZ

[1]) Gilt nur bei ausschließlichem Einsatz von Digital-Loks mit Decodern der Typen c80, c81 und Fahrzeugen mit digitalem Hochleistungsantrieb. [2]) Gilt aus patentrechtlichen Gründen für in Deutschland ausgelieferte Lokdecoder. [3]) Gewünschte Betriebsart muß eigens programmiert werden. [4]) Nach Ergänzung der Digitalgeräte durch Gleichstromfahrpulte und FMZ-Koppler lassen sich so viele Analog-Loks steuern, wie Fahrpult/FMZ-Koppler-Einheiten vorhanden sind

• Digital-Loks sollten mit herkömmlichen Fahrpulten in Analogstromkreisen gesteuert werden können

• Im Digitalstromkreis sollten mit den Digital-Fahrgeräten auch Analog-Loks betrieben werden können

• Digital-Loks sollten die Stromversorgungsart (digital oder analog) automatisch erkennen

• Digital- und Analogstromkreise sollten auf einer Anlage kombiniert werden können

• Digital-Loks des einen Herstellers sollten mit den Digitalsystemen anderer Anbieter gesteuert (und programmiert) werden können (Digitalsysteme müßten verschiedene Datenübertragungsformate senden, sogenannte Multiprotokollgeräte)

• Mit dem Digitalsystem eines Herstellers sollten Digital-Loks anderer Hersteller betrieben werden können (Eine Digital-Lok müßte verschiedene Datenübertragungsformate verstehen, sogenannte Multiprotokolldecoder)

Der Hobby-Neueinsteiger kann seine Überlegungen und seine Anschaffungen auf eine Modellbahnbaugröße, ein Gleissystem und eine Digitalsteuerung gezielt ausrichten.

Für den Umsteiger von Analog- auf Digitalbetrieb ist die Ausgangslage ungleich komplizierter. Seine Entscheidungen müssen auf dem vorhandenen System – der Anlage in der jeweiligen Baugröße und mit ihren Gleisen, Fahrzeugen, usw. – aufbauen. Er will wissen, ob er seinen gesamten Triebfahrzeugpark auf einmal mit Lokdecodern ausrüsten muß, oder ob eine Digitalsteuerung den gemischten Betrieb von herkömmlichen, serienmäßigen Analog-Loks mit solchen, die mit Lokdecodern ausgestattet sind, erlaubt. Für ihn ist von Interesse, ob er analoge und digitale Stromkreise miteinander auf einer Anlage kombinieren kann und ob er seine herkömmliche Magnetartikelsteuerung (zumindest vorübergehend) beibehalten kann.

Für Gleichstrom-Modellbahner – egal ob sie sich nun der Baugröße N oder H0 verschrieben haben – besitzt die Kompatibilität von vornherein einen hohen Stellenwert, denn hier besteht nicht nur eine größere Auswahl an Steuerungen, sondern auch ein umfangreiches Triebfahrzeugangebot verschiedener Hersteller. Zwangsläufig fällt die Antwort zum Thema Kompatibilität hier differenzierter aus. Und wer bereits Gleichstrom-Loks mit herkömmlicher Technik besitzt und von konventioneller auf digitale Steuerung umsteigen möchte, für den stellt sich die Situation wiederum anders dar.

Für Umsteiger ist es wichtig, daß man mit den Digitalsteuerungen von Lenz Elektronik (Digital Plus) und Fleischmann (FMZ Control) innerhalb eines Digitalstromkreises neben den Digital-Loks auch übliche Gleichstrom-Loks mit konventioneller Technik steuern kann. Der Vorteil ist offenkundig: es müssen nicht gleich zu Beginn der Umstellung sämtliche Fahrzeuge mit einem Lokdecoder nachgerüstet werden; vielmehr erlaubt dieser Systemvorteil einen schrittweisen, allmählichen – an den finanziellen Möglichkeiten orientierten – Übergang von „analog" auf „digital".

Arnold Digital (neu), Zimo Digital, Intellibox und Trix-Selectrix sind artreine Systeme. Wer auf diese Fabrikate von konventioneller Technik umsteigt, der muß alle Loks auf einmal mit Lokdecodern ausstatten.

Bei Digital Plus können Digital-Loks selbst auf konventionellen Anlagen mit üblichen Gleichstromfahrpulten gesteuert werden und die Stromversorgungsart wird automatisch erkannt. Sinngemäß gilt das für Märklin Digital-Loks mit bestimmten Lokdecoderbauarten.

Digital-Loks von Arnold und Trix lassen sich zwar auch auf konventionellen Gleichstromanlagen steuern, diese Betriebsart muß jedoch zuvor immer wieder eigens programmiert werden; damit ist ein Überfahren von Stromkreisgrenzen zwischen analogen und digitalen Stromkreisen ausgeschlossen und damit natürlich auch die Kombination von analogen und digitalen Stromkreisen auf einer Anlage.

Durch die Markteinführung Digitaler Mehrzugsteuerungen sind neue Systemschranken errichtet worden. Ihre Bedeutung ist für Ein- und Umsteiger unterschiedlich. Die Anschaffung eines Lokdecoders von einer Firma und ein Gerät zur Fahrzeugsteuerung von einer anderen – das bereitet zumeist schon Schwierigkeiten, weil die Steuerungen der verschiedenen Hersteller meist nicht zusammenarbeiten.

Um so hilfreicher ist die fundierte Kenntnis der Systeme vor der eigenen Systementscheidung – Kenntnisse auf diesem Sektor der Modellbahntechnik gewinnen wegen der unumgänglichen, langfristigen Fabrikatsbindung einen herausragenden Stellenwert.

Multiprotokollgeräte

Digitalsteuerungen, die verschiedene Datenübertragungsformate nacheinander senden nennt man Multiprotokollgeräte. Für den Anwender heißt das: Ein Multiprotokollgerät wird angeschafft und auf der Digitalanlage werden mit diesem einen Gerät Digital-Loks beispielsweise mit Motorola-Lokdecodern und mit NMRA-Lokdecodern gesteuert – so klingt das zumindest in der Werbung.

Von der Digitalzentrale werden sämtliche Steuerbefehle nacheinander über zwei Leitungen (das können natürlich auch die Schienen sein) zu den Lokdecodern in den Digital-Loks übertragen. In der Praxis ist das zwar etwas komplizierter, weil Steuerbefehle aus Gründen der Übertragungssicherheit zyklisch wiederholt werden müssen, weil bestimmte Befehle mit Vorrang vor anderen übertragen werden und ähnliches mehr. Aber im Prinzip kann man sagen, daß alle Kommandos – gleichsam wie an einer Perlenkette aufgereiht – hintereinander übermittelt werden. Nun ist der Gedanke naheliegend, beispielsweise zuerst Steuerbefehle für Digital-Loks mit NMRA-Lokdecodern zu übertragen und anschließend Steuerbefehle für Digital-Loks mit Motorola-Decodern. Weil jede Digital-Lok ausschließlich die ihr zugedachten Steuerbefehle erkennt, müßte ein solches Datenübertragungssystem funktionieren. Das tut es auch – aber mit Abstrichen. Beispielsweise variieren die Übertragungszeiten der verschiedenen Digitalsysteme sehr stark. Folglich bedeutet die Hintereinanderreihung von Selectrix-Daten (schnell) und Märklin-Daten (vergleichsweise langsam), daß eine Selectrix-Lok lange warten muß, bis sie wieder Selectrix-Daten erhält. Das kann sich beim gleichzeitigen Betrieb mehrerer Digital-Loks schon nachteilig auswirken.

Die Frage bleibt unbeantwortet, ob Anbieter von Multiprotokollgeräten stets alle Weiterentwicklungen der verschiedenen Hersteller werden nachvollziehen und in ihre Geräte implementieren können. Und ob künftige Decodergenerationen nicht sogar so ausgelegt werden, daß sie auf Geräte, die verschiedene Datenformate aussenden, nicht mehr reagieren – auch dies ist vorstellbar!

Pionier bei Multiprotokollgeräten ist Trix. Mit Selectrix können gleichzeitig Fahrzeuge mit Selectrix-Lok-Decodern und Loks mit NMRA-Decodern in einem Stromkreis unabhängig voneinander mit Digital-Fahrgeräten aus dem Hause Trix betrieben werden. Hinterfragt man die Eigenschaften dieses Multiprotokollgerätes etwas detaillierter, so werden die Grenzen dieser Optionen deutlich. Zwar können NMRA-Loks gesteuert werden, deren fahrzeugspezifische Parameter – wie Adresse, Höchstgeschwindigkeit, Anfahr- und Bremsverhalten, usw. – lassen sich mit Selectrix-Geräten jedoch nicht programmieren. Ferner sind Zusatzfunktionen von NMRA-Decodern mit Selectrix nur eingeschränkt ansprechbar. Außerdem stellt Selectrix für NMRA-Decoder nur 14 Fahrstufen zur Verfügung. Die meisten NMRA-Decoder sind jedoch wahlweise für 14, 27, 28 oder gar 128 Fahrstufen ausgelegt. Die Konsequenz lautet: es müssen erhebliche Abstriche bei der Feinfühligkeit der Geschwindigkeitssteuerung akzeptiert werden. Sind schließlich Fahrzeuge mit unterschiedlichen Lokdecodern im Einsatz, so funktioniert das signalstellungsabhängige, langsame Bremsen und allmähliche Beschleunigen in Signalhalteabschnitten mit einfachen Selectrix-Bremsdioden nicht mehr.

In der Praxis müssen – trotz Multiprotokollgerät – noch ganz andere Hürden überwunden werden, nämlich die der unterschiedlichen Stromversorgungs- bzw. Gleissysteme. Wer heute beispielsweise Zweischienen-Dreileiter-Gleise und die zugehörigen Märklin Digital-Loks mit Motorola Decodern besitzt, der muß beim Wunsch nach gleichzeitigem Einsatz von NMRA-Decodern die Zweischienen-Zweileiter-Loks zuerst einmal auf das Märklin Stromabnahmesystem umrüsten. Umgekehrt gilt das genauso. Zudem müssen Abstriche beim Fahrverhalten hingenommen werden, weil auch in diesem Fall vorbildgerechte Bremsvorgänge unter Verwendung eines Signalmodules von Märklin, Viessmann, Helmo, o.ä. bei gemischtem Betrieb von NMRA- und Motorola Digital-Loks nicht mehr möglich sind.

Der Interessent sollte Restriktionen bei Multiprotokollgeräten kennen und muß abwägen, ob sie mit seinen Anforderungen an eine Profi-Digitalsteuerung vereinbar ist. Und er sollte wissen, daß Hersteller von Multiprotokollgeräten stets nur reagieren – nicht aber agieren, also neue Entwicklungen initiieren – können, denn sie müssen jede Weiterentwicklung (beispielsweise bei Motorola) in ihr System nachträglich integrieren.

Multiprotokolldecoder

Lokdecoder, die mehrere Datenübertragungsformate verstehen, nennt man Multiprotokolldecoder. Eine Lok mit einem solchen Decoder läßt sich beispielsweise mit

Märklin Digital Geräten und mit Arnold Digital Geräten betreiben. Eine derart ausgerüstete Digital-Lok kann auf Märklin Digitalanlagen und auf Digitalanlagen des Firmenverbundes Rivarossi/Jouef/Lima/Arnold eingesetzt werden. Voraussetzung für den Betrieb der Lok auf einer Märklin Digital Anlage wäre natürlich die Montage eines Schleifers für die Märklin Zweischienen-Dreileiter-Gleise.

Elektrischer Leistungsbedarf

Der gleichzeitige Betrieb (nicht etwa das Abstellen von Digital-Loks) mehrerer Züge steht in engem Zusammenhang mit dem elektrischen Leistungsbedarf. Im Unterschied zu Einsteiger-Digitalsteuerungen muß bei Profi-Digitalsteuerungen die Möglichkeit zur Bereitstellung einer höheren Ausgangsleistung bestehen. Diese Forderung erfüllen übrigens alle Profisysteme.

Modellbahntransformatoren zählen im Sinne der VDE/GS-Bestimmungen zu Spielzeugen. Deshalb gelten für diese Produkte strenge Sicherheitsauflagen, die bei bestimmungsgemäßer Nutzung (z.B. Aufstellung in trockenen Räumen) ein Höchstmaß an Sicherheit für den Benutzer – auch für Kinder – garantieren. Daraus resultiert aber auch eine Begrenzung der Ausgangsleistung für jeden Trafo auf etwa 50 VA, was einem Strom von ca. 3 Ampère entspricht.

Und wenn ein Trafo nicht mehr als etwa 3 A liefert, kann die von ihm gespeiste Zentraleinheit auch nicht mehr als 3 A an die Modellbahnanlage liefern.

Reicht der Strom einer Zentraleinheit nicht aus, so kann zusätzliche Leistung durch sog. Booster (Leistungsverstärker) zur Verfügung gestellt werden. Dazu muß natürlich jeder Booster durch einen eigenen Transformer ergänzt und die Digitalanlage in entsprechende Digitalstromkreise aufgeteilt werden. Die Leistung jeder einzelnen Trafo/Boosterkombination ist selbstverständlich auch wiederum auf ca. 50 VA begrenzt.

Aber nicht nur Loks, Wagenbeleuchtungen, Weichen- und Signalantriebe brauchen elektrische Energie. Auch Fahrgeräte, Stellpulte, Fahrstraßenstellpulte, Decoder, etc. benötigen Strom für ihre Funktion. Er wird der Zentraleinheit entnommen und steht deshalb für den Fahrbetrieb, das Schalten von Verbrauchern und die Rückmeldung nicht mehr zur Verfügung.

Der sog. Eigenstrombedarf stationärer Digitalgeräte ist übrigens nicht zu vernachlässigen. Er beträgt bei Märklin Digital etwa 100 mA je Gerät. Eine Control Unit kann über den IIC-Bus an angeschlossene Digitalgeräte maximal 2 Ampère abgeben. Der theoretisch mögliche Anschluß von 9 Control 80 f, 1 Interface, 16 Keyboards und 4 Memorys läßt sich folglich nur unter Verwendung zusätzlicher Trafo/Boosterkombinationen verwirklichen. Für übliche Anwendungsfälle – wie beispielsweise 2 Control 80 f, 2 Keyboards und 1 Memory – reicht die Leistung einer Control Unit zur gleichzeitigen Versorgung einer kleineren Digitalanlage aus.

Anhaltspunkte über den Energiebedarf einzelner Verbraucher gibt die Tabelle. Günstig wirkt sich beim Digitalbetrieb aus, daß in der Regel weitaus mehr Züge auf der Anlage stehen (und damit bestenfalls ihre Zusatzeinrichtungen Strom verbrauchen) als fahren. Für die Auslegung der Stromversorgung sind im wesentlichen drei Faktoren maßgebend:

- Zahl gleichzeitig fahrender Triebfahrzeuge
- Zahl der eingeschalteten Seuthe-Rauchentwickler und
- vor allem die Zahl der mit Innenbeleuchtungen ausgerüsteten Reisezugwagen

Da für Innenbeleuchtugen von Wagen in der Regel noch Glühlampen Verwendung finden, ist deren Energieverbrauch sehr hoch. Reduzierungen lassen die noch wenig verbreiteten LED-Beleuchtungen erwarten.

In diesem Zusammenhang ist festzustellen, daß H0-Fahrzeuge mit Gleichstrommotoren (also auch Märklin Digital-Loks mit sog. Hochleistungsantrieb) im Vergleich zu Fahrzeugen mit Reihenschlußmotoren einen etwas geringeren Energiebedarf aufweisen.

Anhänger der Baugröße N fahren am günstigsten, denn sie brauchen wegen ihrer vergleichsweise stromsparenden Triebfahrzeugmotoren und Zubehörartikel am wenigsten Digitalstrom – mit einer Digitalzentrale lassen sich etwa 30 Prozent mehr N-Züge als H0-Züge gleichzeitig betreiben.

Bevor man sich über die Erhöhung der Leistung Gedanken macht, sollte überlegt werden, wie sich der Digitalstromverbrauch begrenzen läßt. Die herstellerseitigen Empfehlungen verfolgen primär das Ziel der Minimierung des Verdrahtungsaufwandes. Der daraus abgeleitete Rat zum Anschluß aller Stromverbraucher an die Schienen muß unter dem Gesichtspunkt einer wirtschaftlichen Nutzung des „teueren" Digitalstromes strikt abgelehnt werden. Unumgänglich ist lediglich die Stromversorgung des rollenden Materials über die Schienen. Praxisgerechter ist der nur mit geringem Mehraufwand verbundene Aufbau eines für den Fahrbetrieb (Schienen) und zur Magnetartikelversorgung getrennten Leitungsnetzes. Wichtig sind hoher Leiterquerschnitt und Digitalstromeinspeisungen ins Schienennetz in Abständen von 1,5 bis 3 Meter. Die Energieversorgung von Magnetartikeln, Beleuchtungen, u. ä. m. kann – wie noch im Zusammenhang mit dem Digitalen Schalten gezeigt wird – ebenso aus einer separaten, billigen Wechselspannungsquelle erfolgen.

Aber es gibt bei den Profi-Digitalsteuerungen Märklin Digital und Digital Plus noch einen ganz anderen Weg zur Reduzierung des Digitalstrombedarfes unter gleichzeitiger, weiterer Verwendung eventuell schon vorhandener Trafos, nämlich die Kombination digitaler und analoger Stromkreise. Diese beiden Steuerungen erlauben die Versorgung einer freien Strecke mit konventionellen Trafos und den rangierintensiven Digitalbetrieb innerhalb eines Bahnhofes, weil die Lokdecoder dieser Anbieter die am Gleis anliegende Stromversorgungsart erkennen und entsprechend darauf reagieren. Das gilt allerdings nicht für DELTA-Decoder von Märklin, weil diese über keine automatische Erkennung der Stromversorgungsart verfügen, sondern jeweils manuell auf die jeweilige Betriebsart umgestellt werden müssen.

Stromverbrauch diverser Verbraucher

Verbrauchertyp	Ca-Leistungsbedarf in mA	
	Baugröße N	**Baugröße H0**
Digital-Lok im Stand, Beleuchtung aus	1,5	1,5
Fahrende, einmotorige Digital-Lok mit Permanentmagnetmotor (Gleichstrom und Märklin Hochleistungsantrieb), Beleuchtung aus	150–400 1)	250–600 1) 2)
Fahrende, einmotorige Digital-Lok mit Feldmagnet und Trommelkollektor-Motor (Märklin), Beleuchtung aus	–	300–650 1)
Fahrende, einmotorige Digital-Lok mit Feldmagnet und Scheibenkollektor-Motor (Märklin, ältere Motorbauart), Beleuchtung aus	–	350–900 1)
Spitzensignalbeleuchtung einer Lok	50	90–200
Seuthe-Rauchentwickler	200	250–300
Innenbeleuchtung von Wagen, pro Glühlampe	30–50	90–250
Innenbeleuchtung von Wagen, mit Lichtleitstab	50	50–250
Weichenantrieb, magnetisch	500 3)	500–750 3)
Weichenantrieb, motorisch	400	400
Weichenlaterne beleuchtet mit Glühlampe	30–50	50–75
Weichenlaterne beleuchtet mit LED	10	10
Signalantrieb, magnetisch	500 3)	500 3)
Signalbeleuchtung, pro Glühlampe	30–50	50–75
Signalbeleuchtung, pro LED	10	10
Entkupplungsgleis	300 3)	500 3)
Drehscheibe	Bis 1000	Bis 1000
Stationärer Digital-Drehkran	–	400

1) Stromverbrauch von Motorbauart, Anhängelast und Streckenverlauf (Ebene, Steigung, Gefälle) abhängig. 2) Stromverbrauch kann bei älteren Motorbauarten durchaus höher liegen. 3) Stromverbrauch tritt nur während des Schaltvorganges auf

Aufbau

Der Transformator wird bei allen Digitalsteuerungen als separate Komponente betrachtet. Dies ist zweckmäßig, weil Spiel-

Modularer Aufbau am Beispiel von Märklin Digital

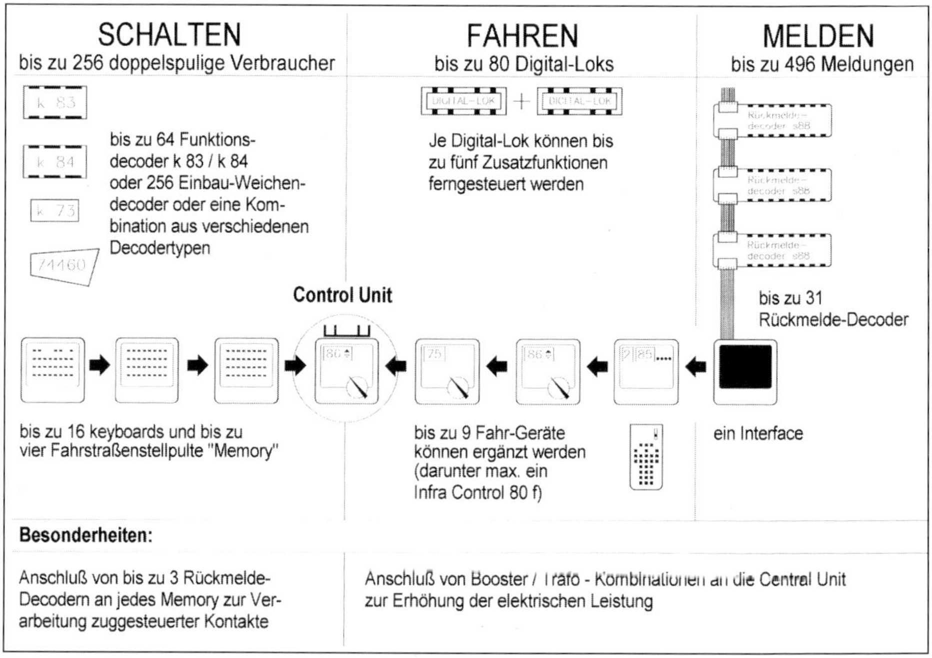

zeugtransformatoren Sicherheitsnormen (DIN/VDE-Bestimmungen) erfüllen müssen, die ihre Integration in andere Komponenten kaum gestatten. Ferner ist es in vielen Fällen möglich, bereits vorhandene Geräte zur Stromversorgung einer Digitalsteuerung sinnvoll weiter zu verwenden.

Zentraleinheit, Leistungsverstärker und mindestens ein Fahrgerät bilden die Mindestausstattung an stationären Komponenten für den Digitalbetrieb. Märklin, Arnold und Trix integrieren diese Funktionen in einem Gerät. Ausgangsbasis ist folglich eine stationäre Fahrzeugsteuerung.

Bei Digital Plus wird ein anderer Weg beschritten. Zentraleinheit, Leistungsverstärker und Fahrgerät werden als separate, miteinander zu verkabelnde Teile angeboten. Die beiden erstgenannten Komponenten sind stationär, aber als Fahrgerät steht von vornherein ein mobiles Handsteuergerät zur Verfügung. Die separate Gestaltung des Leistungsverstärkers ermöglicht seinen Einsatz als Booster. Dafür sind bei den zuvor genannten Fabrikaten gesonderte Geräte notwendig.

Bei allen genannten Fabrikaten lassen sich die Ausgangskomponenten schrittweise durch weitere Bausteine – wie beispielsweise weitere Fahrgeräte, Stellpulte, Fahrstraßenstellpulte, Interface – erweitern. Das gestattet eine optimale Anpassung an die individu-

Geräteverbindung durch seitlich in den Geräten integrierte Stecker/Buchsen bei Märklin Digital

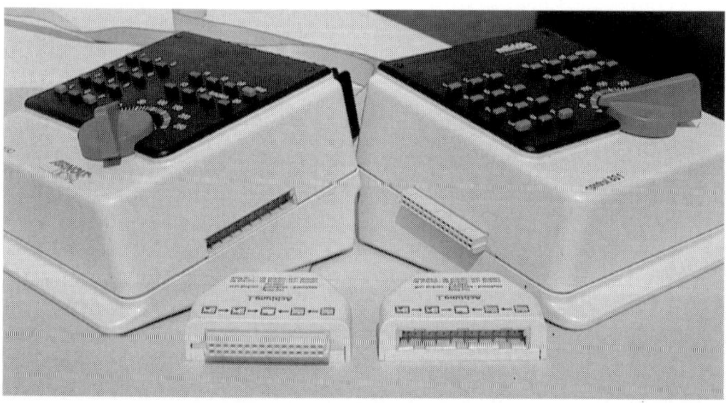

Abbildung 1.11.3:

ellen Bedürfnisse. Wer eine komfortable, digitale Fahrzeugsteuerung sucht, aber seine Signale, Weichen, usw. weiterhin konventionell schalten möchte, wird einen solchen Aufbau begrüßen.

Fleischmann geht einen anderen Weg. Dort wird ein kompaktes Gerät verwendet, das neben der Zentraleinheit, Leistungsverstärker, einem extern anschließbaren Handsteuergerät, auch noch ein Stellpult und eine Programmiereinheit für Fahrstraßenschaltungen enthält.

Beim Aufbau muß natürlich auch der aus der Verbindungstechnik zwischen den einzelnen Komponenten resultierende Aufwand beachtet werden. Märklin und Arnold haben ihre stationären Geräte mit seitlichen Stekker/Buchsenleisten versehen. Auf diese Weise sind Geräteverbindungen fehlerfrei und schnell vollziehbar. Bei Digital Plus sind die Geräte über Schraub/Steckverbindungen in Industriestandard mittels simpler Drähte zu verbinden. Und bei Fleischmann entfällt dieses Problem konzeptionsbedingt.

Modular gestaltete Digitalsteuerungen sind schrittweise, entsprechend den individuellen Wünschen erweiterbar und damit den individuellen Anforderungen leicht anpaßbar. Der höheren Flexibilität steht ein etwas höherer Platzbedarf und im Einzelfall ein geringfügig höherer Aufwand beim Aufbau gegenüber.

Bedienung

Prinzipiell sind folgende Anordnungen für Bedienungsgeräte realiserbar:

- zentral
- dezentral
- mobil und
- entsprechende Kombinationen.

Ein zentral aufgestelltes, standortgebundenes Fahrgerät hat bezogen auf fahrende Züge zwangsläufig ständig wechselnde Beob-

Bedienungsmerkmale von Profi-Digitalsteuerungen

	Märklin Digital	Digital Plus	Arnold Digital	Zimo Digital	Trix Selectrix	Fleischmann FMZ
Stationäres Fahrgerät	Ja	Nein	Ja	Nein	Ja	Ja 1)
Mobiles, kabelgebundenes Handsteuergerät	Nein	Ja	Nein	Ja	Ja	Ja 2)
Mobiles, drahtloses Handsteuergerät	Nein 3)	Nein	Nein	Ja	Nein	Nein
Zubehör für dezentrale Geräteanordnung	Ja	Ja	Ja	Ja	Ja	Nein
Magnetartikel mit mobilem Handsteuergerät bedienbar	–	Ja	–	Ja	Ja	Nein
Tastenstellpult für Magnetartikelbedienung	Ja	Ja	Ja	Nein	Nein	Nein 4)
Schnittstellenbausteine zum Anschluß eines Gleisbildstellpultes	Ja 5)	Ja	Nein	Nein	Ja	Nein
Interface	Ja	Ja	Nein (in Planung)	Ja	Ja	Ja 6)

1) Mobile Handsteuergeräte lassen sich durch einclipsen in Haltebügel zusätzlich als stationäre Geräte einsetzen. 2) Bedienungselemente zur Fahrzeugsteuerung (z.B. Adressenwahl) auf stationärem Geräteteil angeordnet. 3) Infra Control und IR Control nicht mehr im aktuellen Angebot. 4) Magnetartikelbedienung in stationärem Kompaktgerät integriert, da Mehrfachnutzung der Bedienungs- und Anzeigeelemente keine ständige Stellungsanzeige. 5) Zubehör von der Fa. SES. 6) Äußerst einfache Schnittstelle, z.B. keine Meldungen übertragbar

Zentrale, dezentrale und mobile Fahrzeugsteuerung im Überblick

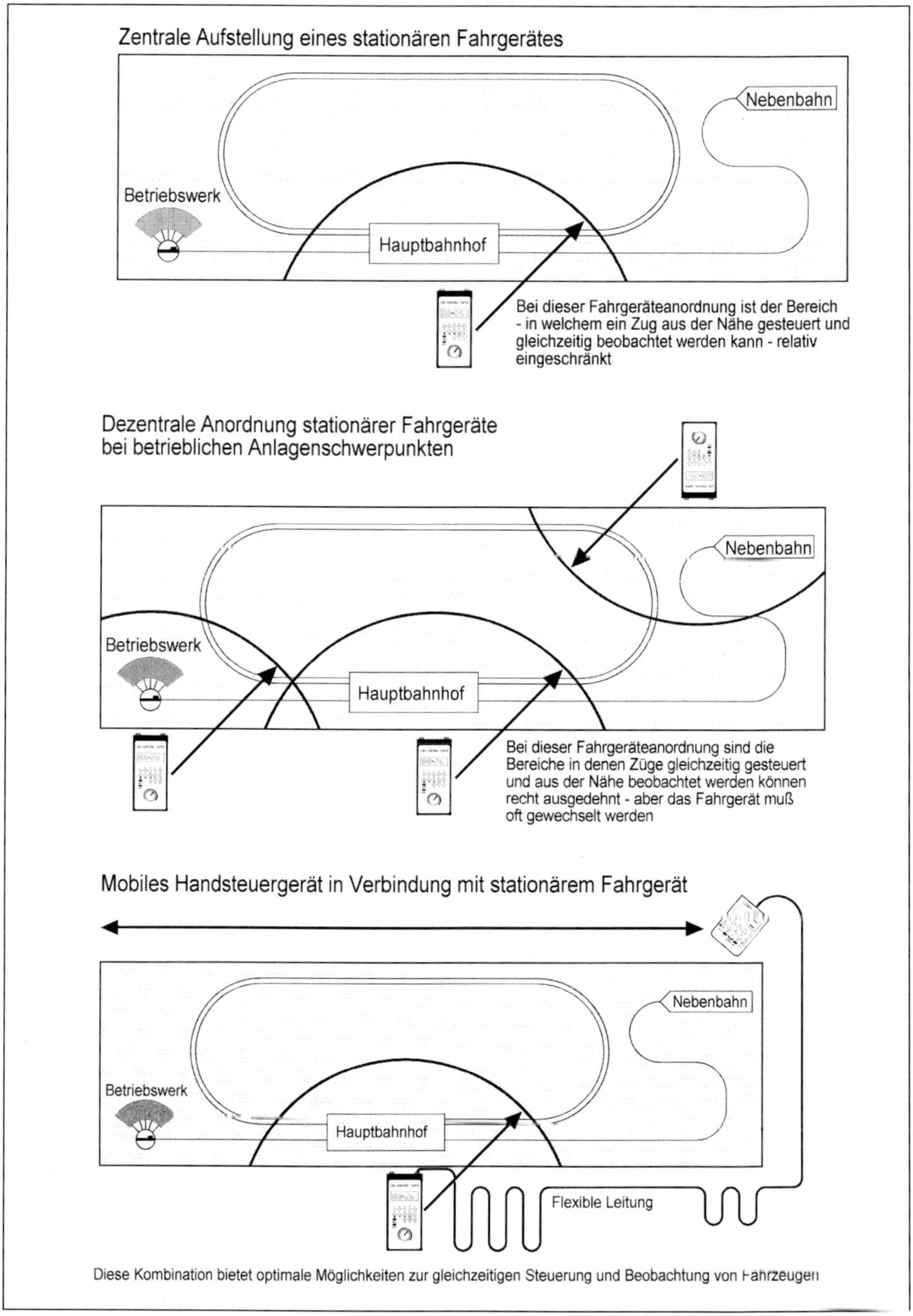

Abbildung 1.12.2a und b

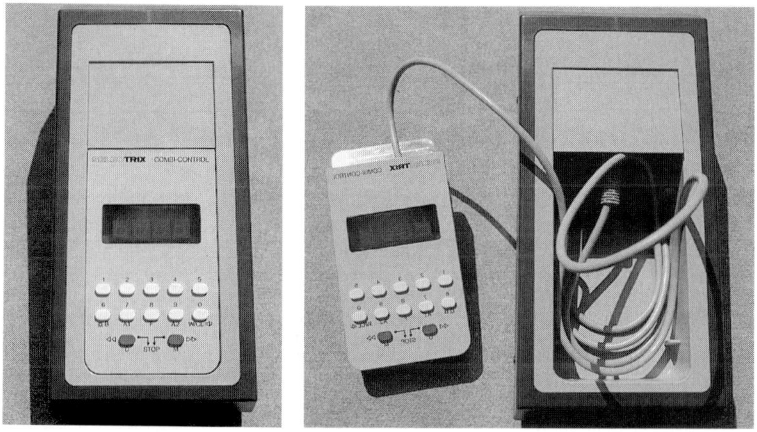

Optimal ist ein mobiles Handsteuergerät kombiniert mit einer pultförmigen Ablage, denn dann sind mit einem Gerätetyp sämtliche Aufstellungsvarianten – zentral, dezentral und mobil – realisierbar.

achtungsabstände und -winkel zur Folge. Einmal bewegt sich der Zug aus der Ferne kommend auf den Beobachter zu, dann passiert er ihn um sich schließlich wieder von ihm weg zu bewegen. Die Entfernung zwischen Fahrzeug und Bediener ist mitunter sehr groß.

Besser ist eine dezentrale Fahrgeräteanordnung, also die Aufstellung mehrerer Fahrgeräte jeweils an den betrieblichen Schwerpunkten einer Anlage. So ist zumindest die Nähe zu den Bahnhöfen und dem dort stattfindenden Rangieraufgaben gewährleistet.

Besonders benutzerfreundlich sind mobile Handsteuergeräte (Walk Around Control), weil sie Bewegungsfreiheit erlauben. In der Regel handelt es sich um Geräte, die über ein Kabel mit lösbarer Steckverbindung an die stationäre Zentrale angeschlossen werden. Verteilt man mehrere Anschlußbuchsen um die Anlage, dann wird eine fast perfekte Freizügigkeit erreicht. Dieser Bedienungskomfort läßt sich nur noch durch kabelfreie Handsteuergeräte (Infrarotfernbedienung) übertreffen.

Mit mobilen Handsteuergeräten ist der Modellbahner stets auf der Höhe des gerade gesteuerten Triebfahrzeuges. Er kann sogar Züge auf ihrer Fahrt begleiten. Es ist ferner nachvollziehbar, daß mobile Handsteuergeräte das gemeinsame Spiel mehrerer Partner eher fördern als die konzentrierte Aufstellung mehrerer ortsfester Fahrgeräte an einer einzigen Stelle der Anlage.

Auch die Wahl der Baugröße hat Einfluß auf die Auswahl des Gerätetyps, denn bei vergleichsweise kleinen, aber gut detaillierten N-Fahrzeugen ist die Notwendigkeit stets nahe beim Fahrzeug zu sein ausgeprägter als bei einer großen Spur I Lok.

Je näher man sich bei dem gerade gesteuerten Triebfahrzeug aufhält, desto präziser lassen sich seine Bewegungsabläufe beobachten und desto langsamer – und damit zumeist vorbildgerechter – fährt man. Die Wechselwirkung zwischen Beobachtung und Steuerung ist der eigentlich positive Effekt. Eine Folge davon ist natürlich auch die kritischere Wertung von Fahreigenschaften.

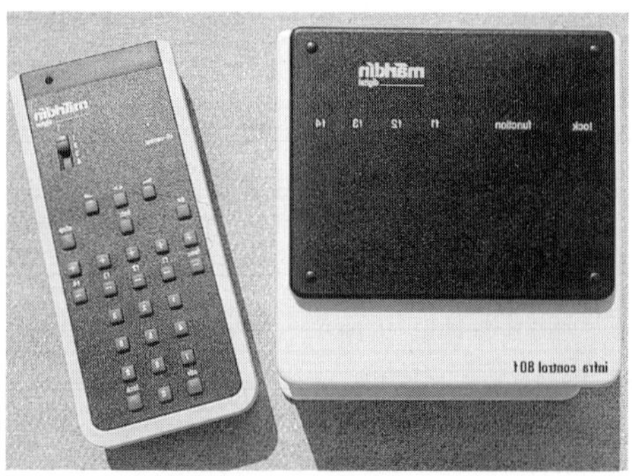

Drahtlose Handsteuergeräte bieten ein Optimum an Bewegungsfreiheit – leider werden die Infrarotfernbedienung und das standortgebundene Empfangsteil von Märklin nicht mehr angeboten.

Abbildung 1.12.3:

Für die Funktionen FAHREN (Fahrzeugbedienung und -überwachung), SCHALTEN (Magnetartikelsteuerung und zugehörige Stellungsanzeigen) und MELDEN (Anzeige von Gleisbesetzt- und Gleisfreimeldung) sollten bei stationären Geräten separate Bedienungseinrichtungen vorhanden sein.

Mobile Handsteuergeräte sollten zusätzlich zur Fahrzeugsteuerung das Stellen einzelner Weichen „vor Ort" ermöglichen. Handsteuergeräte für Digital Plus, Zimo und Selectrix erfüllen diese Forderung.

Zur Fahrwegsteuerung sind stationäre Tastenstellpulte mit optischen Stellungsanzeigen nach wie vor eine bedienungsfreundliche Lösung.

Das Angebot zur Anzeige von Meldungen ist eher beschränkt. So hat beispielsweise Märklin einen Rückmeldedecoder im Angebot. Dessen Informationen lassen sich jedoch nicht mit einer Art Display-Baustein anzeigen, sondern nur in das Fahrstraßenstellpult und das Interface einspeisen.

Optimale Steuerung und Beobachtung von Fahrzeugen und Fahrweg auf der Modellbahnanlage lauten die Ziele – nicht etwa die Konzentration auf unzählige Tasten und Anzeigen auf irgendwelchen Bedienungsgeräten! Deshalb haben ein übersichtlicher Aufbau, sowie ergomomische Bedienungs- und Anzeigeelemente einen besonders hohen Stellenwert – gerade bei den relativ komplexen Profi-Digitalsteuerungen.

Updatefähigkeit

Was heißt das? Wer beispielsweise bis zu fünf Zusatzfunktionen in Märklin Digital-Loks fernsteuern möchte kann dies mit der weiterentwickelten Control Unit Nr. 6021. Besitzer des Vorgängermodelles Central Unit Nr. 6020 müssen Verzicht üben, oder sich eine neue Control Unit Nr. 6021 zum Preis von einigen hundert DM anschaffen um von der technischen Entwicklung der Fa. Märklin profitieren zu können.

Wer beispielsweise anstelle von Doppeltraktionen mit Mehrfachtraktionen fahren möchte, seine Digital-Loks während des Betriebes programmieren möchte, mehr Fahrstufen haben möchte, usw, der kann seine Digital Plus Zentrale und das zugehörige Handsteuergerät an die Fa. Lenz Elektronik senden und erhält die Komponenten nach Entrichtung einer eher geringen Gebühr mit den weiterentwickelten Eigenschaften zurück, ohne daß neue Geräte gekauft werden müßten.

Die technischen Eigenschaften einer Digitalsteuerung werden durch im Inneren der Geräte ablaufende Programme (Software) bestimmt. Kommen durch technische Weiterentwicklungen neue Eigenschaften hinzu, so muß die Software angepaßt werden. Man kann nun Geräte so konzipieren, daß sie immer wieder durch ein Update auf den aktuellen technischen Stand gebracht werden können, oder man kann den Kunden gleich zum Kauf neuer Geräte veranlassen.

Ohne Frage bieten updatefähige Digitalsteuerungen dem Kunden erhebliche Vorteile. Digital Plus war übrigens die erste Profi-Digitalsteuerung, die den Anwendern diesen Vorzug bot.

Zusammenfassung

Für die Wahl einer Profi-Digitalsteuerung ist zunächst einmal entscheidend, ob man neu in das Hobby einsteigt und damit einen großen Entscheidungsspielraum hinsichtlich Baugröße und Gleissystem hat, oder ob man von vorhandenem Material ausgehen muß und damit bereits eine Richtung vorgegeben ist.

Märklin-Aufsteigern kann Märklin Digital als ein bedienungsfreundliches und schrittweise erweiterbares System empfohlen werden. Für Zweischienen-Zweileiter-Gleichstromanhänger bietet Digital Plus zweifellos hinsichtlich Kompatibilität, Ausbaufähigkeit und Flexibilität die meisten Möglichkeiten.

2 Fahrkomfort als Entscheidungskriterium

Der Wunsch nach digitaler Fahrzeugsteuerung steht zumeist an erster Stelle, weil die Vorteile im Vergleich zum herkömmlichen Analogbetrieb am augenfälligsten sind. Und so stehen in diesem Kapitel vor allem Fahreigenschaften von Digital-Loks, die Möglichkeiten zu deren Programmierung, fernsteuerbare Zusatzfunktionen, das Angebot an betriebsfertigen Digital-Loks und die zur leichteren Umrüstung von Analog-Loks angebotene Schnittstellentechnik im Mittelpunkt vergleichender Betrachtungen.

Fahreigenschaften

Gute Fahreigenschaften sind die Grundlage für den Modellbahnbetrieb schlechthin! Sie sind verbal allerdings schwer zu beschreiben – am besten sollte man sie selbst „erfahren"!

Dennoch gibt es eine ganze Reihe objektiver Kriterien, die zumindest als Voraussetzung für gute Fahreigenschaften vorhanden sein sollten. Fahrzeugseitig sind das:

- drehmomentstarker Motor mit fünfpoligem Rotor,
- mechanische Schwungmasse,
- verlustarmes Getriebe, möglichst Stirnzahnradgetriebe (zwei Kraftflußrichtungen) und
- viele Stromabnahmeschleifer für unterbrechungsfreie Stromübertragung

Eine Profi-Digitalsteuerung sollte durch folgende Merkmale zu einer Optimierung der Fahreigenschaften beitragen:

- ausreichend hohe Fahrstufenzahl für eine feinfühlige Geschwindigkeitssteuerung,
- Lastausgleich (integrierte Motordrehzahlregelung),
- Anpassung der Regelcharakteristik an die elektromechanischen Triebfahrzeugeigenschaften,
- lokbaureihenspezifische Höchstgeschwindigkeit,
- fahrzeugtypbezogen einstellbare Geschwindigkeitskennlinie,
- fahrzeugbezogen einstellbares Anfahr- und Bremsverhalten bei handgesteuertem Betrieb,
- vorbildgerecht verzögertes Brems- und Anfahrverhalten in Abhängigkeit von Signalstellungen,
- fahrzeugbezogener Not-Halt (Digitalfahrspannung sollte eingeschaltet bleiben, damit alle übrigen Fahrzeuge gesteuert werden können) und
- System Not-Halt (Digitalfahrspannung sollte ebenfalls eingeschaltet bleiben, damit Gleisbesetzt- und Gleisfreimeldeschaltungen weiterhin richtige Meldungen liefern. Digitalfahrspannung sollte nur bei Kurzschluß und dann automatisch abschalten).

Geschwindigkeitssteuerung

Während die Fahrspannung bei konventionellen Fahrpulten mit dem Geschwindigkeitsteuerknopf stufenlos eingestellt werden kann, geschieht die Geschwindigkeitssteuerung bei allen Digitalsteuerungen aus technischen Gründen mit lauter einzelnen Fahrstufen – also in „Schritten". Das ist durchaus kein Nachteil. Wenn ausreichend viele Stufen vorhanden sind, werden die „Geschwindigkeitssprünge" zwischen den einzelnen Stufen

Bei Digitalsteuerungen erfolgt die Geschwindigkeitssteuerung in einzelnen Stufen – je mehr Stufen, desto feinfühliger reagiert das Triebfahrzeug.

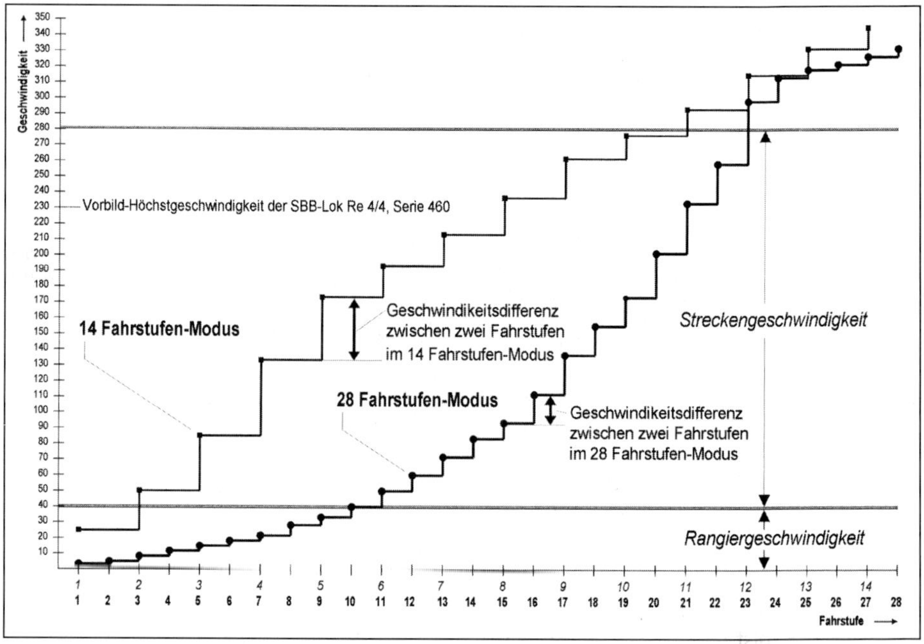

Die Reduzierung der Höchstgeschwindigkeit verringert die Geschwindigkeitsabstände zwischen den einzelnen Fahrstufen und bewirkt so eine feinfühligere Geschwindigkeitssteuerung.

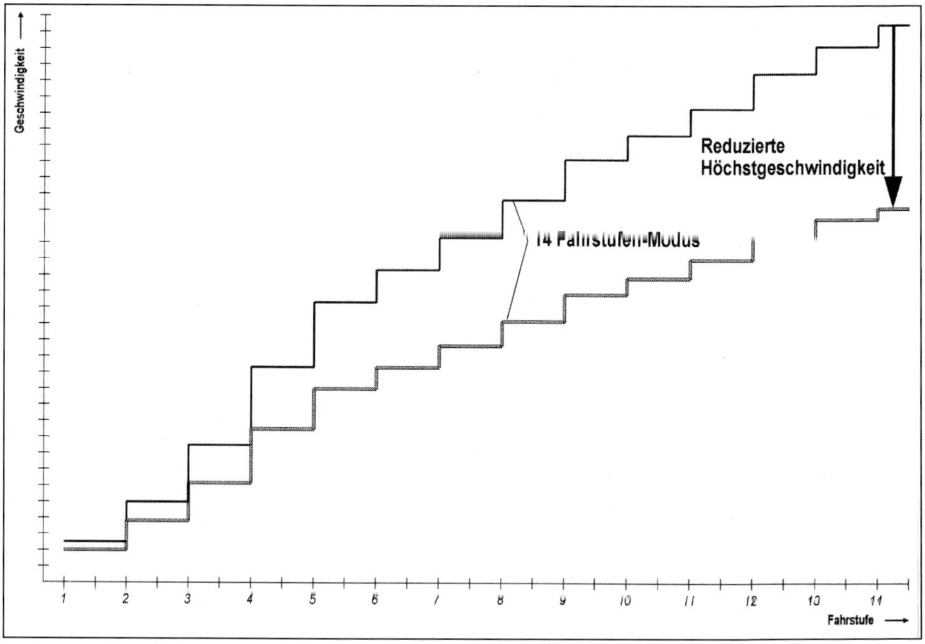

so gering, daß sie als solche bei der Beobachtung des Fahrzeuges gar nicht mehr wahrgenommen werden können. Es kommt also auf die Zahl der gebotenen Fahrstufen an.

Je höher die Fahrstufenzahl, desto langsamer die Datenübertragung und je höher die Fahrstufenzahl, desto feinfühliger die Geschwindigkeitssteuerung. Aber in diesem Punkt sollte nicht aus falsch verstandenem Wettbewerb übertrieben werden, denn in nahezu allen Fällen ist zwischen 28 und 128 Fahrstufen kein Unterschied im Fahrverhalten sichtbar. Teilt man – etwas vereinfacht – die etwa 12 Volt Motorspannung durch 128 so ergibt sich eine „Schrittweite" zwischen zwei Fahrstufen von 0,094 Volt, bei 28 Fahrstufen sind es 0,43 Volt, aber bei 14 Fahrstufen immerhin schon 0,86 Volt. Wie die Tabelle verdeutlicht, unterscheiden sich die Digitalsteuerungen in der Fahrstufenzahl ganz erheblich. 28 Fahrstufen sollten bei einer Profi-Digitalsteuerung Standard sein – noch mehr Fahrstufen nutzen in der Fahrpraxis kaum etwas.

Bei einigen Steuerungen kann die Fahrstufenzahl bezogen auf jeden einzelnen Lokdecoder festgelegt werden. Dies ist zwingend, denn ein für 14 Fahrstufen ausgelegter Lokdecoder läßt sich mit einer auf 28 Fahrstufen dimensionierten Steuerung nicht zufriedenstellend betreiben.

Die nachteilige Wirkung einer geringen Fahrstufenzahl tritt durch eine aktivierte Massensimulation etwas in den Hintergrund. Einen weiteren Weg zur Kompensation einer geringen Fahrstufenzahl ist die Reduzierung der Höchstgeschwindigkeit, denn dadurch werden die Unterschiede zwischen den einzelnen Fahrstufen kleiner.

Lastausgleich

Im Vergleich zu Analog-Loks bieten Digital-Loks erheblich bessere Voraussetzungen zur Optimierung des Fahrverhaltens, weil durch die im Lokdecoder implementierte Technik die Motorsteuerung positiv beeinflußt werden kann. Die inzwischen von allen Herstellern angewandte Methode heißt Lastausgleich. Richtig wäre die Bezeichnung Motordrehzahlregelung. Sie bietet folgende Vorzüge:

Fahrstufenzahl verschiedener Einsteiger- und Profi-Digitalsteuerungen im Vergleich

Fabrikat	Anzahl der Fahrstufen zur Geschwindigkeitssteuerung	
Märklin Delta Control		14
Märklin Delta Station		14
Märklin Digital		14
Digital Plus		wahlweise 14, 27, 28, 128
Arnold Commander 9		14 bzw 27
Arnold Digital (neu)	 Betriebsart Motorola:	wahlweise 14, 28 14
Zimo Digital	Betriebsart NMRA: Betriebsart Motorola:	wahlweise 14, 28, 126 14
Trix Central Control 2000		31
Trix Selectrix 2000		31
Intellibox	Betriebsart Motorola: Betriebsart NMRA: Betriebsart Selectrix:	14 14, 28, 128 31
Fleischmann DIGITALcontrol		15
FMZ Control 4		15
Fleischmann FMZ		15
Roco Digital		14
Lehmann Digital		14
Märklin Digital= (Gleichstrom) – Herbst 1989 bis Herbst 1996 –		14
Arnold Digital (alt) – Dezember 1988 bis Mai 1995 –		14
Arnold Commander 6 – Herbst 1992 bis Mai 1995 –		14

- ruckfreies Anfahren bei Fahrstufe 01 unabhängig von Anhängelast und Streckenführung
- gleichmäßiger Fahrzeuglauf auch bei niedrigen (Rangier-)Geschwindigkeiten und

Übersicht Lokdecoder mit Lastausgleich für Digital-Loks der Baugröße N

Fabrikat	Lokdecoder mit Lastausgleich
Digital Plus	LE 010 XF, LE 030, LE 040
Arnold Digital	Nr. 81 210, Nr. 81 220
Trix Selectrix 2000	Nr. 66 830, (Nr. 66 832)
Fleischmann FMZ	Nr. 6842
Zimo Digital	MX 62

Übersicht Lokdecoder mit Lastausgleich für Digital-Loks der Baugröße H0

Digitalsystem	Lokdecoder mit Lastausgleich
Märklin Digital	Nr. 6090, Nr. 60901, Nr. 60902, alle Digital-Loks mit digitalem Hochleistungsantrieb
Digital Plus	LE 130, LE 131
Arnold Digital	Nr. 81200, Nr. 81201
Zimo Digital	MX 61, MX 61 R
Trix Selectrix 2000	Nr. 66832, Nr. 66833
Intellibox	DGR 755, DGF 756
Fleischmann FMZ	Nr. 6843
Roco Digital	Nr. 10745

wechselnden Fahrwiderständen (z. B. bei geschobenen Zügen über Weichenstraßen)

• Züge behalten ihre Geschwindigkeit nahezu unabhängig von der Streckenführung (Ebene, Steigung, Gefälle) bei. Sie bleiben auf Steigungen nicht stehen und sie rasen in Gefälleabschnitten nicht los, so daß eine Entgleisung droht.

• zuggesteuerte Betriebsabläufe (Stichwort: automatischer Selbstblockbetrieb) funktionieren problemlos, weil eine Motordrehzahlregelung auch in Gefälleabschnitten und auf Steigungen für fast gleiche Anfahr- und Bremswege sorgt.

• teuere, elektromechanische Fahrzeugumbauten lassen sich häufig vermeiden, weil die Motordrehzahlregelung fahrzeugseitige Mängel kaschiert.

Weil die Motordrehzahlregelung eine im Lokdecoder integrierte Funktion darstellt, ist sie selbst mit Einsteiger-Digitalsteuerungen nutzbar.

Die Regelcharakteristik sollte den bei Gleichstrom-Loks sehr unterschiedlichen elektromechanischen Konstruktionen angepaßt werden können.

Die Motordrehzahlregelung stellt eine der wichtigsten Voraussetzungen für gutes Fahrverhalten dar – deshalb sollte man keine Digital-Lok bzw. keinen Lokdecoder ohne diese Funktion anschaffen.

Höchstgeschwindigkeit

Vorbildtriebfahrzeuge unterscheiden sich hinsichtlich ihrer Höchstgeschwindigkeit ganz erheblich. Während ein ICE fahrplanmäßig eine Maximalgeschwindigkeit von 280 km/h erreicht, fährt ein Schienenbus maximal 90 km/h. Schlepptenderdampfloks haben sogar fahrtrichtungsabhängige Höchstgeschwindigkeiten; so darf beispielsweise eine BR 023 vorwärts 110 km/h und rückwärts nur 80 km/h fahren.

Die Zuggattung ist der nächste, für das Thema Geschwindigkeit maßgebliche Punkt. Eine BR 120 vermag einen IC-Zug mit 200 km/h zu befördern, einen Güterzug jedoch beispielsweise nur mit 80 km/h.

Auch die Streckenführung (Steigung, Gefälle, Radien) und das Signalsystem spielen eine entscheidende Rolle für die zulässige Geschwindigkeit.

Schließlich haben sich die zulässigen Vorbildgeschwindigkeiten epocheabhängig stark verändert, wie die Abbildung verdeutlicht.

Fahrzeugtypabhängige Höchstgeschwindigkeiten sollten eigentlich schon bei der elektromechanischen Konstruktion des jeweiligen Triebfahrzeugmodelles berücksichtigt sein. Die NEM 661 enthält hierzu übrigens konkrete Empfehlungen. Daß dem in der Praxis leider nicht so ist, dürfte jedem Modellbahner hinlänglich bekannt sein. In der Regel ist die Höchstgeschwindigkeit von Modellen stark überhöht und die fahrzeugtypabhängigen Geschwindigkeitsunterschiede bleiben ebenfalls unberücksichtigt. Dieses Manko sollte durch eine Profi-Digitalsteuerung ausgeglichen werden können.

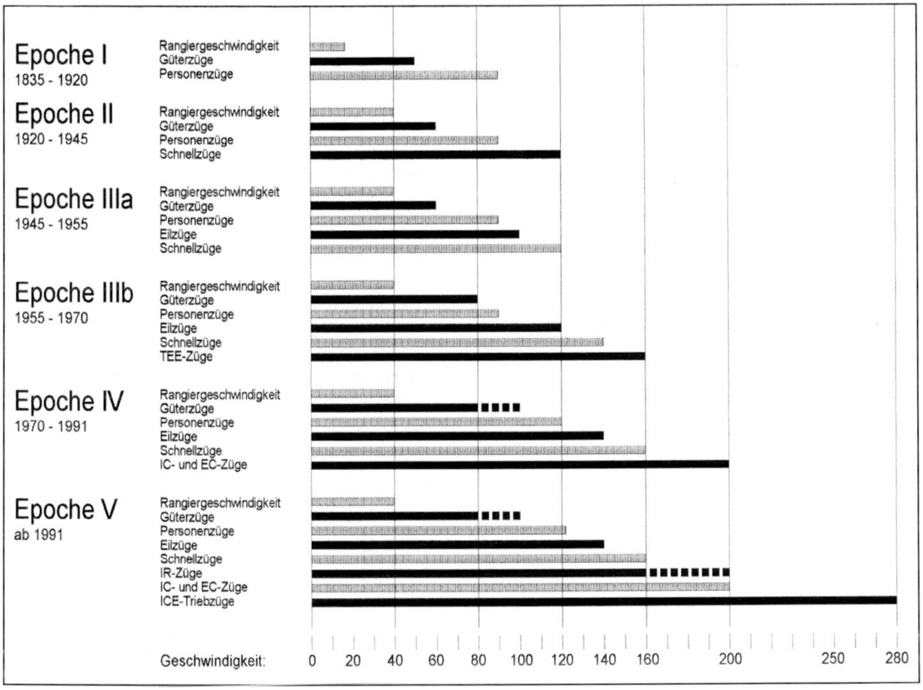

Höchstgeschwindigkeiten verschiedener Zuggattungen

Einstellmöglichkeiten für Fahrzeughöchstgeschwindigkeiten

Fabrikat	Einstellung der Fahrzeughöchstgeschwindigkeit
Märklin Digital	Lokbezogen, Höchstgeschwindigkeit stufenlos in der Lok am Lokdecoder 6090, 60901, 60902
Digital Plus	Lokbezogen, Höchstgeschwindigkeit in Stufen mit Programmierfunktion im Handsteuergerät
Arnold Digital (neu)	Lokbezogen, Höchstgeschwindigkeit in Stufen am Fahrgerät
Zimo Digital	*Betriebsart Motorola:* Lokbezogen, Höchstgeschwindigkeit stufenlos in der Lok am Lokdecoder 6090, 60901, 60902 *Betriebsart NMRA:* Lokbezogen, Höchstgeschwindigkeit in Stufen am Fahrgerät
Trix Selectrix	Lokbezogen, Höchstgeschwindigkeit in 7 Stufen am Fahrgerät für Selectrix-Lokdecoder, keine Möglichkeit zur Programmierung von NMRA-Lokdecodern
Intellibox	*Betriebsart Motorola:* Lokbezogen, Höchstgeschwindigkeit stufenlos in der Lok am Lokdecoder 6090, 60901, 60902 *Betriebsart NMRA:* Lokbezogen, Höchstgeschwindigkeit in Stufen am Fahrgerät *Betriebsart Selectrix:* Lokbezogen, Höchstgeschwindigkeit in 7 Stufen am Fahrgerät
Fleischmann FMZ	Keine Einstellmöglichkeit
Roco Digital	Keine Einstellmöglichkeit mit Roco-Geräten
LGB Digital	Keine Einstellmöglichkeit
Märklin Digital= (Gleichstrom) – Herbst '89 b. Herbst 1996 –	Keine Einstellmöglichkeit
Arnold Digital (alt) – Dez. '88 bis Mai 1995 –	Keine Einstellmöglichkeit

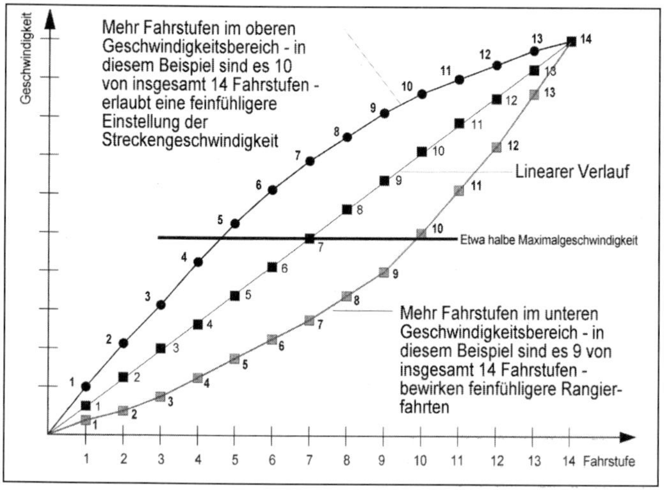

Lokspezifisch einstellbare Geschwindigkeitskennlinie

Fabrikat	Geschwindigkeitskennlinie einstellbar
Märklin Digital	Nein
Digital Plus	Ja
Arnold Digital	Ja
Zimo Digital	Ja, bei NMRA-Lokdecodern, Nein bei Märklin Decodern
Trix Selectrix	Nein
Intellibox	Ja, bei NMRA-Lokdecodern, Nein bei Märklin und Trix Decodern
Fleischmann FMZ	Nein
Roco Digital	Nein
LGB Digital	Nein

Profi-Digitalsteuerungen mit der Möglichkeit zur Eingabe einer lokspezifischen Geschwindigkeitskennlinie erlauben eine weitere Optimierung der Fahreigenschaften.

Die Höchstgeschwindigkeit ist ein besonders charakteristischer Kennwert jeder Fahrzeugbaureihe. Sie sollte sich auf den Modellbahnbetrieb übertragen lassen. Diese Forderung erfüllen heute mit Ausnahme von Fleischmann FMZ alle Profi-Digitalsteuerungen.

Geschwindigkeitskennlinie

Die Vorgabe einer sog. Geschwindigkeitskennlinie stellt eine weitere Möglichkeit zur Optimierung von Motor/Getriebeeigenschaften – und damit des Fahrverhaltens – dar. Auf diese Weise läßt sich beispielsweise der Langsamfahrbereich dehnen, so daß bei Rangierloks im unteren Geschwindigkeitsbereich besonders viele Fahrstufen für ein feinfühliges Rangieren zur Verfügung stehen. Dabei wird jeder Fahrstufe eine bestimmte „Fahrspannung" (Impulsdauer) zugeordnet.

Anfahr- und Bremsverhalten

Geschwindigkeitsänderungen verlaufen beim Vorbild bedingt durch die unterschiedliche Leistungsfähigkeit der Triebfahrzeuge, die verschiedenen Anhängelasten und die Streckenführung stets allmählich. Ein schwerer langer Güterzug, der von einer Dampflok gezogen wird, beschleunigt ungleich langsamer, als ein kurzer leichter Eilzug, der an einer modernen E-Lok hängt. Sinngemäß gilt das für Bremsvorgänge. Solche Vorbildeigenschaften müssen sich mit einer Profi-Digitalsteuerung auf den Modellbahnbetrieb übertragen lassen.

Anbieter wie Märklin und Trix bieten die Möglichkeit zur Einstellung einer fahrzeugabhängigen Massensimulation. Hier werden mit einer einzigen Einstellung Anfahr- und Bremsverhalten gleichermaßen verändert. Andere Hersteller – wie z. B. Digital Plus und Arnold – erlauben eine voneinander unabhängige Einstellung des Anfahr- und des Bremsverhaltens. Dieses Verfahren erweist sich als besonders vorteilhaft.

Sind sehr lange Anfahr- und Bremswege eingestellt, weil auf einer Anlage entsprechend lange Signalhalteabschnitte vorhanden sind, so kann die Massensimulation bei Rangierfahrten stören – zumindest erfordert das Beidrücken und Ankuppeln von Wagen dann viel Geschick. Deshalb ist eine per Tastendruck ausschaltbare Massensimulation – wie sie bei Märklin Digital geboten wird – von Vorteil. Die Programmiermöglichkeit von Digital-Loks auf der Anlage (ohne extra Programmiergleis) ist eine gute Alternative.

Die Angebote unterscheiden sich aber auch in einem weiteren Punkt: Während man bei Märklin die Massensimulation nur nach Öffnung der Lok an einem Potentiometer verändern kann, erlauben andere Systeme deren Änderung auf einem Programmiergleis (ohne Eingriff in das Fahrzeug), wie beispielsweise Arnold Digital. Bei Digital Plus (ab Version 3.0) braucht die Digital-Lok noch nicht einmal mehr auf ein Programmiergleis zu fahren, sondern kann jederzeit auf der Anlage neu programmiert werden. Kommt eine Lok mit einem leichten Eilzug in einem Bahnhof an und übernimmt dann einen schweren Güterzug, so wirkt sich das natürlich auf das Anfahr- und Bremsverhalten aus. So gesehen ist es von Vorteil, wenn das Anfahr- und Bremsverhalten jederzeit neuen Betriebsbedingungen angepaßt werden kann.

Erfreulicherweise bieten heute alle Profi-Digitalsteuerungen die Möglichkeit zur Einstellung eines fahrzeugbezogenen Anfahr- und Bremsverhaltens.

Fahreigenschaften in Signalhalteabschnitten

Die bisherigen Aussagen zum Thema Anfahr- und Bremsverhalten gelten für den sog. handgesteuerten Betrieb. Handgesteuerter Betrieb heißt, daß mit einem Fahrgerät ein Triebfahrzeug gesteuert wird. Dabei bestimmt im wesentlichen der Modellbahner selbst den Verlauf der Fahrzeugbewegungen, also das Beschleunigungs- und Bremsverhalten, sowie die Geschwindigkeit.

Neben dem handgesteuerten Betrieb gibt es auch den signalstellungsabhängigen Betrieb. Das einfachste Beispiel – das übrigens noch gar nichts mit einer Automatik wie dem zuggesteuerten Blockbetrieb zu tun hat – ist ein Signal mit Zugbeeinflussung. Dabei sollen die Züge in Abhängigkeit der Signalstellung allmählich bremsen und zielgenau vor dem Hauptsignalstandort halten. Bei auf FAHRT wechselndem Signalbild sollen sie ebenso allmählich wie-

Einstellmöglichkeiten für das Anfahr- und Bremsverhalten

Fabrikat	Einstellung des Anfahr- und Bremsverhaltens
Märklin Digital	Lokbezogen, Massensimulation stufenlos in der Lok am Lokdecoder 6090, 60901, 60902
Digital Plus	Lokbezogen, Anfahr- und Bremsverhalten separat in jeweils 16 Stufen am mobilen Handsteuergerät LH 100
Arnold Digital	Lokbezogen, Anfahr- und Bremsverhalten separat in jeweils 255 Stufen am Fahrgerät
Zimo Digital	*Betriebsart Motorola:* Lokbezogen, Massensimulation stufenlos in der Lok am Lokdecoder 6090, 60901, 60902 *Betriebsart NMRA:* Lokbezogen, Anfahr- und Bremsverhalten separat in jeweils 255 Stufen am Fahrgerät
Trix Selectrix	Lokbezogen, Massensimulation in Stufen am Fahrgerät für Selectrix-Lokdecoder,keine Möglichkeit zur Programmierung von NMRA-Lokdecodern
Intellibox (Uhlenbrock)	*Betriebsart Motorola:* Lokbezogen, Massensimulation stufenlos in der Lok am Lokdecoder 6090, 60901, 60902 *Betriebsart NMRA:* Lokbezogen, Anfahr- und Bremsverhalten separat in jeweils 255 Stufen am Fahrgerät *Betriebsart Selectrix:* Lokbezogen, Massensimulation in 7 Stufen am Fahrgerät
Fleischmann FMZ	Lokbezogen, Massensimulation in 8 Stufen an der stationären FMZ Control

Signalstellungsabhängige Brems- und Anfahrvorgänge

Fabrikat	Signalstellungsabhängiges Bremsen und Beschleunigen
Märklin Digital	Ja, pro Signalhalteabschnitt ein sog. Signalmodul erforderlich
Digital Plus	Ja, mit Bremsgenerator und Leistungsverstärker (gleichzeitig für mehrere Signalhalteabschnitte nutzbar)
Arnold Digital	Ja, mit Commander 9 als Bremsgenerator (gleichzeitig für mehrere Signalhalteabschnitte nutzbar)
Zimo Digital	Ja, bei Verwendung von Zimo-Digitalgeräten und Zimo-Lok-Decodern Nein bei gleichzeitigem Betrieb von Fahrzeugen mit verschiedenen Datenübertragungsformaten oder Digital-Loks mit Lokdecodern anderer Hersteller
Trix Selectrix	Ja, pro Signalhalteabschnitt eine Bremswegdiode erforderlich Nein, falls neben Digital-Loks mit Selectrix-Lokdecoder auch Fahrzeuge mit NMRA-Decodern eingesetzt sind
Intellibox (Uhlenbrock)	Nein bei gleichzeitigem Betrieb von Fahrzeugen mit verschiedenen Datenübertragungsformaten
Fleischmann FMZ	Keine Lösung angeboten

der bis zur eingestellten Geschwindigkeit beschleunigen. Die Signalstellung beeinflußt demnach die Zugfahrt – und nicht etwa der Bediener am Fahrgerät.

Damit Züge in Abhängigkeit der Signalstellungen vorbildgerecht bremsen und anfahren, werden bei Analogsteuerungen sog. Brems-/Anfahrbausteine verwendet. Für einige Digitalsteuerungen sind in ihrer Wirkung vergleichbare Bausteine erhältlich. Digitalsteuerungen bieten den großen Vorteil, daß die Länge jedes Signalhalteabschnittes lediglich an der Bremsweglänge ausgerichtet sein muß. Der Beschleunigungsvorgang beginnt quasi am Hauptsignalstandort und damit praktisch außerhalb des Signalhalteabschnittes.

Auf vielen Anlagen sollen mehrere Züge gleichzeitig verkehren. Realisieren läßt sich das mit einem zuggesteuerten Blocksystem, wobei Brems- und Beschleunigungsvorgänge automatisch in Abhängigkeit der Signalstellungen und des Gleisbesetztzustandes im davor liegenden Blockabschnitt gesteuert werden. Für diese Betriebsart ist eine Profi-Digitalsteuerung mit der Funktion signalstellungsabhängiges Bremsen und Anfahren unverzichtbar.

Kritisch zu bewerten sind in diesem Zusammenhang die Multiprotokollgeräte Trix Selectrix, Intellibox und Zimo Digital. Dort funktioniert die Funktion signalstellungsabhängiges Bremsen und Anfahren nämlich nur, wenn ausschließlich Digital-Loks mit identischen Lokdecodern (Datenübertragungsformat) eingesetzt sind. Genau dies führt jedoch den Sinn von Multiprotokollgeräten ad absurdum!

Für den Interessenten ist wichtig zu wissen, ob eine Profi-Digitalsteuerung die technische Möglichkeit für vorbildgerechtes Fahrverhalten in Abhängigkeit von Signalstellungen – und nicht nur bei einzelnen, von Hand gesteuerten Zügen – gewährleistet. Diese Forderung erfüllen nicht alle Produkte. Mit Multiprotokollgeräten läßt sich dieses Kriterium systembedingt überhaupt nicht erfüllen.

Fernsteuerbare Funktionen

Fernsteuerbare Fahrzeugfunktionen – wie Beleuchtung, Fernentkupplung, Dampfentwickler, Pfeife, Hupe, fahrzeugtypische Betriebsgeräusche, usw. – erhöhen Freude und Abwechslung beim Spiel mit der Modellbahn beträchtlich. Neben entsprechenden

Vorkehrungen bei den Fahrgeräten und beim Datenübertragungsformat müssen die Lokdecoder über die notwendigen, fernsteuerbaren Ausgänge verfügen.

Aber fernsteuerbare Ausgänge allein genügen eben noch längst nicht. Vielmehr erwartet der Anwender ein Komplettangebot, nämlich Digital-Fahrzeuge bzw. Lok- und Funktionsdecoder einschließlich betriebsbereiter Zusatzfunktionen.

Denn wie soll der Anwender die Schaltung für ein Dieselmotorgeräusch realisieren – auch wenn heute bereits Lautsprecher mit entsprechendem Durchmesser verfügbar sind ?

Märklin hat wohl aufgrund seiner jahrelangen, positiven Erfahrungen mit der schon beim Analogbetrieb eingesetzten TELEX-Fahrzeugkupplung erkannt, daß der Digitalbetrieb für den Einsatz weiterer fernsteuerbarer Zusatzfunktionen geradezu prädestiniert ist. Dieser Hersteller bietet mittlerweile eine breite Palette von Digital-Loks mit unterschiedlichsten, betriebsbereit installierten Zusatzfunktionen. Hervorzuheben sind die Betriebsgeräusche. Sie wurden beim Original aufgezeichnet, in einem Chip gespeichert und sind nun am Digital-Fahrgerät ein- und

Roco V 60 mit fernsteuerbaren Kupplungen

ausschaltbar. Die Illusion ist perfekt, weil derart originalgetreu klingende und in Fahrzeugen eingebaute Geräuschsimulationseinrichtungen gegenüber stationären Geräuschimitationen den Vorzug bieten, immer aus der Richtung des sich auf der Anlage bewegenden Fahrzeuges zu kommen. Fahrten durch Einschnitte, unter Brückenüberbauten hindurch oder in Tunnel verändern die Geräuschkulisse in realistischer Weise.

In den Roco Digital-Startpackungen sind Fahrzeuge mit fernsteuerbarer Pfeife, Rauch-

Roco-Kran mit fernsteuerbaren Funktionen

H0-Digital-Lok im direkten Größenvergleich zu einer N-Digital-Lok – Raum für fernsteuerbare Soundfunktionen ist nur in wenigen N-Loks (z.B. Triebwagen) zu finden.

Funktion der Arnold SIMPLEX Kupplung

entwickler und diversen Beleuchtungsfunktionen enthalten. Neuerdings führt Roco auch Digital-Rangierloks mit fernsteuerbaren Fahrzeugkupplungen im Angebot. Sie sind so konstruiert, daß ihr Einbau nicht nur in Lokomotiven, sondern auch in Wagen vorstellbar erscheint – man stelle sich einmal die daraus resultierenden Möglichkeiten im Bereich der Zugbildung vor!

Die Palette fernsteuerbarer Funktionen erschöpft sich nicht etwa in entsprechend ausgestatteten Triebfahrzeugen, sondern es gibt bei zwei Digitalanbietern auch schienenfahrbare Modelle mit fernsteuerbaren Funktionen. So hat Roco mit seinem schienenfahrbaren H0-Digital-Kran viel Aufmerksamkeit erzeugt. Und Märklin setzte mit dem Digital-Tanzwagen und dem Digital-Panorama-Wagen schon vor Jahren die ersten Akzente. Die Produktion dieser beiden Spezialfahrzeuge ist inzwischen eingestellt. Neu im Angebot sind ein beeindruckendes Eisenbahn-Kran-Set, ein Geschwindigkeitsmeßwagen und ein sogenannter Beobachtungswagen. Der Geschwindigkeitsmeßwagen leistet bei der Einstellung fahrzeugtypbezogener Höchstgeschwindigkeiten in Digitalloks sehr gute Dienste. Der Beobachtungswagen ist mit einer Kamera ausgerüstet, die ihre Bilder auf einen üblichen Fernsehbildschirm überträgt. Auf diese Weise läßt sich die Fahrt über die eigene Anlage aus der Lokführerperspektive erleben – eine phantastische Sache!

Bislang sind Märklin und Roco die einzigen H0-Digitalanbieter, die auf dem Sektor betriebsbereite Digital-Loks mit fernsteuerbaren Funktionen aktiv geworden sind.

N-Bahner müssen – sieht man einmal von der Beleuchtung ab – auf fernsteuerbare Funktionen immer noch verzichten. Der Firmenverbund Rivarossi/Jouef/Lima/Arnold stellte zwar auf der Messe 1999 einen fernsteuerbaren N-Schienenkran vor, aber ob hieraus ein Serienmodell wird erscheint ungewiß. Obwohl N-Digital-Loks mit Dampfentwickler seit Jahren im Angebot sind, wird dafür keine Fernsteuerung angeboten. Selbst verfügbare Techniken, wie die mechanisch wirkende SIMPLEX-Kupplung, werden von Arnold seit der Integration in den Firmenverbund kaum noch angeboten, obwohl gerade diese Fahrzeugkupplung in Verbindung mit N-Digital-Loks einen neuen Nutzen erhalten würde.

Was auf dem Markt fehlt, sind Lokdecoder mit integrierten Soundfunktionen. Solche Schaltungen (mit Lautsprecher) könnten versierte Modellbahner selbst in ihre Modelle einbauen – genauso wie Lokdecoder.

Märklin Digital, Digital Plus, Arnold Digital, Zimo und Trix Selectrix bieten dem kreativen Modellbahner durch separat erhältliche Funktionsdecoder zusätzlich die Möglichkeit zur individuellen Fernsteuerung von bis zu vier Funktionen. Solche Decoder lassen sich beispielsweise zur Fernsteuerung von Spitzensignal, Zugschlußsignal und Innenbeleuchtung in einem Wendezugsteuerwagen einsetzen.

Lok- und Funktionsdecoder mit mehreren schaltbaren Ausgängen zählen zu den Mindestanforderungen an jede Profi-Digitalsteuerung. Ein Fortschritt wären Lokdecoder mit integrierten Soundfunktionen. Wirklich überzeugend sind jedoch betriebsbereite Komplettangebote, nämlich Digital-Loks einschließlich betriebsbereiter Funktionen.

Fahrzeugeigenschaften programmieren

Im wesentlichen gibt es drei Verfahren zur Anzeige der aktuellen Fahrzeugparameter, deren Einstellung und Änderung, nämlich:

- manuelle Einstellung (mittels Codierschaltern, Potentiometern) ohne Anzeigemöglichkeit der aktuellen Einstellungen [Beispiel: Märklin Digital]

- elektronische Einstellung (mittels Programmierfunktion im Fahrgerät oder separatem Programmiergerät) und optischer Anzeige eingestellter Werte unter Nutzung eines Programmiergleises [Beispiele: Arnold Digital, Trix Selectrix, Fleischmann FMZ] und

- elektronische Einstellung (mittels Programmierfunktion im Fahrgerät) und optischer Anzeige eingestellter Werte ohne Programmiergleis während des Betriebes, Verfahren ist unter den Bezeichnungen „programming on the fly" und „programming on the main" bekannt [Beispiele: Digital Plus ab Version 3.0, ZIMO Digital ab 1999]

Programmierung mit Mausklick ist eine besonders komfortable Variante.

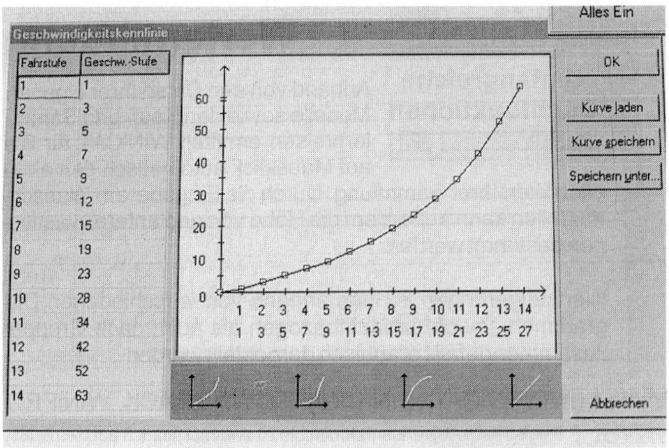

Verfahren zur Einstellung, Anzeige und Änderung fahrzeugspezifischer Eigenschaften bei Profi-Digitalsteuerungen

Fabrikat	Verfahren zur Einstellung und Anzeige fahrzeugspezifischer Kennwerte
Märklin Digital	Manuelle Einstellung, Digital-Lok muß von der Anlage genommen werden, keine Möglichkeit zur Anzeige aktueller Einstellungen
Digital Plus	Elektronische Einstellung, ab Version 3.0 jederzeit und überall auf der Anlage (kein Programmiergleis erforderlich), Anzeige aktueller Einstellungen
Arnold Digital	Elektronische Einstellung und Anzeige aktueller Werte auf einem Programmiergleis
Zimo Digital	*NMRA-Decoder:* Elektronische Einstellung und Anzeige aktueller Werte auf einem Programmiergleis *Motorola-Decoder:* Manuelle Einstellung, Digital-Lok muß von der Anlage genommen werden, keine Möglichkeit zur Anzeige aktueller Einstellungen
Trix Selectrix	Elektronische Einstellung und Anzeige aktueller Werte auf einem Programmiergleis
Intellibox	*NMRA-Decoder:* Elektronische Einstellung und Anzeige aktueller Werte auf einem Programmiergleis Selectrix-Decoder: Elektronische Einstellung und An zeige aktueller Werte auf einem Programmiergleis *Motorola-Decoder:* Manuelle Einstellung, Digital-Lok muß von der Anlage genommen werden, keine Möglichkeit zur Anzeige aktueller Einstellungen
Fleischmann FMZ	Elektronische Einstellung und Anzeige der Lokadresse auf einem Programmiergleis

Für die Modellbahnpraxis haben die Verfahren unterschiedliche Konsequenzen und können durchaus als ein Auswahlkriterium für eine Digitalsteuerung angesehen werden.

Fahrzeugeigenschaften werden bei Märklin Digital manuell eingestellt. Für deren Einstellung muß die Lok eigens vom Gleis genommen und geöffnet werden. An einem Codierschalter ist unter Zuhilfenahme einer Codiertabelle die Lokadresse von Hand einzustellen. Höchstgeschwindigkeit und Anfahr/Bremsverhalten sind an ebenfalls auf dem Lokdecoder angebrachten Potentiometern wählbar. Die aktuellen Einstellungen können – ohne daß ein Fahrzeug vom Gleis genommen und geöffnet wird – überhaupt nicht angezeigt werden.

Arnold Digital (alt) und Digital Plus waren die ersten Digitalsteuerungen mit einem elektronischen Programmierverfahren für sämtliche Fahrzeugparameter. Dabei braucht die Digital-Lok nicht geöffnet zu werden; sie bleibt auf der Anlage. Das Verfahren wirkt sich auf die Lokdecoderabmessungen sehr positiv aus. Sie sind minimal, weil vergleichsweise voluminöse Bauteile wie Codierschalter und Potentiometer entfallen. Damit ist dieses Verfahren auch für Fahrzeuge der Baugröße N geeignet. Andere Digitalanbieter haben dieses Verfahren inzwischen übernommen. Dabei können mittels einer in die Zentraleinheit integrierten und über das Fahrgerät bedienbaren Programmierschaltung sämtliche aktuellen Daten des Fahrzeuges angezeigt, eingestellt und jederzeit wieder geändert werden.

Bei den elektronischen Programmierverfahren sind zwei Versionen zu unterscheiden. Beim einen muß die Digital-Lok zur Anzeige und Änderung der Werte eigens auf ein Programmiergleis gefahren werden, während beim zweiten jede Digital-Lok an jeder Stelle der Anlage programmiert werden kann. Letzteres hat natürlich in der Praxis seine Vorteile – man denke nur an den häufigen Fall, wo eine Lok von einem kurzen leichten Eilzug an einen langen schweren Güterzug wechselt und das Anfahr- und Bremsverhalten sofort der neuen Situation angepaßt werden kann.

Besonders komfortabel sind Programmierverfahren via Computer bzw. Bildschirmoberfläche. Solche Tools liefern beispielsweise die Firmen Uhlenbrock und Viessmann.

Einfache und schnelle Anzeige aktuell eingestellter Fahrzeugparameter, deren individuelle Einstellung und Änderung zählen zu den Mindestanforderungen an eine Profi-Digitalsteuerung. Die Programmierung sollte ohne Programmiergleis und ohne die Notwendigkeit zur Öffnung von Fahrzeugen möglich sein.

Analog- und Digital-Loks

Märklin und Fleischmann liefern Analog-Loks und zusätzlich Digitalversionen. Um al-

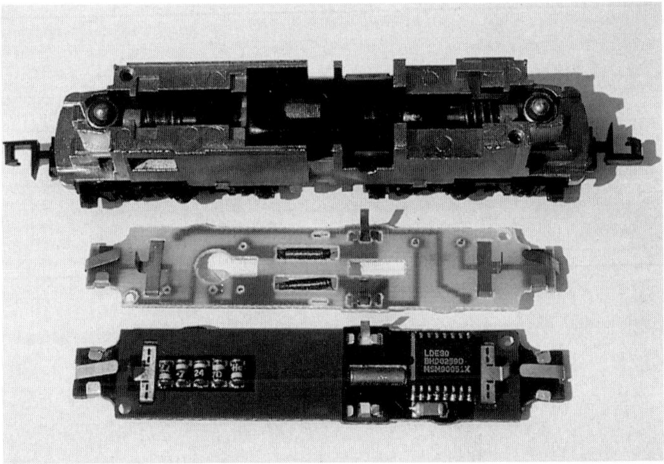

Ein Blick zurück zeigt das früher von Arnold für N-Loks praktizierte Umrüstverfahren – die Analogplatine wurde einfach gegen ein Exemplar mit integriertem Lokdecoder getauscht und der Einbauraum für den Decoder war in den Analog-Loks schon reserviert.

le Kundenwünsche zu befriedigen, müssen Fachhändler beide Versionen vorrätig halten. Dieses Verfahren hat eine ganze Reihe von Vorzügen. Einbaukosten und Wartezeiten für die Lokdecodermontage werden vermieden. Außerdem braucht für die Decodermontage kein speziell geschultes Fachpersonal vorgehalten zu werden. Die Händler verfügen über betriebs- und vorführbereite Digital-Modelle. Der Kunde kann die Digital-Lok sehen, probefahren, direkt kaufen und zu Hause gleich einsetzen.

Andere Hersteller liefern nur Analog-Loks mit Elektrischer Schnittstelle. Auf Wunsch des Kunden wird ein Lokdecoder eingebaut. Für diesen Weg haben sich beispielsweise Roco und Trix entschieden.

Schließlich ist die Gruppe von Modellbahnherstellern zu nennen, die nach wie vor Analog-Loks ohne Elektrische Schnittstelle liefern.

Märklin bietet mit großem Abstand das umfangreichste Angebot betriebsfertiger Digital-Loks. Aber nicht nur die Fahrzeugzahl ist überzeugend, sondern ebenso die vielfältigen Ausstattungsvarianten. Im Angebot sind Digital-Loks mit einfacher Antriebstechnik und Fahrzeuge mit sogenanntem Hochleistungsantrieb. Das Programm enthält Lokomotiven mit einer fernsteuerbaren Zusatzfunktion und solche mit bis zu vier betriebsfertig installierten Zusatzfunktionen.

Roco rangiert beim Angebotsumfang weit oben, beschränkt sich jedoch auf H0-Modelle mit integrierter Elektrischer Schnittstelle und bietet hinsichtlich fernsteuerbarer Funktionen derzeit noch ein eher bescheidenes Repertoire.

Der Firmenverbund Rivarossi/Jouef/Lima/Arnold offeriert im Katalog zahlreiche betriebsfertige N-Digital-Loks nach NMRA-Standard. Das bei den Fachhändlern tatsächlich verfügbare Angebot weicht jedoch vom Katalogangebot häufig ab. Das bei Arnold Digital (alt) bis 1995 realisierte, sehr anwenderfreundliche Umrüstkonzept – nämlich der simple Tausch einer Analog-Platine gegen ein Exemplar mit integriertem Lokdecoder – hat der Firmenverbund bei der ab 1998 angebotenen neuen Digitalversion leider nicht wieder aufleben lassen. Minitrix beschränkt sich auf Fahrzeuge mit Elektrischer Schnittstelle. In der Regel passen jedoch ausschließlich Selectrix-Lokdecoder in die Fahrzeuge, weil der Einbauraum auf die Abmessungen des besonders flachen Selectrix-Decoders abgestimmt ist. Fleischmann bietet betriebsfertige N-Digital-Loks für das hauseigene FMZ-System an und möchte künftig jedoch auch die genormte Schnittstelle verwenden.

Was in H0 längst Usus ist, sollte sich in Baugröße N ebenfalls durchsetzen, nämlich die Ausrüstung sämtlicher Analog-Loks mit der nach NEM 651 genormten S-Schnittstelle. Ungeachtet dessen wäre für Baugröße N ein möglichst umfangreiches Angebot betriebsfertiger Digital-Loks besonders wichtig, weil bei diesen Fahrzeugen der Lokdecodereinbau eben oftmals schwieriger ist.

Analog-Loks sollten unabhängig von der Baugröße serienmäßig mit genormten Schnittstellen ausgestattet sein. Unabhängig davon verbuchen Anbieter betriebsfertiger Digital-Loks Pluspunkte. Dies gilt insbesondere für Fahrzeuge mit mehreren betriebsbereiten Zusatzfunktionen.

Lokdecoder

Lokdecoder müssen einzeln erhältlich sein, damit ggf. schon vorhandene Analog-Loks und Fahrzeuge, die ausschließlich als Analogversion auf dem Markt sind, auf Digitalbetrieb umgerüstet werden können. Systembedingt unterscheiden sich die Lokdecoder hinsichtlich ihrer Leistungsmerkmale, ihrer Anschlußtechnik (Schnittstellenstecker oder Lötverbindung) und ihrer Abmessungen. Der Aufwand beim Lokdecodereinbau wird im wesentlichen von den Platzverhältnissen und der Anschlußtechnik im jeweiligen Fahrzeugmodell bestimmt.

Bei Märklin-H0-Loks ist das am einfachsten, weil der Lokdecoder anstelle des elektromechanischen Fahrtrichtungsrelais tritt. Damit ist in jeder Märklin Lok der erforderliche Einbauraum sozusagen automatisch vorhanden. Der Anschluß ist etwas aufwendiger, weil Märklin ausschließlich die dauerhaft sichere Kabel- und Lötverbindungstechnik verwendet.

Bei H0-Gleichstromloks entstehen zumeist auch keine größeren Schwierigkeiten. Einfach, fehlerfrei und schnell gestaltet sich der Einbau bei Fahrzeugen mit Elektrischer Schnittstelle und ausreichendem Einbauraum. Wenn dieser jedoch für einen Decoder erst durch spanabhebende Bearbeitungsverfahren geschaffen werden muß, wird die Sache teuer.

Schwieriger ist die Situation bei Fahrzeugen der Baugröße N trotz anerkennenswerter Fortschritte zur Miniaturisierung der Lokdecoder. In Triebwagen und vielen Schlepptenderloks ist der Einbauraum vorhanden, aber bei so manchen anderen N-Fahrzeugen sind Arbeiten an den Fahrgestellrahmen notwendig. Weil derzeit nur Trix N-Loks mit der genormten Elektrischen Schnittstelle ausrüstet, den Einbauraum jedoch auf seine besonders flachen Selectrix-Lokdecoder abstimmt (und damit de facto den Einbau anderer Lokdecoderfarikate verhindert) bleibt bei Baugröße N die Kabel- und Lötverbindungstechnik wohl noch lange der Standard.

Die von Digital Plus und Arnold gelieferten Lokdecoder sind aufgrund der hier verwendeten Technologie deutlich preiswerter als Selectrix-Lokdecoder, aber eben auch nicht ganz so flach. Fleischmann Decoder sind noch etwas schwieriger einzubauen, weil der bei diesem System erforderliche bipolare Kondensator zusätzlichen Raum beansprucht. Deshalb ist es bei Baugröße N besonders vorteilhaft eine Profi-Digitalsteuerung zu wählen, die neben dem Betrieb von Digital-Loks auch den gleichzeitigen Einsatz von Analog-Loks erlaubt – also Digital Plus oder Fleischmann FMZ.

Alle Hersteller von Profi-Digitalsteuerungen bieten Lokdecoder zur Umrüstung von Analog-Loks auf Digitalbetrieb auch einzeln an. Die Digitalisierung von Märklin Fahrzeugen ist besonders einfach, weil der zum Decodereinbau erforderliche Raum durch den Entfall des Fahrtrichtungsrelais stets vorhanden ist. Die Umrüstung von H0-Gleichstromloks wird in den meisten Fällen durch genormte Schnittstellen erleichtert. Der notwendige Einbauraum ist bei dieser Baugröße zumeist vorhanden. Problematischer gestaltet sich die Umrüstung von N-Analog-Loks. Das Vorhandensein einer genormten Schnittstelle würde die Situation schon beträchtlich erleichtern – aber der Einbauraum muß zuerst geschaffen werden.

Elektrische Schnittstellen

Was unterscheidet eine Digital-Lok von einer Analog-Lok? Die Antwort: der Lokdecoder. Und der muß in die Lok eingebaut werden. Entweder vom Hersteller, vom Fachhändler, von einer Spezialwerkstatt oder ggf. vom Modellbahner selbst. Zur Vereinfachung der Lokdecodermontage rüsten bestimmte Modellbahnhersteller ihre Analog-Loks werkseitig mit einer sogenannten „Genormten Elektrischen Schnittstelle“ aus. Etwas vereinfacht ausgedrückt kann man sie als eine lösbare Steckverbindung (Stecker/Buchse) mit stets gleichartig ausgebildeten und belegten Kontakten bezeichnen. Stellvertretend für mehrere Anbieter seien hier Roco und Brawa genannt.

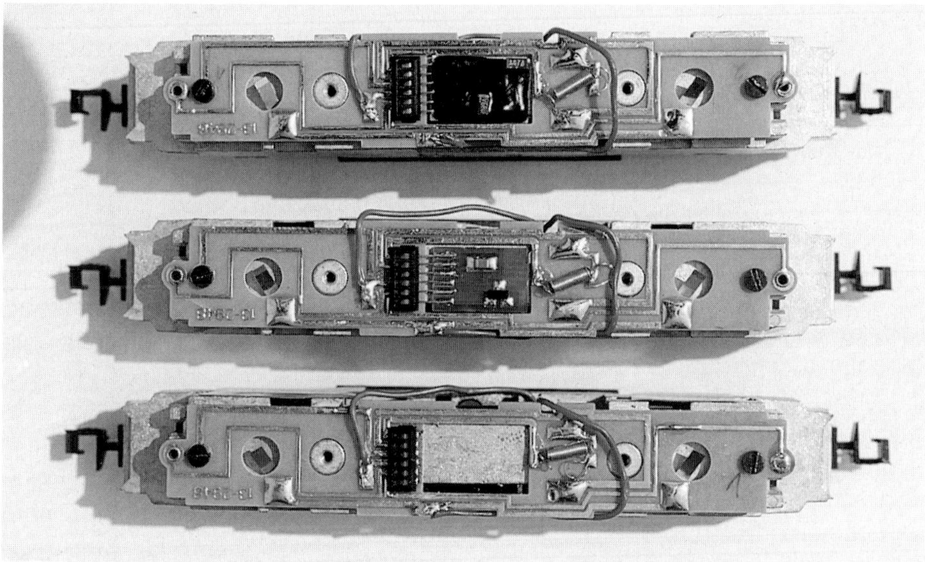

Genormte elektrische Schnittstelle in einer Lok der Baugröße N

Für N-Bahnen gibt es die genormte S-Schnittstelle (wie Small = klein) nach NEM 651, sowie NMRA RP 9.1.1. Trix verwendet sie bei seinen N-Loks.

Für Gleichstromfahrzeuge der Baugröße H0 wurde eine prinzipiell vergleichbare Schnittstelle durch die Firmen Roco und Lenz entwickelt und genormt (NEM 652) und auch für Wechselstromfahrzeuge gibt es eine entsprechende Norm (NEM 653). Ebenso liegt für Großbahnen (LGB, Märklin I und Maxl) eine Schnittstellennorm vor (NEM 654).

Die Grundsätze dieser Normen sind in der NEM 650 festgelegt und zwar handelt es sich hierbei sowohl um die fahrzeugseitige wie die lokdecoderseitige Ausführung (Abmessungen, Anordnung von Buchsen und Steckern, elektrische Belastbarkeit der Steckverbindungen, Farben von Kabeln, usw).

Aber man muß solche Normen auch kritisch werten, denn sie stellen oft nur einen Kompromiß aus verschiedenen Interessenslagen dar und werden häutig von der technischen Entwicklung überholt. So stellt sich hier die

Genormte elektrische Schnittstelle in einer Roco-Lok der Baugröße H0

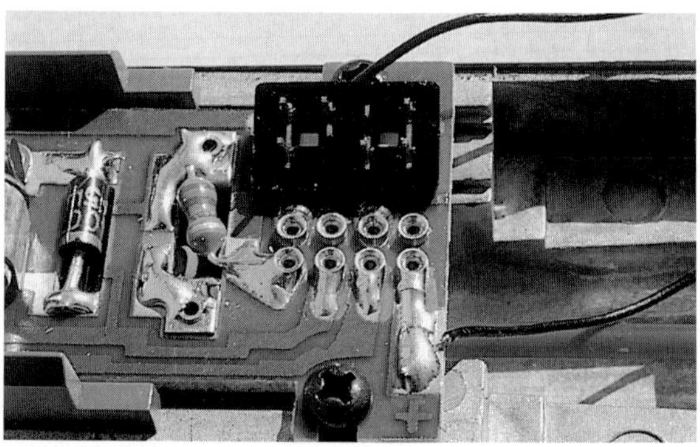

Normung elektrischer Schnittstellen gemäß NEM 650; hier eine ergänzte Darstellung

Norm	NEM 651	NEM 652	NEM 653	NEM 654
Ausführung der Schnittstelle:	Klein (S)	Mittel (M/a)	Mittel (M/b)	Groß (L)
Bevorzugte Anwendung für Baugröße:	N	H0, Motor mit Permanent-magnet	H0, Motor mit Feldwicklungen	Großbahnen, wie z.B. LGB,Märklin I
Schnittstellenanschlüsse und Layout der Kontaktanordnung:	6, 1 x 6	8, 2 x 4	9, 1 x 9	4, keine Vorgabe
Schnittstellenausführung in der Lok:	Buchse	Buchse	Buchse	Stecker
Raster (Kontaktabstand) in mm:	1,27	2,54	1,5	keine Vorgabe
Stiftform (am Lokdecoder):	Rund	Rund	Rund	Rund
Stiftlänge in mm:	5	4	4	7,5
Stiftdurchmesser in mm:	0,25	0,5	0,5	1,25
Zulässiger Dauerstrom in Ampère	0,5	1,5	1,5	4,0
Spitzenstrom in Ampère	0,75	3,0	3,0	6,0

Frage, weshalb Schnittstellen genormt wurden, aber über den mindestens ebenso wichtigen Einbauraum für Lokdecoder keine Festlegungen getroffen wurden. Und die Zahl der Schnittstellenanschlüsse hinkt den Erfordernissen bereits heute hinterher.

Ein Beispiel: Märklin bietet je Digital-Lok bis zu fünf fernsteuerbare Zusatzfunktionen. Die in der NEM 650 festgelegte Zahl von neun Anschlüssen reicht gar nicht aus, um Gleisanschluß (2), Motor mit Feldwicklung (3), Spitzensignalbeleuchtungen (2) und vier weitere Funktionen (4) an die Schnittstelle anzuschließen. Märklin wendet die Norm nicht an, denn die herkömmliche Verdrahtung ist technisch zuverlässiger und preiswerter als zusätzliche Steckverbindungen. Hinzu kommt die bei konventioneller Verdrahtung größere Flexibilität – wie am Beispiel der anzuschließenden Zusatzfunktionen deutlich wird.

Prinzipiell baut eine genormte Elektrische Schnittstelle Systemschranken ab, eine Steckverbindung sorgt automatisch für einen fehlerfreien Lokdecoderanschluß und sie hilft Zeit und Montagekosten sparen. Andererseits löst sie das Kernproblem jeder Umrüstung – den Raumbedarf zur Unterbringung eines Lokdecoders – nicht und die Zahl der gebotenen Anschlüsse reicht zum Anschluß mehrerer fernsteuerbarer Zusatzfunktionen nicht aus. Dennoch ist es für den Modellbahner von Vorteil wenn er Analog-Loks mit Elektrischer Schnittstelle bevorzugt.

Fahrgeräte

In diesem Kapitel standen bisher die Fahr- bzw. Lokdecodereigenschaften der Fahrzeuge im Mittelpunkt. Der Fahrkomfort wird aber auch maßgeblich von den Merkmalen der Fahrgeräte bestimmt.

Griffgünstige, farblich gekennzeichnete Tasten mit definiertem Druckpunkten und verständlichen Piktogrammen bzw. Beschriftungen sollte man erwarten dürfen. Anzeigen müssen auch aus einer gewissen Distanz, bei verschiedenen Blickwinkeln und unter verschiedenen Lichtverhältnissen „auf einem Blick“ erkennbar sein. Zu kleine Zeichen und wenig informative Anzeigen sollten der Vergangenheit angehören.

Der Angebotsvergleich zeigt jedoch auch in solchen Details eine bemerkenswerte Bandbreite. Das reicht von weniger gut erkennbaren LED-Anzeigen bis hin zu mehrstelligen, aussagekräftigen LCD-Displays mit Benutzerführung

Bedienungsmerkmale von Fahrgeräten für Profi-Digitalsteuerungen

	Märklin Digital Control 80 f	Digital Plus LH 100	Arnold Digital	Intellibox	Trix Selectrix	Fleischmann FMZ
Betriebsbereitschaftsanzeige	Ja	Ja	Ja	Ja	–	Ja
Tasten mit Mehrfachfunktionen belegt	Nein	Ja	Ja	Ja	Ja	
Anzeigentyp	LED	LCD-Display 1)	LCD-Display 2)	LCD-Display 2)	LCD-Display 2)	LED
Lokadressenaufruf	Tastenfeld	Tastenfeld	Tastenfeld	Tastenfeld	Tastenfeld	Tastenfeld
Lokadressenanzeige der aufgerufenen Lok am Fahrgerät	Ja	Ja	Ja	Ja	Ja	Nein, auf Kompaktstation
Zuordnung einer Lokbaureihennummer zur Adresse	Nein	Ja	Nein	Ja	Nein	Nein
Tasten zur Aktivierung von Zusatzfunktionen	Ja	Ja	Ja	Ja	Ja	Ja
Anzeige des Schaltzustandes von Zusatzfunktionen	Ja, mittels einer LED	Ja, im LCD Display	Ja	Ja	Ja	–
Fahrtrichtungseinstellung	Drehknopf über Anschlag nach links drehen	Taste	Taste	Drehknopf	Taste	Schiebepotentiometer mit Mittelstellung
Optische Fahrtrichtungsanzeige	Ja	Ja	Ja	Ja	Ja	An Schiebepotentiometerstellung erkennbar
Geschwindigkeitssteuerung	Drehknopf	Tasten	Endlosdrehknopf	Endlosdrehknopf	Drehknopf	Schiebepotentiometer
Anzeige der eingestellten Fahrstufe	Skala um Drehknopf	Ja, im LCD-Display	Ja, im LCD-Display	Ja, im LCD-Display	Ja, im LCD-Display	Nein
System-Not-Halt	Ja	Ja	Ja	Ja	Ja	Ja, auf stationärem Geräteteil
Anzeige System-Not-Halt	Nein	Ja	Ja	Ja	Ja	
Lokspezifischer Not-Halt	Nein	Ja	Ja	Nein	Nein	Wippschalter
Anzeige lokspezifischer Not-Halt	–	Ja	Ja	–		Nein (bezogen auf Handsteuergerät)
Automatische Übernahme der momentanen Geschwindigkeit bei einer in Betrieb befindlichen Lok	Nein	Ja	Ja	Ja	Ja	Nein

1) zweizeilige, mehrstellige LCD-Anzeige bei Handsteuergerät LH 100 mit Benutzerführung. 2) Aussagekräftiges, mehrstelliges LCD-Display teilweise mit Benutzerführung

Fahrgerät Control 80 f von Märklin mit übersichtlicher und verständlicher Bedienungsoberfläche, aber schlecht ablesbare und wenig informative LED-Anzeigen

Je mehr Möglichkeiten eine Steuerung bietet, desto schwieriger ist die Gestaltung von benutzerfreundlichen Bedienungs- und Anzeigeelementen. Zur Beurteilung von Fahrgeräten ist es hilfreich, sich einige wichtige, wiederkehrende Bedienungshandlungen vor Augen zu führen und diese am Beispiel des jeweiligen Gerätes durchzuspielen.

Bei Digitalsteuerungen muß zuerst die zu steuernde Lok ausgewählt bzw. „aufgerufen" werden. Dies geschieht durch Eingabe ihrer Adresse in ein Tastenfeld. Damit man auch immer weiß, welches Triebfahrzeug mit welchem Fahrgerät gesteuert werden kann, sollte es über eine ständig wirksame Anzeige der jeweils eingestellten Adresse verfügen.

In diesem Punkt unterscheiden sich bereits die Fahrgeräte. Fleischmann hat die Tastatur zur Lokadressenwahl und die Lokadressenanzeige nicht in seine mobilen Handsteuergeräte integriert, sondern auf dem standortgebundenen Kompaktgerät angeordnet – zum Fahren müssen demnach an zwei verschiedenen Orten Bedienungshandlungen vorgenommen werden. Alle anderen Hersteller haben sämtliche Bedienungseinrichtungen und Anzeigen auf der Bedienungsoberfläche der Fahrgeräte angeordnet und zwar gleichermaßen bei ortsfesten Fahrgeräten wie bei mobilen Handsteuergeräten.

Nach der Fahrzeugauswahl folgt die Bedienung von Zusatzfunktionen, wie z. B. Spitzenlichtsignal einschalten oder Dieselmotor anlassen. Bei fernsteuerbaren Zusatzfunktionen kann es sich um Momentfunktionen (z. B. Lokpfeife, Fahrzeugkupplung), oder Dauerfunktionen (z. B. Spitzenlichtsignale, Dieselmotorgeräusch) handeln. Beide Funktionsarten sollten sich per Tastendruck ein/ausschalten lassen und der jeweilige Schaltzustand sollte optisch angezeigt sein. Ein Fahrgerät sollte so viele Funktionstasten aufweisen, wie Zusatzfunktionen systembedingt bedienbar sind.

Nach der Aktivierung von Zusatzfunktionen ist die Fahrtrichtung der Lok zu bestimmen. Bevor man sie wählt, muß die momentan eingestellte Richtung – auch bei Fahrzeugstillstand – bekannt sein, d. h. eine Fahrtrichtungsanzeige wird benötigt. Dabei hilft eine fahrtrichtungsabhängige, fernsteuerbare Spitzensignalbeleuchtung. An ihr erkennt man auch bei stehenden Triebfahrzeugen die eingestellte Fahrtrichtung. Während der Fahrt muß ein Fahrtrichtungswechsel ausgeschlossen sein. Zum einen dient das der Vorbildtreue und zum anderen wird dadurch die Motor- und Getriebebelastung minimiert. Realisert werden soll diese Bedingung beispielsweise durch einen Drehknopf zur Geschwindigkeitssteuerung, der zum Fahrtrichtungswechsel über seine Nullstellung hinaus – über einen Anschlag – gedreht werden muß. So macht das Märklin. Bei anderen Fahrgeräten ist die Bedienung der Fahrtrichtungstaste erst bei Fahrstufe 0 (= Stillstand) wirksam. Damit wird sichergestellt, daß vor jedem Richtungswechsel die Geschwindigkeit auf Null gestellt wird. Ist jedoch im Fahrzeug eine mechanische Schwungmasse eingebaut, oder eine Beschleunigungs/Verzögerungszeit im Lokdecoder eingestellt, funktionieren diese Systeme nicht mehr zuverlässig. Dann kann der Richtungswechsel bereits erfolgen während sich das Triebfahrzeug noch in Bewegung befindet. Durch eine schaltungstechnische Maßnahme ließe sich der Richtungswechsel während der Fahrt zuverlässig ausschließen. Die Methode besteht in der Auswertung der Motor-EMK im Lokdecoder, denn sie ist so lange vorhanden wie sich der Motoranker dreht, also selbst bei einer ausrollenden Lok.

Als nächstes wird die gewünschte Geschwindigkeit eingestellt. Vier Bedienungsvarianten stehen zur Auswahl, nämlich Drehknopf mit Anschlag, Schiebepotentiometer, Endlosdrehknopf (ohne Anschlag) und Tasten. Damit der eingestellte Wert bei einem Drehknopf erkennbar und reproduzierbar bleibt, sind im einfachsten Fall am Drehknopf ein Zeiger oder eine Strichmarkierung und eine um den Knopf herum angeordnete Skala notwendig. Sinngemäß gilt dies für Geschwindigkeitseinstellungen mittels Schiebepotentiometer. Ein Endlosdrehknopf muß dagegen mit einer elektronischen Fahrstufenanzeige kombiniert werden, da andernfalls der eingestellte Wert nicht erkennbar und auch nicht reproduzierbar wäre. Eine Geschwindigkeitssteuerung mit Auf/Ab-Tasten macht ebenfalls nur in Kombination mit einer optischen Fahrstufenanzeige Sinn. Unabhängig von diesen Sachzwängen sollte eine Fahrstufenanzeige bei Profi-Digitalsteuerungen zur Standardausstattung zählen.

Zum Betrieb zählt nicht nur das Fahren, sondern auch das sofortige Anhalten im Notfall. Situationsbedingt kann der Halt aller fahrenden Züge oder aber nur der Stop eines gerade mit dem Fahrgerät gesteuerten Zuges erforderlich sein. Eine Profi-Digitalsteuerung sollte deshalb einen System-Not-Halt (alle Züge) und einen separaten, lokbezogenen Not-Halt (wirksam für die gerade aufgerufene Lok) bieten. Als geeignetes Bedienelement kommen nur Tasten mit zugeordneter optischer Anzeige in Betracht. Für beide Fälle gilt, daß die Fahrzeuge nach Auflösung der Not-Halt-Funktion wieder allmählich bis zu ihrer zuvor eingestellten Geschwindigkeit beschleunigen sollen. Auch sollte zumindest während des lokbezogenen Not-Haltes die Digitalspannung am Gleis nicht von der Steuerung abgeschaltet werden, denn sonst fallen bei jeder Not-Halt Betätigung sämtliche Rückmeldungen (z.B. Gleisbesetztzustand) aus. Im Unterschied zum Not-Halt muß die Digitalsteuerung bei einem Kurzschluß selbsttätig die Digitalspannung abschalten.

Mit einem Fahrgerät kann bei Digitalsteuerungen eine Lok ausgewählt und betrieben werden, anschließend eine zweite aufgerufen und gesteuert werden, während die zuerst aufgerufene mit ihren Einstellungen bis zum erneuten Aufruf weiterfährt. Theoretisch können auf diese Weise viele Loks in Betrieb genommen werden und beispielsweise auf eine Blockstrecke mit zugbeeinflussenden Signalen geschickt werden. Von Interesse ist in diesem Zusammenhang, wie mit dem Fahrgerät auf die einzelnen Loks zugegriffen werden kann. Ein Verfahren besteht im bereits beschrieben Lokaufruf durch Adresseneingabe mit der Tastatur. Digital Plus bietet als Komfortmerkmal die zusätzliche Möglichkeit zwischen den beiden zuletzt aufgerufenen Loks durch Betätigung einer einzigen Taste zu wechseln.

Bei der Übernahme einer bereits aufgerufenen Lok auf das Fahrgerät entsteht die Frage, auf welchen Wert man den Geschwindigkeitssteuerknopf einstellen soll, denn die augenblickliche Fahrzeuggeschwindigkeit ist ja nicht bekannt. Fährt die Lok schnell und der Geschwindigkeitssteuerknopf steht auf

Fahrgerät Control von Arnold mit übersichtlicher und verständlicher Bedienungsoberfläche, informativem LCD-Display und Geschwindigkeitseinstellung mittels Endlosdrehknopf

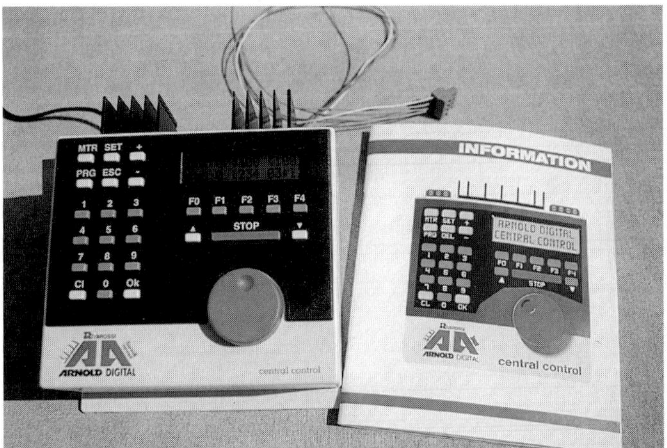

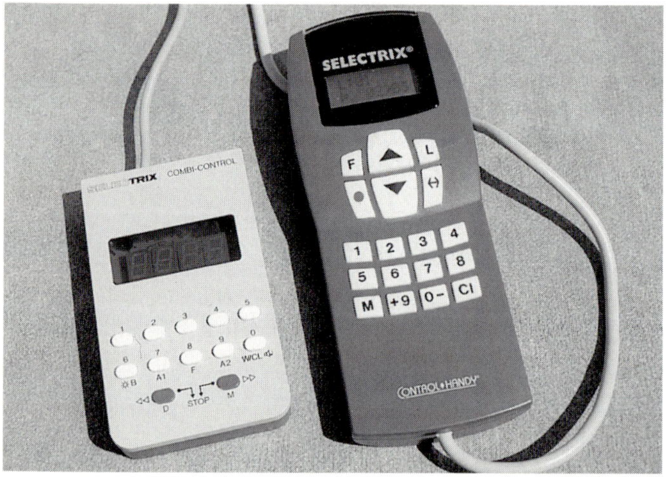

Mobiles Handsteuergerät Control Handy von Trix mit etwas erklärungsbedürftiger Tastensteuerung und zweizeiligem LCD-Display im Vergleich zum Vorgängermodell

langsam, so würde das Triebfahrzeug seine Geschwindigkeit nach der Übernahme sofort ändern – ein unerwünschter Effekt. Bei Märklin Digital mit dem „mechanischen" Geschwindigkeitssteuerknopf entsteht die geschilderte Situation. Dagegen werden beispielsweise bei Digital Plus (mit Tastenbedienung) und Arnold Digital (mit Endlosdrehknopf) immer alle Fahrzeugdaten – also auch die momentane Geschwindigkeit – übernommen und im Display der Fahrgeräte angezeigt. Sie können dann beibehalten oder anschließend verändert werden; ungewollte Geschwindigkeitssprünge werden so vermieden. Daß sich eine automatische Übernahme von Fahrzeugdaten auch mit einem Geschwindigkeitsdrehknopf mit Anschlag realisieren läßt, zeigt das Beispiel des mobilen Handsteuergerätes LH 200 von Digital Plus. Hier wird mittels Leuchtdioden signalisiert, ob die augenblickliche Drehknopfstellung mit der momentanen Fahrzeuggeschwindigkeit übereinstimmt, niedriger oder höher ist. Man kann die Lok übernehmen, oder zuerst die Drehknopfstellung anpassen und anschließend übernehmen.

Lokadressen

Wie merkt man sich, welche Lok welche Adresse hat? Naheliegend ist der Gedanke die Lokadresse gemäß der Baureihennummer des jeweiligen Triebfahrzeuges festzulegen.

Märklin Digital hat beispielsweise einen Lokadressenumfang von 01 bis 80. Die Anzeige der Lokadresse auf den Fahrgeräten ist ebenfalls zweistellig. So ließe sich z. B. einer BR 044 die Adresse 44 zuordnen. Aber das hat nur begrenzten Erfolg. Denn das System kommt außer Tritt, wenn neben der Dampflok BR 044 auch eine E-Lok der BR 144 im Einsatz ist. Oder wenn man einer BR 086 die Adresse 86 geben wollte, die außerhalb des Lokadressenbereiches liegt.

Deutlich anwenderfreundlicher stellt sich die Situation beispielsweise bei Digital Plus dar, wo inzwischen eine vierstellige Lokadressenanzeige von 0000 bis 9999 realisiert ist. Hier ließe sich die BR 044 mit der Adresse 044 und die BR 144 mit der Adresse 144 einsetzen, was die Merkfähigkeit erleichtert.

Wenn jedoch mehrere BR 141 – beispielsweise eine mit blauem, eine mit grünem, eine mit orange/weißem und eine mit rotem Gehäuse im Einsatz sind, helfen auch mehrstellige Lokadressenanzeigen nicht unbedingt weiter. Idealerweise sollte jeder Lokadresse eine vom Anwender frei wählbare Typenbezeichnung zugeordnet werden können. Die BR 141 könnte dann die Adresse 2 haben, würde jedoch mit 141 blau aufgerufen und im Display als BR 141 blau angezeigt werden. Die nächste BR 141 hätte die Adresse 3, würde jedoch mit 141 grün aufgerufen und mit dieser Bezeichnung im Display angezeigt werden. In diesem Punkt bestehen also noch Optimierungsreserven.

Doppel- und Mehrfachtraktionsfähigkeit

Beim Vorbild fahren nicht nur mit einem einzigen Triebfahrzeug bespannte Züge. Doppeltraktion, Zwischenloks und Nachschiebeloks sind für den Modellbahner besonders interessante Traktionsvarianten.

Nun könnte man beispielsweise davon ausgehen, bei einem nachgeschobenen Zug erhält die Zuglok eine Lokadresse und wird mit einem Fahrgerät gesteuert und die Schiebelok erhält eine andere Adresse und wird mit einem zweiten Fahrgerät gesteuert. Das funktioniert mit jeder Digitalsteuerung.

Wenn jedoch in Zusammenhang mit Profi-Digitalsteuerungen vom Thema Doppel- und Mehrfachtraktionsfähigkeit die Rede ist, ist eine synchrone Steuerung mehrerer Digital-Loks mit einem einzigen Fahrgerät gemeint. Bei diesem Betriebsmodus wird eine Adresse aufgerufen, die zweite, dritte, usw. hinzugefügt (eine gemeinsame virtuelle Adresse gebildet) und anschließend lassen sich alle Loks in diesem Zug mit nur einem Fahrgerät hinsichtlich Fahrtrichtung und Geschwindigkeit steuern. Eine solche Mehrfachtraktion läßt sich nach Belieben wieder teilweise oder auch ganz auflösen. Leider beherrscht nicht jede Profi-Digitalsteuerung diesen Betriebsmodus.

Verdrahtungsaufwand

Nur noch zwei Drähte und schon funktioniert der Digitalbetrieb – so möchte uns die Werbung Glauben machen.

Die Verbindung von Trafo, Zentrale, Leistungsverstärker, Handsteuergerät und Gleisanschluß ist tatsächlich simpel. Soll die Fahrzeugsteuerung von mehreren Stellen einer Anlage aus möglich sein, so muß zusätzlich eine Ringleitung mit Anschlußbuchsen verlegt werden. Auch das geht erfreulich einfach.

Vorbildgerechte Brems- und Beschleunigungsvorgänge in Abhängigkeit einer Signalstellung erfordern jedoch schon Verbindungsleitungen zwischen Trafo, Bremsgenerator, Leistungsverstärker, sowie eine zweiadrige Leitung für die Bremsspannung auf der Anlage zu jedem Signalhalteabschnitt. Und vor Ort müssen Trennstellen in die Gleise eingebaut werden, Relaisdecoder sind zum ein- und ausschalten der Digitalfahrspannung im Signalhalteabschnitt erforderlich und die Verkabelung der Relais zur Umschaltung zwischen Digital- und Bremsspannung ist unumgänglich. Und dieser Aufwand ist bei jedem Signalstandort notwendig.

Vorbildentsprechendes Fahrverhalten unter allen Betriebsbedingungen ist eine entscheidende Zielsetzung des Digitalbetriebes und eben die läßt sich nicht allein mit zwei Drähten realisieren – wie das einfache Beispiel des signalstellungsabhängigen Betriebes zeigt!

Zusammenfassung

Profi-Digitalsteuerungen bieten im Vergleich zu herkömmlichen Modellbahnsteuerungen ein ganz erhebliches Plus an Fahrkomfort. Maßgebenden Anteil haben die Lokdecodereigenschaften, denn erst sie ermöglichen die Optimierung der Fahreigenschaften durch einen integrierten Lastausgleich, die Nachbildung fahrzeugbaureihenabhängiger Höchstgeschwindigkeiten, sowie die Übertragung des zugmassebedingten Anfahr/Bremsverhaltens vom Vorbild auf das Modell.

Manche Profi-Digitalsteuerungen vermitteln darüberhinaus ein Plus an Spielfreude durch Zusatzfunktionen, wie fernsteuerbare Fahrzeugkupplungen, Beleuchtung, Pfeife, Horn, Diesel- und Dampflokgeräusche, usw. und durch Doppel- und Mehrfachtraktionsbetrieb.

Alle diese positiven Eigenschaften entfalten ihre Wirkung jedoch erst, wenn sich der Modellbahner auf die Fahrzeuge selbst – und nicht etwa auf ihre Bedienung – konzentrieren kann. Folglich ist der Ergonomie der Fahrgeräte ein hoher Stellenwert beizumessen.

Während inzwischen alle Hersteller gute Fahreigenschaften bieten, bestehen hinsichtlich der fernsteuerbaren Zusatzfunktionen und beim Bedienungskomfort der Fahrgeräte entscheidungsrelevante Unterschiede.

3 Schalten und Melden als Auswahlkriterium

Läßt sich eine konventionelle Magnetartikelsteuerung mit einer digitalen Fahrzeugsteuerung kombinieren? Für welche Anwendungen lohnt sich digitales Schalten und Melden? Welche Bedienungs- und Anzeigegeräte werden angeboten? Und ist Decoder gleich Decoder? In diesem Kapitel werden die grundlegenden Möglichkeiten der einzelnen Anbieter vorgestellt. Einzelheiten werden in den folgenden produktbezogenen Kapiteln vorgestellt.

Konventionelle Magnetartikelsteuerung und digital Fahren

Wenn bereits eine Modellbahnanlage vorhanden ist, ist dies die am häufigsten gewünschte Einstiegskombination. Werden einige Grundregeln beachtet, funktioniert diese Kombination mit allen Profi-Digitalsteuerungen. Funkentstörkondensatoren in Anschlußgleisen, elektronische Anfahr- und Bremsschaltungen, manche Gleisbesetztmelder und Kehrschleifenschaltungen mit Dioden zählen zu den Schaltungen, die ausgebaut werden müssen. Wird der Fahrstrom – nach der Umstellung auf Digitalbetrieb der Digitalfahrstrom – mittels Relaiskontakten geschaltet, können diese Schaltungen unverändert beibehalten werden. Beispiele sind Signale mit zugbeeinflussenden, potentialfreien Kontakten und elektromechanische Schalter zum ausschalten des Fahrstromes in Abstellgleisen.

Digital Schalten und Melden

Neben Triebfahrzeugen sind auf Modellbahnanlagen auch Magnetartikel (Signale, Weichen, Entkupplungsgleise, usw.) und Gleisbelegtmeldungen, zuggesteuerte Kontaktgeber, Stellungsmelder, usw. zu bedienen bzw. auszuwerten. Der Einsatz von Profi-Digitalsteuerungen für diese Aufgabenbereiche wird interessant, wenn das Ziel der Nachbau einer vorbildgerechten Fahrwegsteuerung und -überwachung ist, also folgende Abhängigkeiten

- Prüfen des Gleisbelegtzustandes
- Stellen von Weichen
- Stellen von Flankenschutzeinrichtungen
- Rückmeldung der Weichenlagen auswerten
- Verriegeln von Weichen und Flankenschutzeinrichtungen und
- Stellen von Signalen

in der aufgezählten Reihenfolge nachgebildet werden sollen. Dafür gibt es zwar in konventioneller Technik zahlreiche, teils ausgezeichnete Angebote. Naturgemäß handelt es sich jedoch um individuell zugeschnittene Lösungen (z. B. Gleisbildstelltafel) für die jeweilige Modellbahnanlage, die eine sogenannte fest verdrahtete Schaltungslogik beinhalten und dadurch kaum noch sich ändernden Spurplänen angepaßt werden können.

Mit Profi-Digitalsteuerungen lassen sich dagegen die teils recht komplizierten signaltechnischen Abhängigkeiten durch den Einsatz einfach zu handhabender Programmablaufsteuerungen realisieren. Die Ablaufprogramme sind jederzeit variierbar und können somit einem geänderten Gleisplan oder neuen Ideen angepaßt werden, während demgegenüber ein konventioneller „Relaisschrank“ bei Spurplanänderungen fast wertlos wird – Flexibilität heißt also einer der Pluspunkte Digitaler Mehrzugsteuerungen.

Schließlich können die Aufgabenbereiche FAHREN, SCHALTEN, MELDEN kombiniert und mittels Interface und geeigneter Software über einen PC gemeinsam gesteuert werden. Der Betrieb nach eigenem Fahrplan wird so zur Realität.

Anordnung der Bedienungsgeräte

Setzt man voraus, daß sich mit mobilen Handsteuergeräten auch einzelne Magnetartikel bedienen lassen, so kommt für Bedienungs- und Anzeigeeinrichtungen zum Schalten und Melden üblicherweise eine zentrale Anordnung nahe des betrieblichen Anlagenschwerpunktes in Betracht. Lediglich bei Anlagen mit einer großen Längenausdehnung (z.B. Modulanlagen) müssen an mehreren Orten Stellwerke vorgesehen werden.

Aufbau

Auch wenn konventionell gefahren werden soll, braucht man zum digitalen Schalten und Melden stets eine komplette Zentraleinheit mit zugehöriger Stromversorgung. Diese Zentraleinheit muß um Bedienungselemente zum Schalten der Magnetartikel und um Anzeigeelemente für Meldungen ergänzt werden. Ferner müssen auf der Anlage spezielle Decoder installiert werden, an welche die zu schaltenden Verbraucher anzuschließen sind. Zur Übertragung von Meldungen zur Zentraleinheit sind auf der Anlage Rückmeldedecoder zu installieren. Steuerbefehle und Meldungen werden üblicherweise über voneinander unabhängige Leitungssysteme übertragen. Deshalb benötigt man auf der Anlage eine Leitung für Steuerbefehle und eine für Meldungen. Bei den Eingabegeräten für Stellbefehle und bei den Anzeigegeräten stehen verschiedene Konzepte zur Auswahl.

Tastenstellpult, Gleisbildstellpult oder PC-Lösung?

Die erste Möglichkeit ist ein Tastenstellpult, ähnlich dem von einer konventionellen Magnetartikelsteuerung her bekannten Ausführung. Zur Schaltung jedes doppelspuligen Magnetartikels stehen zwei Tasten mit Stellungsanzeige zur Verfügung.

Als Vorzug dieser Lösung sind der schnelle und funktionssichere Aufbau, die einfache Ausbaufähigkeit und vor allem die vertraute

Bedienungs- und Anzeigegeräte zum Schalten und Melden

	Märklin Digital	Digital Plus	Arnold Digital	Zimo Digital	Trix Selectrix	Fleischmann FMZ
Tastenstellpult	Ja	Ja	Ja	Nein	Nein	Nein
Displaypult zur Anzeige vonGleisfrei- und Gleisbesetztmeldungen	Nein	Nein	Nein	Nein	Nein	Nein
Gleisbildstellpult	PC-Lösung	PC-Lösung	Nein	PC-Lösung	Ja	Nein
Tastenmodul (Schnittstellenbaustein) zum Anschluß eines Gleisbildstellpultes (Schalten)	Ja, Switchboard 2000 von der Fa. SeS	Ja	Nein	Nein	Ja	Nein
Anzeigemodul (Schnittstellenbaustein) zum Anschluß eines Gleisbildstellpultes (Melden)	Nein	Ja	Nein	Nein	Ja	Nein
Interface zum Schalten und Melden	Ja	Ja	Nein (in Planung)	Ja, bereits in Zentraleinheit integriert	Ja	Nein, nur für Steuerbefehle

Tastenstellpult LW 100 mit integriertem Programmsteuergerät für Digital Plus

Bedienung zu nennen. Mit steigender Zahl der zu bedienenden Magnetartikel wirkt sich die fehlende Übersichtlichkeit nachteilig aus – man verfügt nur über beschriftete Tasten und keine örtliche bzw. lagemäßige Zuordnung der Magnetartikel zu den Einbauorten auf der Anlage.

Das Pendant zum Tastenstellpult ist ein Displaypult, auf dem Meldungen – wie Gleisbesetztzustände und Gleisfreimeldungen – permanent optisch angezeigt werden. Ein solcher Baustein ist insbesondere zur Überwachung des Betriebes in nicht einsehbaren Streckenabschnitten (z. B. Schattenbahnhof) sehr nützlich. Eine örtliche bzw. lagemäßige Zuordnung der gemeldeten Gleisabschnitte zu den Einbauorten auf der Anlage ist hier – wie beim Tastenstellpult – nicht gegeben.

Die zweite Möglichkeit ist ein Gleisbildstellpult, das ebenfalls von herkömmlichen Magnetartikelsteuerungen bekannt ist. Allerdings müssen die mit den Tasten ausgelösten Stellbefehle für die Zentraleinheit der Digitalsteuerung erst einmal „verständlich" gemacht werden. Diese Aufgabe übernimmt ein Schnittstellenbaustein. Folglich erfordert diese Bedienungsart ein Gleisbildstellpult und zusätzlich Schnittstellenbausteine zur Übertragung der Steuerbefehle über die Zentraleinheit hin zu den Decodern auf der Anlage. Rückmeldungen von der Anlage müssen über Rückmeldedecoder, die Zentraleinheit und Schnittstellenbausteine ausgekoppelt werden, damit sie auf dem Gleisbildstellpult als optische Meldungen wiedergegeben werden können. Ein Gleisbildstellpult ist vorbildgetreu, es gibt den Spurplan der Anlage in schematisierter und verkleinerter Form wieder. Das Gleisbildstellpult zeigt die örtliche Lage sämtlicher Magnetartikel und Rückmeldungen und ist damit besonders übersichtlich. Der Aufbau ist nicht ganz billig; ein Gleisbildstellpult beansprucht unter Umständen auch viel Platz. Ein Nachteil ist die mangelnde Flexibilität; Spurplanänderungen führen stets zu aufwendigen Anpassungsarbeiten.

Gleisbildstellpult von Trix – was man nicht sieht, ist der nicht gerade zu vernachlässigende Verdrahtungsaufwand!

Die dritte Möglichkeit besteht in der Abbildung eines Gleisbildes auf dem PC-Bildschirm. Voraussetzungen sind die Ergänzung der Zentraleinheit um ein Interface zur Übertragung von Steuerbefehlen und Meldungen zwischen Zentraleinheit und PC, ein PC und geeignete Software. Die Aufgabe der Schnittstellenbausteine zur Übertragung von Steuerbefehlen bzw. zur Auskopplung von Meldungen übernimmt hier das Interface; die Stellwerksbedienung geschieht mittels PC-Tastatur oder Maus. Bei schon vorhandenem PC ist diese Lösung sogar preiswert. Man verfügt über eine übersichtliche Spurplandarstellung, eine räumliche Zuordnung sämtlicher Magnetartikel mit Stellungsanzeigen und – je nach Qualität der

Software – über eine mehrfarbige Darstellung. Sind auf der Anlage Gleisbesetztmelder und Rückmeldedecoder eingebaut, dann lassen sich – wie bei einem Gleisbildstellpult – Zugläufe auf dem Bildschirm exakt verfolgen. Der entscheidende Vorteil gegenüber einem Gleisbildstellpult liegt in der hohen Flexibilität der PC-Lösung. Erweiterungen und Änderungen auf einer Anlage erfordern weder zusätzliche Ausgaben für Gleisbildbausteine, noch zusätzliche Schnittstellenbausteine oder gar Verdrahtungsaufwand. Spurplanänderungen werden softwaremäßig mit dem PC nachgefahren.

Zentraleinheit, Decoder und Rückmeldedecoder sind für digitales Schalten und Melden immer erforderlich. Folglich bleibt nur die Frage nach der Ausführung der Bedienungs- und Anzeigeelemente zu beantworten, wobei die Varianten Tastenstellpult, Gleisbildstellpult und PC-Lösung zur Wahl stehen.

Programmsteuergeräte

Mit den bisher vorgestellten Geräten zur Fahrwegsteuerung läßt sich jeder Magnetartikel einzeln schalten – komplette Fahrstraßen (aus mehreren Weichen, zugehörigen Flankenschutzweichen und Signalen) können mit einem einzigen Knopfdruck, oder Start/Ziel-Tasten nicht gestellt werden. Auch zuggesteuerte Schaltungen – wie das Auflösen einer Fahrstraße - können mit den bisher vorgestellten Komponenten noch nicht realisiert werden.

Weniger die Steuerung einzelner Magnetartikel bereitet Probleme, sondern die schaltungstechnische Realisierung von Fahrstraßenschaltungen stellt so manchen Modellbahner vor Schwierigkeiten. Das Ergebnis war meist ein „Schrank voller Relais" mit einer fest verdrahteten – d.h. nicht änderbaren, nur auf einen einzigen Anwendungsfall zugeschnittenen – Schaltung.

Hier bieten Profi-Digitalsteuerungen beachtliche Fortschritte. Zur Lösung solcher Schaltungsaufgaben werden sogenannte Programmsteuergeräte angeboten. Im Prinzip

Programsteuergerät Memory zur Ergänzung von Märklin Tastenstellpulten

sind das einfache, frei programmierbare Steuerungen. Eine Folge einzelner Schaltbefehle wird der Reihe nach in einen Speicher eingetippt und auf Kommando arbeitet die Programmsteuerung dann die Befehlsfolge Schritt für Schritt ab. In der Praxis kann das Kommando ein Tastendruck oder auch ein zuggesteuerter Kontakt sein.

Am Beispiel des Programmsteuergerätes „Memory" von Märklin läßt sich die Funktion erläutern. Am Memory wird der Eingabemodus aktiviert. Anschließend werden der Reihe nach einzeln sämtliche Weichen, Signale, usw. einer Fahrstraße gestellt – genauso wie man das mit den Tastenstellpulten ohne Memory machen würde. Ist eine Fahrstraße vollständig eingegeben, wird sie gespeichert. Der Abruf der gespeicherten Informationen erfolgt durch Tastendruck oder über Rückmeldedecoder s88 durch zuggesteuerte Kontakte auf der Modellbahnanlage. Der Druck auf eine Fahrstraßentaste bewirkt das Stellen der gespeicherten Verbraucher und zwar das serielle Schalten (wobei vorteilhafterweise bei Bedarf auch noch die Schaltzeit zwischen 0,3 und 3 Sekunden individuell für jeden Verbraucher eingestellt werden kann). Die Folgeschaltung begrenzt den Digitalstromverbrauch. Nach diesem Muster können weitere Fahrstraßen eingegeben, gespeichert und auch immer wieder modifiziert werden. Pro Memory lassen sich 24 verschiedene Programme (z.B. Fahrstraßen) speichern, wobei wiederum jedes Programm (z.B. Fahrstraße) aus bis zu 20 einzelnen Schaltbefehlen aufgebaut sein kann. Sollten für ein Programm einmal mehr als 20 Befehle notwendig sein, so läßt sich auch das (nämlich durch eine Art „Hintereinanderschaltung" mehrerer Programme) realisieren. Maximal sind vier Memorys an die Central Unit ansteckbar.

Tastenstellpult und Memory arbeiten – wie in anderem Zusammenhang erwähnt – mit einem gemeinsamen, internen Datenbus. Dies hat beispielsweise zur Folge, daß am Memory eingestellte Fahrstraßen über die Stellungsanzeigen auf den Tastenstellpulten ständig aktualisiert und angezeigt werden.

Das Memory stellt einen beachtlichen Schritt auf dem Weg zu einer vorbildnahen, einfach aufzubauenden Fahrwegsteuerung dar. Die vielfältigen Anwendungsmöglichkeiten sind bestechend – Blockstreckenbetrieb, Schattenbahnhofsteuerung, das anfordern und auflösen kompletter Fahrstraßen einschließlich zugehöriger Flankenschutzeinrichtungen und Wendezugsteuerungen sind einige Beispiele für wahlweise manuell aufgerufene oder automatisch zuggesteuerte Anwendungen. Bei letzteren muß das Programmsteuergerät durch Rückmeldedecoder ergänzt werden, die hier der Erfassung und Auslösung zuggesteuerter Befehle dienen.

Für Digital Plus ist mit dem Stellwerk LW 100 ein noch leistungsfähigeres Programmsteuergerät erhältlich. Trix hat eine Fahrstraßensteuerung als Ergänzungschip im Angebot und Fleischmann hat eine Programmablaufsteuerung in seiner kompakten Digitalzentrale serienmäßig integriert.

Übersicht Programmsteuergeräte

	Märklin Digital	Digital Plus	Arnold Digital	Zimo Digital	Trix Selectrix	Fleischmann FMZ
Programmsteuergerät	Ja, sog Memory als separates Gerät erhältlich	Ja, im Stellwerk LW 100 enthalten	Nein	Nein	Ja, als Nachrüstsatz für Lok-Control 2000	Ja, in Zentraleinheit enthalten
Anzahl der speicherbaren Programme (z.B. Fahrstraßen)	24 1)	64 2)	–	–	40	40
Maximale Schrittzahl (schaltbare Verbraucher) je Programm	20	16 3)	–	–	6	8
Programmsteuergerät für Fahrwegsteuerung	Ja	Ja	–	–	Ja	Ja
Programmsteuergerät für Fahrzeugsteuerung verwendbar	Nein	Nein	–	–	Nein	Ja
Programmaufruf	Manuell durch Tastendruck und/oder mit zuggesteuerten Kontakten	Manuell durch Tastendruck und/oder mit zuggesteuerten Kontakten	–	–	Tastendruck	Tastendruck

1) Durch Hintereinanderschaltung von Programmen ist die Schrittzahl auf bis zu 461 vergrößerbar. 2) Durch Verknüpfung von Schaltbefehlsketten kann die Länge einer Schaltbefehlskette vervielfacht werden. 3) Je Schaltfolge können zusätzlich je 4 Stellbedingungen und 4 Auflösebedingungen verarbeitet werden

Mit Programmsteuergeräten lassen sich die logischen Verknüpfungen von Stellwerken auf der Modellbahn realisieren. Beliebige Befehlsfolgen können eingegeben und bei Bedarf mit einem Knopfdruck oder zuggesteuert abgerufen werden. Erst Programmsteuergeräte machen die Verwendung Digitaler Mehrzugsteuerungen für die Fahrwegsteuerung interessant, da diese einfach zu programmierenden Ablaufsteuerungen echte Einsparungen im Vergleich zu herkömmlicher Technik bei gleichzeitiger, erheblicher Ausweitung der betrieblichen Möglichkeiten bieten.

PC-Lösung als Favorit

Nun gibt es auch sehr stichhaltige Argumente, die Funktionen SCHALTEN und MELDEN ausschließlich über ein Interface und entsprechende Software über einen PC zu handeln. Auf diese Weise lassen sich Tastenstellpulte und Fahrstraßenstellpulte sparen. Einige Vorteile der PC-Lösung:

- informative, ständig ablesbare, farbige Gleisbildanzeige
- Magnetartikelsteuerung mit Stellungsanzeige (Weichen, Signale, usw)
- Gleisbesetzt- und Gleisfreimeldeanzeigen von sämtlichen Gleisabschnitten
- Separate Betätigung einzelner Magnetartikel
- Fahrstraßenschaltung, wahlweise in Abhängigkeit von Gleisbesetzt- und Gleisfreimeldungen
- Gesicherter Blockstreckenbetrieb
- Schattenbahnhofssteuerung
- Zuglaufverfolgung auf dem Gleisbild
- Zugnummernanzeige

Besonders hilfreich ist die individuell gestaltbare Gleisbildanzeige. Und noch einen prinzipiellen Vorzug bietet die PC-Lösung im Vergleich zu einem Gleisbildstellpult: sie ist flexibel; Gleisplanänderungen bedingen keinen Stelltischumbau, sondern lediglich eine Anpassung per Software. Die PC-Lösung ist übrigens schon bei mittleren Anlagen vergleichsweise preiswert.

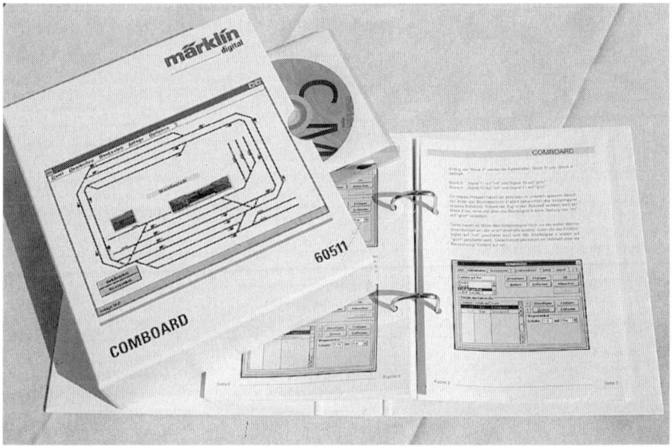

Gleisbildstellpult Märklin Comboard für eine PC-Lösung

Anforderungen an stationäre Decoder

Die Zentraleinheit verarbeitet sämtliche Befehle – zusammen mit den Steuerbefehlen für Digital-Loks – und leitet sie alle nacheinander über nur zwei Leitungen (das können die Gleise sein) zu den auf der Modellbahnanlage befindlichen Einrichtungen. Auf der Anlage sind nahe bei den zu schaltenden Einrichtungen sog. Decoder an das Zweileitersystem anzuschließen und jede Einrichtung muß wiederum an einen solchen Decoder angeschlossen werden.

Welche Einrichtungen müssen auf einer Modellbahnanlage geschaltet werden? Einige Beispiele: Elektromagnetische Weichen, Weichen mit motorischem Antrieb, Formsignale, Tageslichtsignale, Digitalfahrstrom in Signalhalteabschnitten zur Zugbeeinflussung, Entkupplungsgleise, Kran, Bahnübergang, Drehscheibe, Schiebebühne, Digitalstromversorgung von Gleisabschnitten zum abstellen von Analog-Loks (bei Digitalsteuerungen die auch den Einsatz von Analog-Loks erlauben). Die aufgezählten Einrichtungen unterscheiden sich beispielsweise durch die Art der erforderlichen Ansteuerung. Zum Schalten einer elektromagnetischen Weiche oder eines bistabilen Relais genügt ein kurzer Stellimpuls. Ein Tageslichtsignal oder ein

Abbildung 3.8.1:

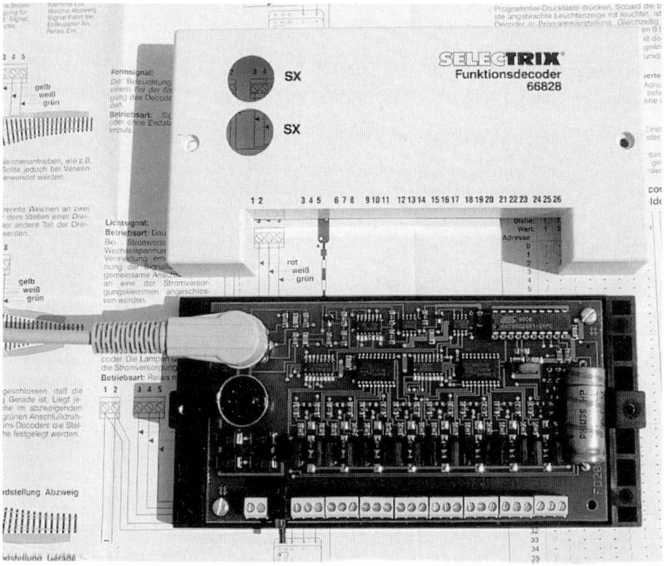

Stationärer Decoder von Trix zur Magnetartikelsteuerung mit echter Stellungsmeldung

monostabiles Relais braucht dagegen eine dauernde Versorgung mit Strom. Demzufolge müssen zwei Decoderbetriebsarten unterschieden werden, nämlich

- Momentfunktion (sog. Impulsstromausgang), das heißt, der betreffende Decoderausgang stellt nur eine bestimmte Zeit lang eine Schaltspannung zur Verfügung und
- Dauerfunktion (sog. Dauerstromausgang), das heißt der betreffende Decoderausgang wird eingeschaltet und gibt so lange eine Spannung ab, bis er durch einen neuen Befehl wieder ausgeschaltet wird.

Neben der Betriebsart gibt es ein weiteres Unterscheidungsmerkmal für Decoderausgänge. Der Ausgang kann entweder ein definiertes Potential führen, oder er kann potentialfrei sein. Bei Impulsausgängen werden in der Regel potentialgebundene Transistorstufen verwendet. Sie eignen sich bestens zum Betrieb von Doppelspulenantrieben, wie sie in elektromagnetischen Weichen und Signalen weit verbreitet sind.

Sollen jedoch Gleisabschnitte spannungslos geschaltet werden – um beispielsweise mehrere Analog-Loks abzustellen – oder muß bei Digitalanlagen mit Zweischienen-Zweileiter-Gleisen eine Polumschaltung für eine Kehrschleifenschaltung aufgebaut werden, oder muß zur Zugbeeinflussung bei Signalen der Digitalfahrstrom im zugehörigen Signalhalteabschnitt ein- und ausgeschaltet werden, dann ist ein Decoder mit potentialfreien Ausgängen – in der Regel sind das Relaiskontakte – zwingend erforderlich. Also sind Decoder mit

- potentialgebundenen Transistorausgangsstufen und
- potentialfreien Relaisausgängen

zu unterscheiden.

Und noch eine Decodereigenschaft ist für die Produktauswahl maßgebend, nämlich die Art der Energieversorgung der an Decoder angeschlossener Verbraucher. Zentraleinheiten und Booster liefern Ausgangsströme von maximal 3 Ampère. Damit müssen alle auf den Schienen fahrenden Stromverbraucher – von den Digital-Loks mit ihren fernsteuerbaren Zusatzfunktionen bis hin zu Innenbeleuchtungen von Wagen – versorgt werden. Das ist prinzipbedingt und damit nicht zu ändern. Aber nun sollen nach dem Konzept mancher Digitalanbieter auch noch alle Magnetartikel über das Schienennetz mit Digitalstrom versorgt werden – eine äußerst teuere Stromversorgung für Verbraucher, die auch mit einfacher Wechselspannung einwandfrei arbeiten. Man kann sich ebenso vorstellen, daß nur die Stellbefehle digital an die Decoder übertragen werden. Die zum Betrieb der Verbraucher erforderliche Energie wird jedoch einer separaten Wechselstromquelle entnommen, was folgende Vorzüge bedeutet:

– dem Digitalstromkreis wird zum Betrieb von Verbrauchern keine Energie entzogen,

– Einschaltstromspitzen induktiver Verbraucher rufen im Digitalstromkreis keine Spannungsschwankungen hervor, die sich im Extremfall in Geschwindigkeitsänderungen bei fahrenden Zügen auswirken und

Decoder mit Impuls- und Dauerstromausgängen

	Märklin Digital	Digital Plus	Arnold Digital	Zimo Digital	Trix Selectrix	Fleischmann FMZ
Decoder mit Impulsausgang	Ja	–	Ja	Ja	Ja	Ja
Decoder mit Impulsausgang und einstellbarer Impulsdauer	–	Ja	–	Ja	–	–
Decoder mit Dauerstromausgang	Nein	Ja	Nein		Ja	Nein
Externe Stromversorgung von Verbrauchern möglich	Nein	Ja	Nein		Ja	Nein
Anzahl der Ausgänge pro Decoder	4	4	4	16	8	4
Einbaudecoder für Weichen	Ja	Nein [1]	Nein	Ja	Nein	Nein

[1]) Einbaudecoder Nr. 42624 für Roco H0-Gleis mit Digital Plus steuerbar

– die Höhe der Betriebsspannung für an die Decoder angeschlossene Verbraucher ist wegen der Unabhängigkeit von der Digitalspannung unabhängig und damit bedarfsgerecht wählbar.

Einziger Nachteil dieses Konzeptes ist der durch die beiden zusätzlichen Drähte zur Wechselstromversorgung der Decoder verursachte Verdrahtungsaufwand. Wenn ein Anbieter Decoder mit externer Stromversorgung nicht im Angebot führt, aber Decoder mit Relaisausgängen anbietet, kann der Anwender über die Relaiskontakte eine externe Stromversorgung von Verbrauchern realisieren.

Folglich lassen sich Decoder nach dem Kriterium

- externe Stromversorgung angeschlossener Verbraucher und
- ausschließliche Versorgung der Verbraucher mit Digitalstrom

klassifizieren.

Für den Interessenten ist entscheidend, daß er mit einer Profi-Digitalsteuerung alle Anwendungsfälle lösen kann.

Manche Hersteller haben einen Decoder mit Momentfunktion im Angebot und einen zweiten Typ mit bistabilen Relais. Andere bieten Decoder an, bei denen jeder einzelne Decoderausgang vom Anwender wahlweise auf Moment- oder Dauerfunktion eingestellt werden kann. Mit einem solchen Dauerstromausgang kann die Beleuchtung eines Tageslichtsignales geschaltet und versorgt werden. Für das ein- und ausschalten der Fahrstromversorgung im Signalhalteabschnitt ist ein solcher Dauerstromausgang jedoch ungeeignet; dazu ist die Ergänzung des Decoderausganges um ein Relais erforderlich. Schließlich gibt es auch Profi-Digitalsteuerungen, für welche lediglich ein einziger Decodertyp mit Momentfunktion offeriert wird. In diesem Fall muß für eine Dauerfunktion der Momentausgang um ein bistabiles Relais ergänzt werden – auch eine solche Lösung kann aufgrund der individuellen Gestaltungsmöglichkeiten ihre Vorteile haben.

Decoder sind so konzipiert, daß sich üblicherweise zwischen zwei und acht doppelspulige Magnetartikel anschließen lassen. Sie werden in der Nähe der zu steuernden Magnetartikel angeordnet.

Eine Besonderheit sind sogenannte Einbaudecoder für Weichen. Sie werden zum direkten Einbau in H0-Weichen mit Schotterbett angeboten. Mit solchen Decodern läßt sich eine einzelne Weiche digital schalten. Sie reduzieren den Verdrahtungsaufwand und sind von Märklin für das C-Gleis (Motorola-

Decoder mit Relaisausgängen

	Märklin Digital	Digital Plus	Arnold Digital	Zimo Digital	Trix Selectrix	Fleischmann FMZ
Decoder mit (potentialfreiem) bistabilem Relaisausgang	Ja	Ja	Ja	–	Nein	Nein
Relaiskontaktbestückung	Ein Umschaltkontakt je Decoderausgang	Zwei Umschaltkontaktpaare je Ausgang	Zwei Umschaltkontaktpaare je Ausgang	–	–	–
Anzahl der Ausgänge pro Decoder	4	2	2	–	–	–
Decoderausgänge zusätzlich durch zuggesteuerte Kontakte (Schaltgleise) steuerbar	Nein	Ja	Ja	–		–

Datenformat) und Roco für das Roco-Line-Bettungsweichensystem (NMRA-Datenformat) erhältlich.

Üblicherweise werden Decoderausgänge durch Eingabegeräte wie Tastenstellpult, Gleisbildstellpult oder einen PC gesteuert. Digital Plus und Arnold Digital führen Decoder mit Relaisausgängen im Angebot, deren Ausgänge zusätzlich durch zuggesteuerte Kontakte – wie Schaltgleise – gesteuert werden können. Jedem Relaisausgang sind zwei Schalteingänge zugeordnet. Daran können direkt zuggesteuerte, (mechanische) Kontaktgeber (also auch die üblichen Schaltgleise) angeschlossen werden. So lassen sich neben üblichen Schaltfunktionen – wie Fahrstrom ein/aus, Lichtsignalbilder, Funktionsmodelle – eine ganze Reihe einfacher, zuggesteuerter Schaltaufgaben – von der Kehrschleifenschaltung über die Selbstblocksteuerung bis zur Schattenbahnhofsteuerung – mit wenig Aufwand lösen.

Einbau-Decoder mit Weichenantrieb für Märklin-C-Gleis (oben) und Roco-Bettungsgleis (unten)

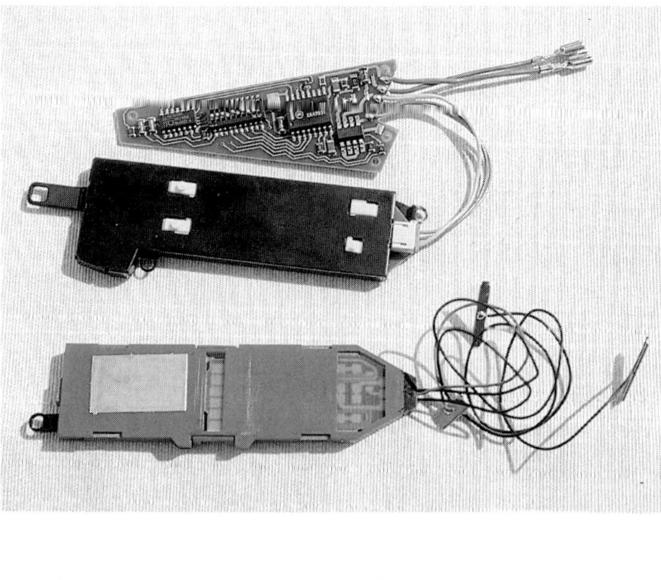

Unverzichtbar sind Decoder mit Impulsausgängen zur Steuerung von Magnetartikeln. Zweckmäßig sind Decoder mit potentialfreien Relaisausgängen – beispielsweise zum ein- und ausschalten der Digitalstromversorgung in Signalhalteabschnitten. Diese Anforderung läßt sich auch durch Ergänzung eines Impulsausganges durch ein bistabiles Relais erfüllen.

Besonders vorteilhaft ist eine externe Stromversorgungsmöglichkeit angeschlossener Verbraucher, damit der Digitalstromkreis so wenig als möglich belastet wird.

Zum Aufbau von Blocksteuerungen und Schattenbahnhofsschaltungen sind Decoder mit zusätzlichen, externen Schalteingängen für zuggesteuerte Kontaktgeber sehr hilfreich.

Echte und unechte Stellungsmeldungen

Üblicherweise wird jeder Verbraucher (z.B. Weiche) mit zwei Tasten auf dem Stellpult geschaltet. Jeder Stellung (gerade/abzweigend) ist eine Taste zugeordnet und bei jeder Taste ist wiederum eine Anzeige positioniert, die den Bediener über die aktuelle Stellung des Verbrauchers informiert.

Einmal angenommen, man betätigt die Taste für „Weiche abzweigend", dann leuchtet der zur Taste gehörende Leuchtmelder und die Weiche erhält den Stellbefehl. Dieses Verfahren nennt man unechte Stellungsanzeige. Warum? Wir wissen nämlich bei diesem Verfahren gar nicht, ob die Weiche vor Ort wirklich auf Abzweig umgelaufen ist. Der Stellbefehl kann nicht angekommen sein, der Weichenantrieb kann gestört sein, ein zwischen Weichenzunge und Schiene geratener Fremdkörper kann das Umlaufen verhindert haben, usw. Ein andere Ursache für eine falsche Stellungsanzeige auf dem Stellpult kann schlicht darin bestehen, daß eine Weiche von Hand gestellt wurde.

Verfahren zur Stellungsmeldung

Fabrikat	Stellungsmeldung
Märklin Digital	Unecht
Digital Plus	Echt
Arnold Digital	Unecht
Zimo Digital	Echt
Trix Selectrix	Echt
Intellibox	Unecht
Fleischmann FMZ	Unecht

Komfortable Profi-Digitalsteuerungen übermitteln nicht nur Stellbefehle hin zu den Verbrauchern, sondern sie erlauben auch die Übertragung von Stellungsmeldungen von den Verbrauchern zurück zum Stellpult. Hier signalisiert das Stellpult sogar, wenn eine Weiche oder ein Signal vor Ort von Hand betätigt wird. Bei einer solchen Technik spricht man von echter Stellungsmeldung.

Kontaktgeber

Bevor Zustände über Rückmeldedecoder an die Zentraleinheit gemeldet werden, müssen sie durch geeignete Sensoren erst einmal erfaßt und dem Rückmeldedecodereingängen zugeleitet werden. Weil die Eigenschaften der Sensoren maßgeblichen Einfluß auf die Funktion des Meldesystems haben, ist ein Blick auf die verschiedenen Kontaktgeberbauarten unverzichtbar. Sie lassen sich zwei Hauptgruppen zuscheiden:

- punktuell wirksame Kontaktgeber und
- gleisabschnittswirksame Kontaktgeber.

Zu punktuell wirksamen Kontaktgebern zählen beispielsweise durch Pilzkontakte oder Spurkränze betätigte Kontaktgleisschalter, die Kombination Schutzgas-Rohr-Kontakt (SRK, auch Reed-Kontakt genannt) mit zugehörigen Schaltmagneten, oder auch die Kombination Strichcode/Infrarot-Reflexlichtschranke. Die Arbeitsweise punktuell wirksamer Kontaktgeber ist gut überschaubar und leicht zu kontrollieren. Solche Kontakte sind meist auch nachträglich in vorhandene Gleisanlagen einbaubar. Problematisch ist bei Baugröße N mitunter die Unterbringung der Schaltmagnete an den Fahrzeugen.

Das in den Gleisabschnitt einfahrende Triebfahrzeug mit Wagenpark betätigt den Kontakt 1, woraus eine nachgeschaltete Steuerung beispielsweise eine optische Anzeige formt. Bei Ausfahrt aus dem Abschnitt löst die Lok den Kontakt 2 aus und daraufhin erlischt die Anzeige wieder. Je nach Kontaktbauart löst entweder nur die Lok (falls an ihrem Rahmen ein Pilzkontakt montiert ist), oder alle Metallradsätze die Kontakte aus. Im ersten Fall gibt die Lok bei Kontakt 2 den Gleisabschnitt bereits frei, obwohl der nachfolgende Wagenpark den Abschnitt noch belegt. Umgekehrt wird ein Abschnitt durch einen geschobenen Zug viel zu spät besetzt gemeldet. Ständige Impulswiederholungen (durch erneute Kontaktgabe jedes Wagens mit Metallrädern) sind aber auch nicht gerade ideal. Besonders nachteilig ist jedoch der Umstand, daß abgekuppelte Wagen (oder

Arbeitsprinzip punktuell wirksamer Kontaktgeber

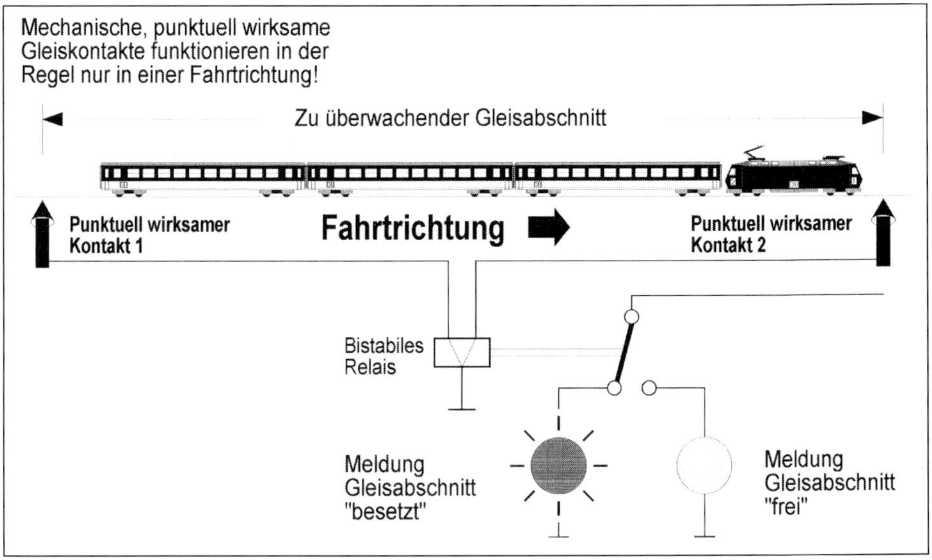

auch zusätzlich auf die Gleise gestellte Fahrzeuge) von ortsfesten Kontakten überhaupt nicht registriert werden können. Dies beeinträchtigt nicht nur die Funktionssicherheit automatischer Blocksteuerungen, sondern insbesondere den Betrieb mit Programmsteuergeräten und den rechnergesteuerten Betrieb. Bei jedem Betriebsbeginn müssen daher exakt definierte Fahrzeugstandorte eingehalten werden, damit die Steuerung überhaupt „weiß", wo sich auf der Anlage die Fahrzeuge befinden – eine lästige Einschränkung.

Ganz anders gestaltet sich die Situation bei gleisabschnittswirksamen Kontaktgebern, die nach dem Prinzip der Stromfühlerschaltung arbeiten. Jeder Stromverbraucher –

Funktionsschema gleisabschnittswirksamer Kontaktgeber

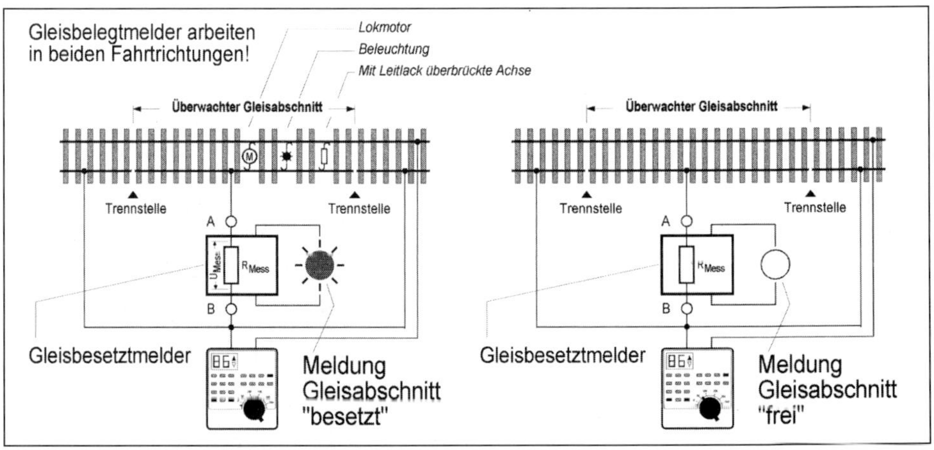

egal ob es sich um einen hochohmigen aus Leitlack gebildeten Widerstand, eine Wagenbeleuchtung oder einen Lokmotor handelt – wird registriert und zwar so lange, wie er sich in dem betreffenden Gleisabschnitt befindet, weil er an dem Meßwiderstand RMess der Stromfühlerschaltung einen zwischen den Klemmen A und B registrierbaren Spannungsabfall UMess erzeugt. Aus dieser Spannung lassen sich sowohl zeitlich begrenzte Impulse, als auch Dauersignale gewinnen. Sofort nach dem einschalten werden alle Fahrzeuge (mit Stromverbrauchern) registriert, von der Anlage genommenes wie auf die Gleise gestelltes Rollmaterial löst augenblicklich eine Funktion aus – das sind entscheidende Vorzüge gleisabschnittswirksamer Kontaktgeberschaltungen!

Durch die Möglichkeit, die Länge eines Überwachungsabschnittes frei zu bestimmen, läßt sich zusätzlich Einfluß auf die Arbeitsweise des Kontaktgebers nehmen. Das reicht von kurzen Gleisabschnitten, die praktisch nur Impulse bewirken, bis hin zu abschnittsweisen Unterteilungen, welche selbst die Feststellung verschiedener Zuglängen gestatten. Die Funktionssicherheit der Schaltung hängt vom einigermaßen intakten Rad/Schiene Kontakt ab. Kurze Unterbrechungen haben keinen Einfluß, aber sehr lange anhaltende Unterbrechungen würden als Freimeldung fehlinterpretiert. Im Zusammenhang mit Digitalen Mehrzugsteuerungen verdient die Ansprechempfindlichkeit von Gleisbesetztmeldern eine gewisse Aufmerksamkeit, weil stehende Digital-Loks bei ausgeschalteter Stirnlampenbeleuchtung nur ca. 1,5 mA Strom verbrauchen. Viele Schaltungen sprechen jedoch erst bei Werten über 10 mA an. Verwendet man ein derartiges Produkt, so sollte stets die Fahrzeugbeleuchtung eingeschaltet bleiben, damit die Digital-Lok auch von der Schaltung registriert werden kann. Technisch ist es sehr einfach mit gleisabschnittswirksamen Kontaktgebern sowohl Dauersignale als auch impulsförmige Signale zur Verfügung zu stellen. Wesentliche Vorteile von Gleisbelegtmeldern sind

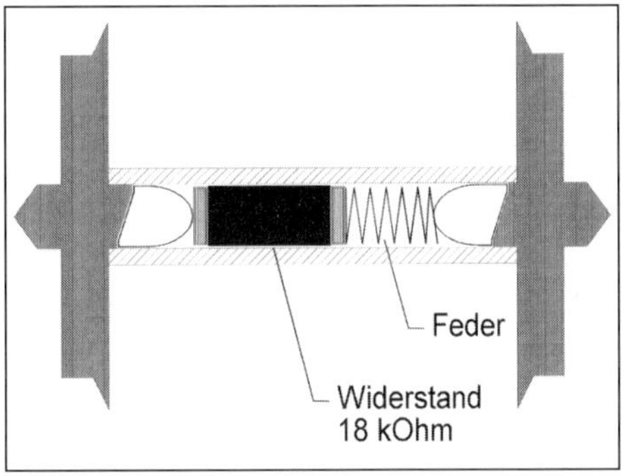

Roco Tauschradsatz mit integriertem Widerstand zur Erfassung unbeleuchteter Wagen durch Gleisbelegtmelder

- ihre Verwendbarkeit für Fahrzeuge aller Baugrößen
- ihre ständige Wirksamkeit und daß zur Funktion
- keine „mechanischen" Änderungen an Fahrzeugen erforderlich sind.

Bei Märklin Gleisen genügen zur Erzeugung eines Dauerkontaktes – beispielsweise für eine Gleisbesetztmeldung – zwei Trennstellen in einer der beiden Masseschienen und schon läßt jeder Metallradsatz – ohne daß irgendwelche Manipulationen an Fahrzeugen (Leitlack, Widerstand über Achse, Innenbeleuchtung einbauen, u.ä.m.) erforderlich sind – den gewünschten Dauerkontakt aus. Für die Anschaltung von Rückmeldedecodern hat das zur Folge, daß die eingehenden

Mit Leitlack bestrichenes Rad/Achse zur Erfassung unbeleuchteter Wagen durch Gleisbelegtmelder

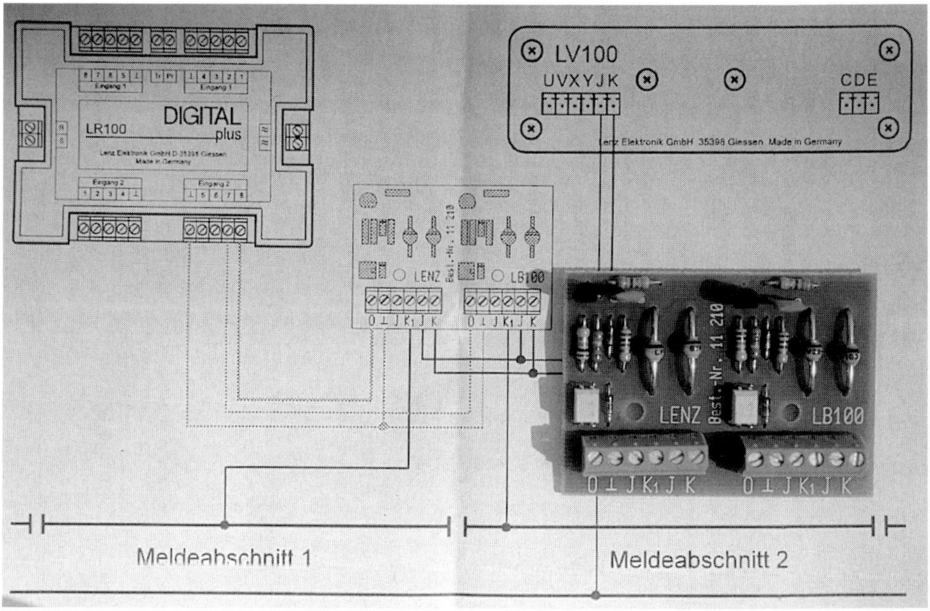

Gleisabschnittswirksamer Kontaktgeber (2-fach Besetztmelder LB 100) aus dem Digital Plus Angebot

zuggesteuerten Meldungen keiner weiteren schaltungstechnischen Aufarbeitung bedürfen, sondern direkt an die Rückmeldedecodereingänge angeschlossen werden können – ein einfaches und preiswertes Verfahren.

Daneben existieren bei Kontaktgebern eine Reihe weiterer Unterscheidungsmerkmale. So gibt es fahrtrichtungsabhängig schaltende Kontaktgeber (z. B. Märklin Schaltgleise für das Zweischienen-Dreileiter-Gleis) und richtungsunabhängig funktionierende Kontaktgeber (z. B. SRK/Schaltmagnet).

Potentialfrei arbeitende Kontaktgeber (z. B. SRK/Schaltmagnet) und Relaiskontakte elektromagnetischer Antriebe zur Rückmeldung von Stellungen können direkt an Rückmeldedecodereingänge angeschlossen werden.

Dagegen arbeiten mechanische Kontaktgleisschalter schienenpotentialgebunden; sie dürfen nur über Potentialtrennstufen (Relaiskontakt oder optische Koppler) mit den Rückmeldedecodereingängen verbunden werden.

Zur Beschaltung von Rückmeldedecodern stehen verschiedene Kontaktgeberbauarten zur Wahl. Punktuell wirksame Kontaktgeber sind ortsfest, ihre Wirkung bleibt auf eine bestimmte Stelle begrenzt. Werden zwischen solchen Kontakten Fahrzeuge aufs Gleis gestellt, oder Wagen vom Zug abgekuppelt, so kann das mit dieser Art Kontaktgeber nicht registriert werden. Punktuell wirkende Kontakte erzeugen kurze, impulsförmige Signale. Derartige Nachteile treten bei gleisabschnittswirksamen Kontaktgebern nicht auf. Wie der Name schon sagt, überwachen sie lückenlos einen frei wählbaren Gleisabschnitt. Mit dieser Kontaktgeberbauart lassen sich sowohl Momentkontakte wie Dauersignale erzeugen.

Rückmeldedecoder

Rückmeldedecoder (treffender müßten sie Encoder genannt werden) übermitteln Zustände von der Anlage hin zur Digitalzentrale, also beispielsweise aktuelle Stellungen von Weichen, Signalen, Schaltgleisen, Reedkontakten und Gleisbesetztzustände oder Gleisfreimeldungen. Was geschieht mit solchen Meldungen? Sie sollen optisch angezeigt werden und sie sollen Steuerbefehle auslösen, wie zum Beispiel ein Signal auf Fahrt stellen, wenn der davor liegende Gleisabschnitt frei gemeldet wird.

Märklin bietet für die Übertragung von Meldungen den Rückmeldedecoder s 88 zur Montage auf der Anlage an und das Interface zur Ergänzung der ortsfesten Steuerung. Alle Rückmeldedecoder werden mittels eines 6adrigen Spezialkabels (den „Rückmeldebus") hintereinander geschaltet und an das Interface angeschlossen. Jeder Rückmeldedecoder kann 16 Meldungen verarbeiten und insgesamt können 31 derartige Decoder an ein Interface angeschlossen werden. Folglich läßt das System die Verarbeitung von maximal 496 Meldungen zu. Eine Programmierung der Rückmeldedecoder ist nicht notwendig. Als Vorteil muß der Rückmeldedecoderkonzeption bescheinigt werden. Nicht nur zuggesteuerte Meldungen sind erfaßbar, sondern ebenso alle Arten von Stellungsanzeigen, wie Weichenlage, Signalstellung, Positionsmeldungen bei Drehscheiben und Schiebebühnen, usw. Außerdem ist positiv zu vermerken, daß die Rückmeldedecoder nur der Reihe nach an das Interface angeschlossen werden brauchen – eine Adressierung (wie bei Funktionsdecodern) ist bei den Märklin Rückmeldedecodern s 88 nicht erforderlich. Auch die verschiedenen Lesemöglichkeiten über die Eingangszustände an den Rückmeldedecodern (alle Decoder abfragen, oder nur die, bei welchen sich Änderungen seit der letzten Abfrage ergeben haben) sind bei rechnergesteuertem Betrieb hilfreich. Dieses Verfahren verkürzt den Abfragezyklus.

Zur Lösung einfacherer, zuggesteuerter Schaltaufgaben hat man in Gestalt der Kombination Memory mit (maximal 3) Rückmeldedecodern s 88 eine bemerkenswerte Sonderanwendung für diesen Decoder geschaffen. Damit können ohne Interface und ohne Rechner viele wichtige zuggesteuerte Schaltungen realisiert werden. Als Beispiele seien

Jeder Märklin Rückmeldedecoder erlaubt den Anschluß von bis zu 16 Meldungen.

Selbstblockbetrieb, das anfordern/auflösen ganzer Fahrstraßen und komplette Schattenbahnhofsteuerungen genannt.

So gelungen die Konzeption des Rückmeldedecoders s 88 auch erscheint – der gravierende Nachteil des Märklin-Rückmeldesystems ist die Tatsache, daß (ohne Interface und Rechner) noch nicht einmal eine optische Gleisbesetztanzeige realisierbar ist, weil bislang keine Komponente zum auslesen, zwischenspeichern und anzeigen der seriell über den Rückmeldebus zum Interface übertragenen Daten angeboten wird. Das Programm des Herstellers sollte deshalb baldmöglichst durch ein Displaypult (Optischer Anzeigebaustein) ergänzt werden.

Digital Plus bietet ebenfalls einen Rückmeldedecoder an. Er kann mit potentialfreien Kontaktgebern beschaltet werden, oder es können ebenfalls im Programm befindliche Gleisbesetztmelder verwendet werden. Als besonderes Komfortmerkmal ist hervorzuheben, daß der Rückmelder LR 101 zusätzlich über einen Spannungsmeldereingang verfügt. Damit werden bei Ausbleiben der Digitalspannung am Gleis Fehlmeldungen verhindert. Auch Trix hat einen Rückmeldedecoder in seinem Angebot, jedoch handelt es sich hierbei um einen reinen gleisabschnittswirksamen Besetztmelder – andere Informationen lassen sich damit nicht übertragen. An die Eingänge werden die zu überwachenden Gleisabschnitte angeschlossen. Zimo führt sog. Gleisabschnittsmodule in seinem Angebot. Sie dienen der Besetztzustandsüberwachung, der Zugnummernerkennung und der signalstellungsabhängigen Zugbeeinflussung. Besetztanzeige-LEDs, ex-

Übersicht Rückmeldedecoder und optische Anzeigen

	Märklin Digital	**Digital Plus**	**Arnold Digital**	**Zimo Digital**	**Trix Selectrix**	**Fleischmann FMZ**
Rückmeldedecoder im Angebot	Ja	Ja	Nein	Ja	Ja	Nein
Anzahl der mit einem Rückmeldedecoder übertragbaren Meldungen	16	16	–		8	–
Anzahl der insgesamt übertragbaren Meldungen	496	1024	–		832 [1])	–
Programmierung der Rückmeldedecoder erforderlich	Nein	Ja	–	Ja	Ja	–
Können Momentkontakte (Schaltgleise, Reedkontakte) angeschlossen werden	Ja	Ja	–	Nein	Nein	–
Können Dauersignale (Gleisbesetztmelder) angeschlossen werden	Ja	Ja	–	Ja	Nein	–
Gleisbesetztmelder im Rückmeldedecoder integriert	Nein	Nein	–	Ja	Ja	–
Anzeige von Meldungen auf Fahrgerät	Nein	Ja, bei LH 100	–		Ja	–
Display-Baustein zur Anzeige von Meldungen im Angebot	Nein	Nein	–	Nein	Nein	–
Schnittstellenbaustein zur Anzeige der Meldungen auf einem Gleisbilstellpult	Nein	Nein	–	Nein	Ja	–
Anzeige der Meldungen auf einem Bildschirm	Ja	Ja	–	Ja	Ja	–
Direkte Steuerung von Verbrauchern mittels Rückmeldedecoder	Ja, durch Kombination mit Fahrstraßenstellpult Memory	Ja, zusätzlich steht spezieller Decoder mit externen Schalteingängen zur Verfügung	Nein, jedoch steht spezieller Decoder mit externen Schalteingängen zur Verfügung	Nein	Nein	–

[1]) Theoretischer Wert (104 Adressen x 8 Meldungen je Besetztmelder); es könnten in diesem Fall keine Digital-Loks fahren und keine Magnetartikel geschaltet werden, weil systembedingt 104 Adressen insgesamt für Fahren, Schalten und Melden zur Verfügung stehen

terne Melder, Blocksignale und Ziffernanzeigen sind anschließbar.

Für Arnold Digital und Fleischmann FMZ werden bisher weder Rückmeldedecoder noch die zugehörigen Anzeigeelemente angeboten – je nach Zielsetzung für den digitalen Modellbahnbetrieb kann dies zum K.O.-Kriterium für diese Profi-Digitalsteuerungen werden.

Decodereigenschaften programmieren

Wie schon bei den Lokdecodern gibt es auch für Decoder zwei Verfahren zur Einstellung und Änderung von Adressen, nämlich manuell mittels Codierschaltern und elektronisch mittels Programmierfunktion.

In der Praxis haben die unterschiedlichen Verfahren bei stationären Decodern nicht die Bedeutung wie bei Lokdecodern, weil die Decodereigenschaften in der Regel nur einmal – bei der Montage – festgelegt werden.

Märklin hat sich analog dem Verfahren bei den Lokdecodern auch bei den stationären Decodern für eine manuelle Adresseneinstellung mittels Codierschalter entschieden. Als Besonderheit ist in diesem Zusammenhang zu vermerken, daß Märklin Rückmeldedecoder überhaupt nicht adressiert werden müssen; ihre Meldungen werden vom Interface bzw. Memory zyklisch abgefragt und die Anschlußfolge der Rückmeldedecoder bestimmt die Reihenfolge der Abfrage.

Sieht man von Fleischmann einmal ab, so bevorzugen alle anderen Hersteller auch bei stationären Decodern ein elektronisches Programmierverfahren; auch die Rückmeldedecoder müssen analog den übrigen Decodern programmiert werden.

Verdrahtungsaufwand

Bei konventioneller Steuerung von vier Weichen sind 3 x 4 Kabel von der Anlage zu einem Stellpult zu verlegen. Bei digitaler Steuerung ist die gleiche Kabelzahl an einen Decoder anzuschließen. Es sind also nicht weniger Kabel, sondern sie sind nur etwas kürzer. Zur Erfassung von Gleisbelegtmeldungen sind bei konventioneller wie bei digitaler Meldung Trennstellen in Gleisen und Verbindungsleitungen zwischen isolierten Gleisabschnitten und Gleisbelegtmeldeschaltungen erforderlich. Der Verdrahtungsaufwand für digitales Schalten und Melden entspricht praktisch dem einer herkömmlichen Steuerung und Überwachung – auch wenn von Digitalanbietern etwas anderes suggeriert wird. Diese Feststellung gilt für alle Profi-Digitalsteuerungen mit vergleichbarem Leistungsumfang. Der Vorteil der Digitaltechnik besteht vielmehr in einer dem Verdrahtungsaufbau innewohnenden Systematik – die Verdrahtung zwischen Verbrauchern und Decodern ist immer identisch aufgebaut und damit übersichtlich und fehlerfrei aufzubauen.

Wird eine Anlage neu aufgebaut, sollten folgende Hinweise berücksichtigt werden:

1. Anschlußkabel von Verbrauchern (Weichen, Signale, usw.) ausnahmslos in Vierergruppen (entspricht einem Decoder) zusammenfassen und auf Steckverbinder oder Lötleisten in der Nähe der Verbrauchergruppe führen. Von dort kann dann die Verlegung zu einem zentralen Stellpult oder der Anschluß an einen Decoder erfolgen.

2. In die Schienen sollten von vorneherein alle erforderlichen Trennstellen für Signalhalteabschnitte und Gleisbelegtmeldeabschnitte eingebaut und die zugehörigen Anschlußkabel verlegt werden – auch wenn diese Einrichtungen noch nicht gleich genutzt werden.

3. Anschlußkabel von Schienen und Signalhalteabschnitten ebenfalls zusammenfassen und auf Steckverbinder oder Lötleisten führen. Von da aus kann die Verlegung zu einem zentralen Relaisschrank oder Schaltern vorgenommen werden, oder auch der Anschluß an Gleisbesetztmelder, Anfahr-/Bremsbausteine, Relaisdecoder zum Schalten

von Digitalfahrstrom und Rückmeldedecoder erfolgen.

Wer diese drei Prinzipien konsequent umsetzt und alle Anschlüsse sorgfältig beschriftet, hat – vergleichbar mit der elektrischen Schnittstelle in einer Lok – eine elektrische Anlagenschnittstelle, die alle Optionen (analog, digital, spätere Umstellung auf digital) offen hält. Für Anwender, die sich von vorne herein für eine digitale Steuerung entscheiden, noch zwei weitere Hinweise:

1. Steuerbefehle für Decoder sollten nicht den beiden Schienen entnommen werden; vielmehr empfiehlt sich die Verlegung eines separaten, 2adrigen Kabels für die Digitalspannungsversorgung der Decoder. Wird die Digitalspannung den Schienen entnommen, so funktionieren nach dem Stromfühlerprinzip arbeitende Gleisbelegtmelder nicht.

2. Es sollten möglichst Decoder mit einer externen Stromversorgungsmöglichkeit für die anzuschließenden Verbraucher verwendet werden. Der zusätzlichen Verlegung einer 2adrigen Leitung stehen die Einsparung teueren Digitalstromes und die Möglichkeit zur Anpassung der Höhe der Versorgungsspannung als Pluspunkte gegenüber.

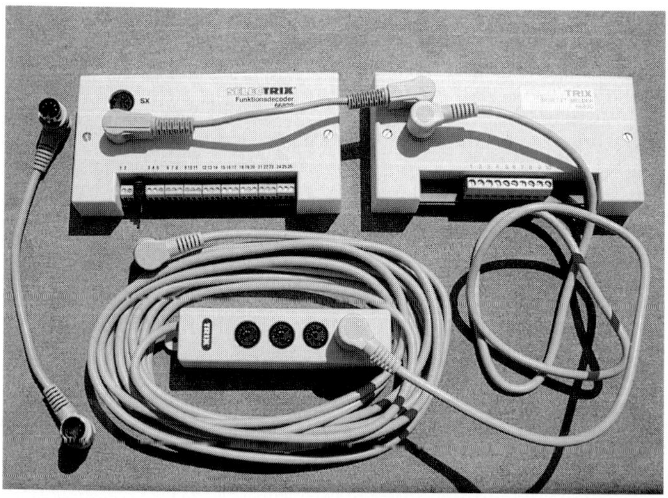

Zur Geräteverbindung sind bei Selectrix ausnahmslos vergleichsweise teuere Spezialkabel mit mehrpoligen Steckern/Buchsen notwendig.

Im allgemeinen sind für digitales Fahren, Schalten und Melden folgende Leitungen von der Digitalzentrale über die Anlage zu verlegen:

1. Digitalfahrstromversorgung für Gleisanlage (2adrig)

2. Bremsspannung für Signalhalteabschnitte (2adrig)

3. Ringleitung mit Anschlußbuchsen für Handsteuergeräte (4adrig)

4. Digitalspannungsversorgung für Decoder (2adrig)

5. Wechselspannung zur Versorgung angeschlossener Verbraucher (2adrig)

6. Rückmeldebus (2adrig)

Man sollte sich keinen Illusionen hingeben – digitales Schalten und Melden bedingt einen nicht unerheblichen Verdrahtungsaufwand!

Verbindungstechnik

Bei der Auswahl einer Profi-Digitalsteuerung sollte auch der aus der Verbindungstechnik zwischen den einzelnen Komponenten resultierende Aufwand bzw. die Kosten im Auge behalten werden.

Der Anschluß von Schaltdecodern auf der Anlage ist bei Märklin Digital, Digital Plus, Arnold Digital, Zimo und Fleischmann gleichermaßen einfach. Bei diesen Fabrikaten genügen als Verbindungselemente Modellbahnstecker und -buchsen oder Schraubklemmen zusammen mit simplen Modellbahnkabeln.

Nur bei Selectrix müssen teuere, mehradrige Spezialkabel mit entsprechenden Steckern und Buchsen, Verlängerungsleitungen und Mehrfachverteilern verwendet werden.

Für die Verbindung von Rückmeldedecodern sind bei Märklin Digital spezielle Flachbandkabel mit Spezialsteckern erforderlich. Für Digital Plus reichen einfache Drähte, die über Schraubverbindungen an die Rückmeldedecoder anzuschließen sind. Und bei Selectrix ist man wiederum auf teuere mehrpolige Spezialkabel angewiesen.

Bei der Geräteverbindungstechnik nimmt Selectrix wegen der Notwendigkeit von Spezialkabeln mit mehrpoligen Steckern/Buchsen, Verlängerungsleitungen und Verteilern als Verbindungselemente eine vergleichsweise aufwendige Sonderstellung ein – bei allen anderen Profi-Digitalsteuerungen genügen preiswerte Modellbahnstecker und -buchsen, sowie übliche Modellbahnkabel.

Zusammenfassung

Digitales Schalten macht Sinn, wenn das Ziel das Aufrufen, Schalten, Verriegeln und Auflösen kompletter Fahrstraßen ist. Aber man sollte nicht verkennen, daß digitales Schalten letztlich nur in Verbindung mit digitalem Melden eine vorbildgerechte Simulation von Stellwerksfunktionen erlaubt. Voraussetzung hierzu sind Programmsteuergeräte. Ein Optimum an Flexibilität und Anzeigekomfort bieten PC-Lösungen. Um Fehlinvestitionen zu vermeiden, sollte man gerade bei diesem Thema eine klare Zielsetzung vor Augen haben.

Bemerkenswert erscheint, daß die Anforderungen an digitales Schalten und Melden nur von den Profi-Digitalsteuerungen Märklin Digital, Digital Plus, Zimo und Trix Selectrix in vollem Umfang erfüllt werden.

Arnold Digital und Fleischmann FMZ bieten beim Kriterium Rückmeldung bislang keine Lösung an.

4 Märklin Digital

Märklin Digital ist eine speziell für Märklin-Modellbahnen der Baugrößen H0 und I entwickelte Digitalsteuerung. Das Angebot deckt alle Anwendungen von der Fahrzeugsteuerung über das Schalten von Magnetartikeln und kompletten Fahrstraßen bis hin zur Übertragung von Meldungen ab. Die Steuerung zeichnet sich durch übersichtlichen Aufbau und hohe Zuverlässigkeit aus. Voraussetzung für den Digitalbetrieb ist die Ausrüstung sämtlicher Triebfahrzeuge mit einem Lokdecoder. Die Bedienung ist einfach.

Systemeigenschaften

In der folgenden Tabelle werden einige wesentliche Systemeigenschaften des Profi-Digitalsystems Märklin Digital mit den beiden Einsteiger-Digitalsteuerungen von Märklin verglichen. Die Gegenüberstellung zeigt, daß das Profisystem auch das digitale Schalten von Magnetartikeln, die Übertragung von Rückmeldungen und PC-gesteuerte Betriebsabläufe erlaubt. Auch können mit dem Profi-Digitalsystem bis zu fünf Zusatzfunktionen pro Triebfahrzeug ferngesteuert werden.

Systemeigenschaften von Märklin Digital

Anbieter	Märklin	Märklin	Märklin
	Delta-Control Einsteigersystem	Delta-Station Einsteigersystem	Märklin Digital Profisystem
Zahl steuerbarer Digital-Loks	5	4	80
Zahl der im Digitalstromkreis steuerbaren Analog-Loks	–	–	–
Digital-Lok im Analogstromkreis steuerbar	Ja 1)	Ja 1)	Ja 1)
Digital-Loks anderer Digitalsysteme einsetzbar	Nein	Nein	Nein
Doppeltraktion / Mehrfachtraktion vorgesehen	Nein	Nein	Nein
Anzahl der fernsteuerbaren Zusatzfunktionen je Triebfahrzeug	1 3)	1 3)	5 4)
Anzahl der fernsteuerbaren Zusatzfunktionen bei Verwendung eines Funktionsdecoders	–	–	4
Einstellung der Fahrzeugparameter manuell (Codierschalter, Potentiometer)	Lok muß dazu geöffnet werden	Lok muß dazu geöffnet werden	Lok muß dazu geöffnet werden
Einstellung der Fahrzeugparameter elektronisch auf Programmiergleis	–	–	–
Einstellung der Fahrzeugparameter elektronisch auf der Anlage während des Betriebes	–	–	–
Anzeige eingestellter Fahrzeugparameter	Nein	Nein	Nein
Fahrstufenzahl zur Geschwindigkeitssteuerung	14	14	14
Anfahr- und Bremsverzögerung lokbezogen einstellbar	Ja 5)	Ja 5)	Ja 5)
Lokbezogene Höchstgeschwindigkeit einstellbar	Ja 5)	Ja 5)	Ja 5)
Lastausgleich (Motordrehzahlregelung) vorhanden	Nein 6)	Ja 5)	Ja 5)
Vorbildgerecht verzögerte Brems- und Anfahrvorgange in Abhängigkeit von Signalstellungen mit Signalmodul realisierbar	Nein	Ja 7)	Ja 7)

Anbieter	Märklin	Märklin	Märklin
Digitalzentrale updatefähig	Nein	Nein	Nein
Mobile Fahrzeugsteuerung und -bedienung	Eine Lok mit Delta-Pilot	Ja	Nein 2)
Gemeinsames Spiel mehrerer Partner möglich	Ja, max. 2 Bedienungs-einrichtungen	Ja, bis zu 4 mobile Handsteuergeräte	Ja, bis zu 9 weitere Digital-Fahrgeräte
Übergabe bzw. Übernahme von Zügen zwischen den Bedienungseinrichtungen	Nein	Ja	Ja
Zahl steuerbarer doppelspuliger Magnetartikel	–	–	256
Stellungsmeldungen	–	–	unecht
Zahl der übertragbaren Rückmeldungen	–	–	496
Fahrstraßenschaltung	–	–	Ja
Fahren, Schalten, Melden und Betrieb nach Fahrplan mittels Interface, PC, Software	Nein	Nein	Ja
Erhöhung der elektrischen Leistung durch Booster zum Betrieb großer Anlagen	Nein	Nein	Ja
Einsteiger-Digitalgerät beim Aufstieg zum Profi-Digitalsystem weiter verwendbar	Ja, als Booster	Nein	–

1) automatische Erkennung der Betriebsart (Wechselspannung oder Digitalspannung) bei Verwendung der alten DELTA-Decoder mit Lötbrückenadressierung, Lokdecoder c80, c81 und c90 (Hochleistungsantrieb) vorhanden, manuelle Umschaltung der Betriebsart beim neuen DELTA-Decoder mit Codierschalter zur Adresseneinstellung erforderlich. 2) dezentrale Geräteanordnung durch speziell angebotene Adapterkabel möglich, derzeit kein Gerät zur mobilen Fahrzeugbedienung im Angebot nachdem Infra Control 80 f und der Handsender IR Control nicht mehr gefertigt werden. 3) gilt nur bei Verwendung des DELTA-Decoders mit Zusatzfunktion Nr. 66031. 4) setzt die Verwendung des Lokdecoders c90 (Hochleistungsantrieb) oder des Funktionsdecoders c96 voraus. 5) gilt nur bei Digital-Loks mit Lokdecoder c90 (Hochleistungsantrieb). 6) Lastausgleich bei DELTA Control unter bestimmten Betriebszuständen (Bremsvorgang und keine weitere Lok in Betrieb) unwirksam, weil dabei die Digitalspannung am Gleis ausgeschaltet wird und in Folge davon die Motordrehzahlregelung unwirksam wird. 7) setzt den Einbau des Signalmoduls in Signalhalteabschnitten und den Einsatz von Digital-Loks mit Lokdecoder c90 (Hochleistungsantrieb) voraus

Kompatibilität für Ein- und Umsteiger

Alle mit Märklin Digital zu steuernden Triebfahrzeuge müssen mit Lokdecodern ausgerüstet werden. Ein gemeinsamer Betrieb von Digital-Loks und Analog-Loks in einem Digitalstromkreis ist mit Märklin Digital nicht möglich. Fahrtrichtung und Geschwindigkeit von Analog-Loks sind im Digitalstromkreis nicht steuerbar, sie fahren mit einer gleichbleibend hohen Geschwindigkeit. Ihre Fahrt kann nur über Signale mit Zugbeeinflussung beeinflußt werden.

Umgekehrt lassen sich Fahrtrichtung und Geschwindigkeit von Digital-Loks mit normalen Märklin Fahrpulten steuern. Ein Einsatz solcher Loks auf konventionell betriebenen Anlagen ist folglich möglich. Märklin Digital-Loks sind abwärtskompatibel, d.h. die „höherwertige" Digital-Lok kann mit der „niederwertigeren" Analogsteuerung betrieben werden.

Wer neu einsteigt, kann seine Überlegungen und Anschaffungen gezielt auf eine bestimmte Digitalsteuerung ausrichten. Das gilt für alle Aufgabenfelder der Digitalsteuerung, nämlich FAHREN, SCHALTEN und MELDEN, sowie für einen PC-gesteuerten Betrieb.

Zunächst zur digitalen Fahrzeugsteuerung. Weil alle Loks mit einem Lokdecoder ausgerüstet sein müssen, ist für jede Digital-Lok gegenüber dem vergleichbaren Analogmodell ein Aufpreis für den Lokdecoder anzusetzen. Dafür erhält man natürlich auch einen Gegenwert – es gilt also abzuwägen, was einem die Vorzüge des Digitalbetriebes wert sind.

Märklin bietet ein besonders umfangreiches Angebot betriebsfertiger Digitalloks und darüberhinaus diverse Lokdecodertypen mit unterschiedlichem technischen Standards, deren Einbau in vorhandene Analog-Loks vergleichsweise einfach ist. Folglich finden Märklinisten fahrzeugseitig gute Voraussetzungen für einen Umstieg von Analog- auf Digitalbetrieb vor.

Schließlich gilt es einen weiteren Fall der Umstellung der Fahrzeugsteuerung auf das Profi-Digitalsystem zu betrachten. Dies sind Märklinliebhaber, die das Märklin DELTA-Control oder die Märklin DELTA-Station besitzen und zur Profisteuerung Märklin Digital aufsteigen möchten. Fahrzeuge mit DELTA-Decodern lassen sich ohne Änderung mit Märklin Digital Fahrgeräten steuern. Die DELTA-Control kann als Leistungsverstärker weiter verwendet werden. Für die DELTA-Station gibt es bei einem Aufstieg zu Märklin Digital allerdings keine weitere Verwendungsmöglichkeit.

Sind auf einer Anlage mit Relais geschaltete Signale mit Zugbeeinflussung, Weichen, Entkupplungsgleise und zuggesteuerte Blockschaltungen vorhanden, so kann diese Steuerung beibehalten werden. Lediglich Funkentstöreinrichtungen in Anschlußgleisen müssen ersatzlos entfernt werden und Fahrstromschalter in Signalen sollten mit einem 1,5 kΩ Widerstand überbrückt werden. Elektronische Brems- und Anfahrsteuerungen vor Signalen sollten ausgebaut werden; in der Regel arbeiten sie mit einer Digitalsteuerung nicht zusammen; Details müssen beim jeweiligen Hersteller erfragt werden. Nach diesen einfachen Anpassungen kann der Umsteiger digital fahren und seine Magnetartikel weiterhin konventionell steuern. Werden auf einer Anlage Kontaktgleisabschnitte, Schaltgleise oder Reedkontakte zur Auslösung zuggesteuerter Kontakte und zur Anzeige von Gleisbesetztzuständen (mittels Überbrückung der beiden Masseschienen durch Metallradsätze) verwendet, so können auch diese beibehalten werden.

Computergesteuerter Betrieb erfordert dagegen die vollständige Digitalisierung einer Anlage, also sowohl eine digitale Fahrzeugsteuerung, als auch digitales schalten der Magnetartikel und eine digitale Übertragung von Fahrzeugstandorten, bzw. die Kontaktgabe über Rückmeldedecoder s 88. Dafür kann auf Digital Fahrgeräte, Keyboards und Memory verzichtet werden – sie werden ersetzt durch die Zentrale in Verbindung mit dem Interface und der Soft- und Hardware.

Digital- und Analogstromkreis kombinieren

Der Umsteiger mit betriebsbereiter Märklin-Anlage sollte sich folgende Aspekte vor Augen führen: Ein gemeinsamer Betrieb von Analog-Loks und Digital-Loks in einem Stromkreis funktioniert bei Märklin Digital zwar nicht. Umgekehrt lassen sich allerdings Digital-Loks auf herkömmlichen Anlagen mit konventionellen Märklin-Trafos steuern. Dies eröffnet beim ausschließlichen Einsatz von Digital-Loks die Möglichkeit, analoge und digitale Stromkreise auf einer Anlage zu kombinieren. So läßt sich die Umstellung der Fahrstromversorgung schrittweise vollziehen. Beispielsweise kann der Betrieb im Bahnhof digital und auf der freien Strecke unter Beibehaltung vorhandener Märklin Trafos analog gesteuert werden. (Hinweis: Das funktioniert jedoch nur bei Verwendung von Loks mit den Lokdecodern c80 und c90 und den alten DELTA-Decodern mit Adressenwahl durch Lötbrücken – nicht jedoch bei Loks mit dem neuen DELTA-Decoder mit Codierschalter.) Die Mittelleiter müssen lediglich an den Grenzen zwischen Digital- und Analogstromkreisen mit einer als Ersatzteil von Märklin lieferbaren, kleinen Kunststoffwippe versehen werden, damit die Schleifer der Loks die Stromkreisgrenzen nicht überbrücken können.

Konzept und Angebot

Märklin Digital ist modular aufgebaut. Für jede Funktion gibt es einen Baustein. Dieses Konzept erlaubt einen schrittweisen Aufbau. Als Einstieg eine Übersicht über das als Märklin-H0-Digital-Angebot.

Übersicht Märklin H0 Digitalprogramm

Nr.	Art.-Nr	Bezeichnung	Erläuterung
1	6002	Transformer	Energieversorgung für Zentraleinheit und Booster
2	6021	Control Unit	Zentraleinheit mit integriertem Fahrgerät zur Bedienung von bis zu 80 Digitalloks mit jeweils bis zu 5 Zusatzfunktionen
3	6036	Control 80 f	Stationäres Fahrgerät zur Bedienung von bis zu 80 Digitalloks mit jeweils bis zu 5 Zusatzfunktionen
4	6017	Booster	Erhöhung der elektrischen Leistung bei größeren Digitalanlagen
5	6080	Lokdecoder c80 mit 1 Funktion	Lokdecoder für Fahrzeuge mit Feldmagnet (Märklin)
6	6081	Lokdecoder c81 mit 1 Funktion	Lokdecoder für Fahrzeuge Permanentmagnetmotor (Gleichstromloks mit Skischleifer)
7	60901	Hochleistungs-Antriebs-Set c90 mit bis zu 4 Funktionen	Lokdecoder mit Motordrehzahlregelung, einstellbarer Anfahr- und Bremsverzögerung und lokspezifischer Höchstgeschwindigkeit, bis zu 4 Zusatzfunktionen und fünfpoligem Motor
8	60902	Hochleistungs-Elektronik c90	wie vor, jedoch ohne Motor
9	60960	Funktionsdecoder c96 für 4 Funktionen	Fernsteuerung von bis zu 4 Funktionen z. B. in Steuerwagen
10	600 336	Lokdecoder mit 1 Funktion (Ersatzteil)	Lokdecoder für sehr „alte" Fahrzeuge mit besonders großem Feldmagnet (z.B. 3015, 3025) ohne Motordrehzahlregelung
11	72441	Signal-Modul	Vorbildgerechtes bremsen vor Halt zeigenden Signalen von Digitalloks mit Hochleistungs-Antriebs-Set
12	6040	Keyboard	Tastenstellpult mit LED-Stellungsanzeigen zum Schalten von bis zu 16 Magnetartikeln, bei Kombination mehrerer Keyboards bis zu 256 doppelspulige Magnetartikel
13	6043	Memory	Fahrstraßenstellpult, automatische Blocksteuerung, Schattenbahnhofssteuerung
14	6083	Decoder k 83	Empfänger für 4 doppelspulige Magnetartikel
15	6084	Decoder k 84	Empfänger mit 4 einpoligen Relais, z. B. zum schalten von Signalhalteabschnitten, Motoren, Zubehörartikeln
16	74460	Einbaudecoder	Einbaudecoder für C-Gleis-Weichen
17	6073	Weichendecoder k 73	Einbaudecoder für Metall-Gleis-Weichen
18	6088	Decoder s 88	Rückmeldedecoder mit 16 Eingängen wie z.B. Gleisbesetzt- und Gleisfreimeldungen, Blockstreckenschaltungen
19	6089	Adapter s 88	Verbindung der Decoder s 88 untereinander und mit Memory und Interface
20	6038	Adapterkabel 180	Dezentrale Aufstellung von Bedienungsgeräten wie z. B. Fahrgeräte und Keyboards, Länge 180 cm
21	6039	Adapterkabel 60	Wie vor, Länge 60 cm
22	7652	Krandecoder	Spezialdecoder zur Digitalisierung des Drehkranes
23	7687	Drehscheibendecoder	Spezialdecoder zur Digitalisierung der Drehscheibe
24	6051	Interface	Steuerung von Digitalanlagen mittels PC und Software
25	60511	Comboard	Softwareprogramm, Gleisbildstellpult, Blocksteuerung in Verbindung mit Interface
26	0308	Handbuch	Einstieg in Märklin Digital – die Mehrzugsteuerung

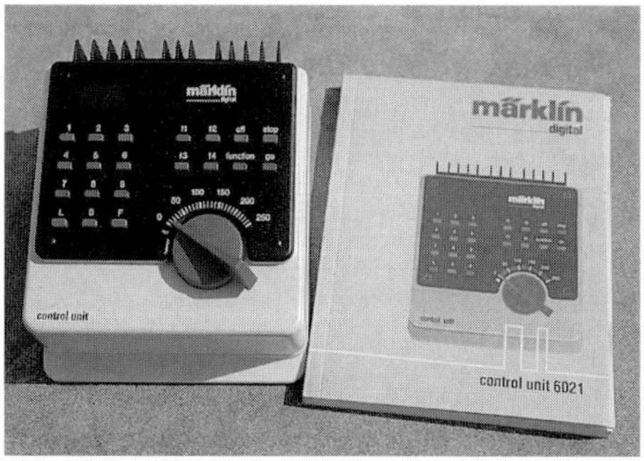

Die Control Unit – hier mit ausführlicher Bedienungsanleitung

Bedienung

In der als standortgebundenem Gerät konzipierten Control Unit sind drei Funktionen vereint, nämlich

- die Zentrale der Digitalsteuerung in welcher sämtliche Funktionen für digitales Fahren, Schalten und Melden generiert und koordiniert werden,
- ein Booster (Leistungsverstärker), der eine Ausgangsleistung von etwa 47 VA zur Verfügung stellt und
- ein Fahrgerät, das die Bedienung von bis zu 80 Digital-Loks mit jeweils bis zu 5 Zusatzfunktionen erlaubt.

Die Bedienungsoberfläche mit LED-Anzeige, Zehnertastatur zum Aufruf der Lokadressen, Tasten zum Schalten von Zusatzfunktionen in Fahrzeugen, dem großen roten Geschwindigkeitssteuerknopf mit dem von Märklin bekannten Fahrtrichtungsumschalter und einer Not-Halt-Taste ist übersichtlich und auf Anhieb verständlich. Lokadressen müssen stets zweistellig eingetippt werden. Die aktuelle Adresse wird in einem zweistelligen LED-Display angezeigt. Die maximal fünf Zusatzfunktionen pro Fahrzeug sind über die Tasten „function" und „f 1 bis f 4" aktivierbar. Der Schaltzustand wird durch eine jeder Taste zugeordnete, rote LEDs signalisiert. Zur Geschwindigkeitssteuerung steht ein griffiger Drehknopf mit einem auf nur etwa 100 Grad begrenztem Drehwinkel zur Verfügung. Eine Fahrstufenanzeige ist im LED-Display leider nicht enthalten. Zur Geschwindigkeitseinstellung dient eine um den Drehknopf angeordnete Skala. Der Fahrtrichtungswechsel geschieht indem der Drehknopf über die Nullstellung hinaus – über einen definierten Druckpunkt – kurz nach links gedreht wird. Die LED-Anzeige enthält zwei Richtungspfeile zur Signalisierung der eingestellten Fahrtrichtung. Das Fahrgerät verfügt über einen System-Not-Halt, welcher mit der Taste „stop" ausgelöst, durch eine LED angezeigt und mit der Taste „go" rückgängig gemacht wird.

Eine dezentrale Aufstellung von Fahrgeräten ist durch die Verwendung eigens angebotener Adapterkabel möglich.

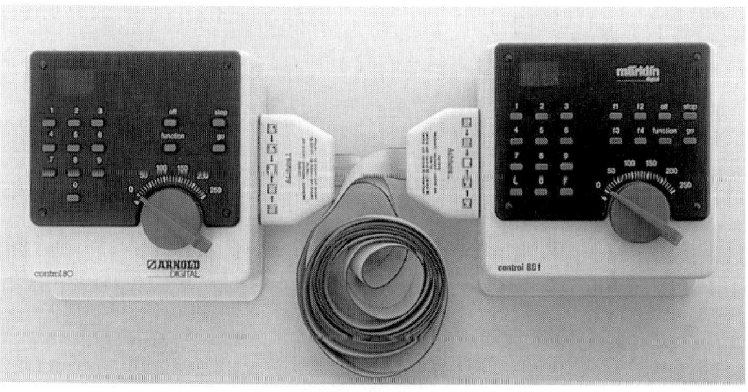

Die Control Unit läßt sich um bis zu 9 Fahrgeräte namens Control 80 f erweitern. Das Gerät entspricht in Aussehen, Aufbau und Funktionsumfang exakt dem in der Control Unit integrierten Fahrgerät. Der Anschluß erfolgt durch seitlich in die Geräte integrierte Steckverbinder. Wahlweise lassen sich aber auch Adapterkabel einsetzen, die eine dezentrale Aufstellung der Fahrgeräte ermöglichen. Damit wird der Nachteil, daß derzeit ausschließlich standortgebundene Fahrgeräte im Angebot sind, etwas gemildert.

Im Angebot fehlt ein mobiles Handsteuergerät, um Fahrzeuge vor Ort steuern und beobachten zu können. Hinsichtlich Erkennbarkeit und Informationsinhalt entspricht die LED-Anzeige nicht mehr dem Stand der Technik. Standard bei anderen Anbietern sind heute gut ablesbare, beleuchtete LCD-Displays auf denen stets alle aktuellen Daten, wie Lokadresse, Fahrtrichtung, Fahrstufe, Status der Zusatzfunktionen und Not-Halt, ablesbar sind.

Hochleistungsdecoder mit fernsteuerbaren Funktionen im Tender einer betriebsfertigen Digital-Lok

Ein lokspezifischer Not-Halt, der nur auf die gerade gesteuerte Digital-Lok wirkt, wäre hilfreich. Während des Not-Halts ist bei dieser Steuerung die Digitalfahrspannung ausgeschaltet. Deshalb können während dieses Betriebszustandes keine Funktionen geschaltet werden. Sachgerechter wäre es, die Digitalfahrspannung ausschließlich im Kurzschlußfall – und dann automatisch – auszuschalten.

Märklin hat sich ausschließlich für standortgebundene Geräte entschieden. Bedienungsfreundlicher sind Bedienungskonzepte mit mobilen Handsteuergeräten, weil man so stets auf der Höhe des Geschehens sein kann und die Fahrzeuge wesentlich besser steuern und beobachten kann.

Die Bedienung des Märklin Fahrgerätes ist einfach. Andererseits ist im direkten Vergleich mit Angeboten der Mitbewerber nicht zu übersehen, daß die technische Entwicklung inzwischen fortgeschritten ist.

Betriebsfertige Digital-Loks

Das Angebot betriebsfertiger Märklin Digital-Loks ist konkurrenzlos groß. Der Käufer kann zwischen Triebfahrzeugen mit einfachen Decodern des Typs c80 und solchen des Typs c90 mit integriertem Lastausgleich, einstellbarer Höchstgeschwindigkeit und einstellbarer Massensimulation (sogenannter digitaler Hochleistungsantrieb) in Verbindung mit einem fünfpoligen Motor wählen.

Lokdecoder

Zur Umrüstung von Analog-Loks sind die Lokdecodertypen c80, c81 und c90 einzeln erhältlich. Digital-Loks mit diesen Decodertypen lassen sich auch mit herkömmlichen Märklin Trafos auf konventionell gesteuerten Wechselstromanlagen einsetzen; sie erkennen die Betriebsart (Digital- oder Wechselspannung) automatisch.

Die Decoder c80 und c81 haben einen schaltbaren Ausgang für eine Zusatzfunktion. Für den Betrieb des Motors stehen 0,8 A (Dauerstrom) und 1 A (kurzzeitig) zur Verfügung; für die Zusatzfunktion 2 x 0,2 A. Für die eine Zusatzfunktion sind zwei Anschlüsse

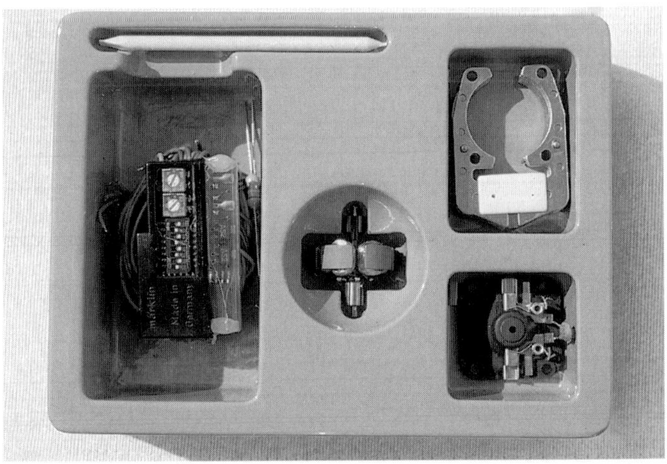

Digitales Hochleistungs-Antriebs-Set bestehend aus einem Decoder mit vier fernsteuerbaren Zusatzfunktionen und einem fünfpoligen Motor

verfügbar um eine fahrtrichtungsabhängige Funktion der Spitzenbeleuchtung verwirklichen zu können. Diese Ausgänge lassen sich aber auch zusammen schalten, damit beispielsweise ein Seuthe-Rauchentwickler oder eine TELEX-Kupplung fahrtrichtungsunabhängig arbeitet.

Einen Sonderfall stellt der unter der Ersatzteil Nr. 600 336 erhältliche Lokdecoder dar. Er verfügt über eine fernsteuerbare Zusatzfunktion zur fahrtrichtungsabhängigen Spitzensignalbeleuchtung und einen besonders hohen Ausgangsstrom. Konzipiert ist er für „alte" H0-Loks mit besonders großem Feldmagnet, die in den 50ziger und 60ziger Jahren angeboten wurden.

Der Lokdecoder c80 ist für den Betrieb von Märklin H0 Wechselstrommotoren (Feldspule) ausgelegt, während der c81 für H0 Fahrzeuge mit Gleichstrommotoren (Permanentmagnet) geeignet ist.

Das sog. Hochleistungs-Antriebs-Set besteht im wesentlichen aus einem weiterentwickelten Lokdecoder c90 und einem kompletten Motor (Permanentmagnet, fünfpoliger Motoranker, Motorschild, usw.). Sollen vorhandene Märklin Loks mit diesem Antriebs-Set ausgerüstet werden, so kommen dafür ausschließlich Triebfahrzeuge mit Trommelkollektor-Motor in Betracht; in ältere Fahrzeugkonstruktionen mit Scheibenkollektor-Motoren läßt sich der neue Motor leider nicht einbauen. Bei dem hier verwendeten Motor handelt es sich um einen Gleichstrommotor mit Permanentmagnet (!). Märklin mußte einen solchen Motortyp verwendeten, weil nur ein Gleichstrommotor – im Gegensatz zu dem ansonsten verwendeten Märklin-Allstrom-Motor – eine gut meßbare, drehzahlabhängige Spannung (EMK= Elektromotorische Kraft) abgibt, welche wiederum die technische Voraussetzung für eine Motordrehzahlregelung darstellt. Gleichzeitig hat man durch den fünfpoligen Anker die elektromechanischen Motoreigenschaften entscheidend verbessert und die elektrischen Decodereigenschaften exakt auf diesen Motortyp abgestimmt.

Die Hochleistungselektronik ist Teil des Hochleistungs-Antriebs-Sets. Sie besteht aus dem neuen Lokdecoder c90 – jedoch ohne Motor. Sie ist für die Umrüstung von Märklin H0 Lokomotiven mit eingebautem Hochleistungsantrieb 6090 auf die neue Version mit vier schaltbaren Zusatzfunktionen gedacht.

Umrüstung von Analog-Loks

Wer vorhandene Märklin Anlalog-Loks oder Triebfahrzeuge auf seiner Digitalanlage einsetzen möchte, die herstellerseitig nicht als Digital-Lok angeboten werden, der kann den serienmäßig eingebauten Fahrtrichtungsschalter durch einen Lokdecoder beim Fachhändler ersetzen lassen. Märklin-Loks erfüllen von Hause aus eine wesentliche Voraussetzung für den Lokdecodereinbau – der erforderliche Raum für den Einbau des Decoders ist durch den Entfall des Fahrtrichtungsschalters immer vorhanden. Die Decoderabmessungen sind mit 36 mm x 21 mm x 9 mm etwas geringer als die des mechanischen Fahrtrichtungsrelais. Somit passen sie in jede Märklin-H0-Lok. Bleibt nur noch die Frage, welche Umrüstvariante man wählen soll.

Die Umrüstvariante 1 mit DELTA-Modul wird Digitalprofis nicht empfohlen, weil damit keine Verbesserung der Fahreigenschaften verbunden ist, nur ein begrenzter Adressenumfang zur Verfügung steht und keine automatische Erkennung der Stromversorgungsart (Wechselstrom oder Digitalstrom) in den Bausteinen enthalten ist. Die Umrüstvariante 2 bringt hinsichtlich der Optimierung von Fahreigenschaften auch keinen Fortschritt. Sie ist aber bei älteren Fahrzeugen mit kleinen Scheibenkollektormotoren sinnvoll, weil hier die vergleichsweise teuere Variante 4 in der Regel nicht den erwarteten Erfolg bringt. Variante 3 bietet unter allen Gesichtspunkten – insbesondere dem Fahrkomfort – zweifellos das Optimum. Die Umrüstvariante 4 ist nicht zu empfehlen, weil das erwartete Plus an Fahrkomfort in der Regel nicht eintritt.

Gängige Märklin Motorbauarten bei Analog-Loks und Umrüstmöglichkeiten für den Betrieb mit Märklin Digital

	Verwendete Motortypen bei Märklin Analog-Loks	**Umrüstvariante 1** (ohne Lastausgleich)	**Umrüstvariante 2** (ohne Lastausgleich)	**Umrüstvariante 3** (mit Lastausgleich)	**Umrüstvariante 4** (mit Lastausgleich)
1	Dreipoliger Motoranker mit **Scheibenkollektor** und **kleinem** Ankerdurchmesser (d = 18,2 mm, Ankerpaketbreite 4,3 mm) und Feldmagnet	**1.** DELTA-Modul Nr. 6603 **2.** DELTA-Modul mit Zusatzfunktion Nr. 66031	Lokdecoder c80, Nr. 6080	–	Hochleistungs-Elektronik 60902 und HAMO Permanentmagnet Ersatzteil-Nr. 220 450
2	Dreipoliger Motoranker mit **Scheibenkollektor** und **großem** Ankerdurchmesser (d = 24,5 mm, Ankerpaketbreite 3,5 mm) und Feldmagnet	**1.** DELTA-Modul Nr. 6603 **2.** DELTA-Modul mit Zusatzfunktion Nr. 66031	Lokdecoder c80, Nr. 6080	Hochleistungs-Elektronik 60902 und Bürstenschild, fünfpoliger Motoranker und Permanetmagnet von BR 086 aus Zugpackung Nr 26508	Hochleistungs-Elektronik 60902 und HAMO Permanentmagnet Ersatzteil-Nr. 220560 für Ankerdurchmesser 24,5 mm
3	Dreipoliger Motoranker mit **Scheibenkollektor** und **sehr großem** Anker (d = 24 mm, Ankerpaketbreite 10,6 mm) und sehr großem Feldmagnet	–	Lokdecoder (Ersatzteil) Nr. 600336	–	–
4	Dreipoliger Motoranker mit **Trommelkollektor** und Feldmagnet	**1.** DELTA-Modul Nr. 6603 **2.** DELTA-Modul mit Zusatzfunktion Nr. 66031	Lokdecoder c80, Nr. 6080	Hochleistungs-Antriebs-Set 60901 (mit fünfpoligem Motoranker mit Tromme lkollektor und Permanentmagnet)	–

Wünschenswert bleibt die Angebotserweiterung um einen fünfpoligen kleinen Motoranker mit Scheibenkollektor, Permanentmagnet und Motorschild, damit auch bei Märklin-Loks mit dieser Motorbauart zeitgemäße Fahreigenschaften realisiert werden können.

Zusatzfunktionen

Die praktisch konstante Digitalspannung an den Gleisen führt dazu, daß beispielsweise Innenbeleuchtungen von Wagen ohne weiteren Schaltungsaufwand mit konstanter Helligkeit arbeiten. Die perfekte Stromübertragung via Punktkontakte/Schleifer und beide Schienen als Rückleiter sorgt für eine flackerfreie Funktion.

Mit den Digital-Fahrgeräten lassen sich – abhängig vom jeweiligen Lokdecodertyp – bis zu fünf Zusatzfunktionen in jeder Digital-Lok fernsteuern. In der Regel können mit der Taste „function“ die fahrtrichtungsabhängig arbeitenden Spitzenlichtsignale ein- und ausgeschaltet werden. Bei eingeschaltetem Spitzenlicht erkennt man so auch bei abgestellten Triebfahrzeugen die gewählte Fahrtrichtung.

Wagen an jeder beliebigen Stelle von einer Lok abkuppeln zu können setzt eine fernsteuerbare Fahrzeugkupplung voraus. Märklin ist der Pionier auf diesem Gebiet. Schon seit vielen Jahren sind Analog-Loks mit der sogenannten TELEX-Kupplung im Angebot.

Lok BR 086 mit neuem DELTA-Decoder und fernsteuerbaren TELEX-Kupplungen

Seit geraumer Zeit sind auch verschiedene Digitalloks mit TELEX-Kupplungen erhältlich – für rangierbegeisterte Modellbahner ist die Kombination Digital-Lok plus fernsteuerbare Kupplungen geradezu ein Muß!

Märklin hat als einer der wenigen Digitalanbieter erkannt, daß es eben nicht genügt, lediglich Lokdecoder mit Ausgängen für extern anschließbare Zusatzfunktionen anzubieten. Vielmehr erwartet der Anwender ein Komplettangebot, nämlich Fahrzeuge einschließlich betriebsbereiter Zusatzfunktionen. Und was Märklin auf diesem Sektor bietet geht aus der Tabelle hervor.

Am Beispiel der V 200 wird der hohe Märklin-Standard deutlich. Die Lok verfügt – neben fahrtrichtungsabhängigen, ein- und ausschaltbaren Spitzen- und Schlußlichtern – auch noch über ein sehr echt klingendes Signalhorn, dessen Lautstärke stufenlos an einem Potentiometer in der Lok eingestellt werden kann. Übertroffen wird diese Zusatzfunktion allerdings noch vom Dieselmotorgeräusch. Es wurde in der Originallok aufgezeichnet. Die Geräusche sind in einem speziellen Chip gespeichert und werden so im Modell verfügbar. Dreht man den Geschwindigkeitssteuerknopf am Digital-Fahrgerät langsam auf, dann ertönen Anlasser und Vorschmierung, Motor 1 und danach Motor 2 starten, das Leerlaufgeräusch ist deutlich zu hören, das Anfahrgeräusch mit der typischen Wandlerfüllung folgt und wird schließlich bei höherer Geschwindigkeit durch das charakteristische Dieselmotorengeräusch ersetzt. An einem vierpoligen Schalter in der Lok sind weitere Parameter einstellbar. Die Lautstärke läßt sich zudem mittels eines Potentiometers auch noch stufenlos anpassen.

Die Illusion ist perfekt, weil derart originalgetreu klingende und in Fahrzeugen einge-

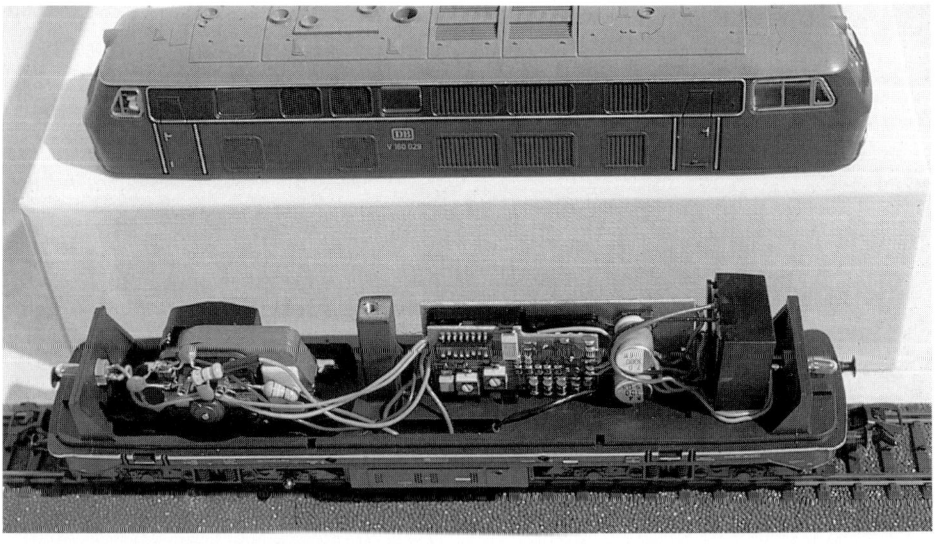

Innenleben einer V 160 mit fünfpoligem Permanentmagnetmotor, Hochleistungsantrieb und fernsteuerbaren Licht- und Soundfunktionen

Übersicht Märklin H0 Digital-Loks mit betriebsbereiten, fernsteuerbaren Zusatzfunktionen und Hochleistungsantrieb

Nr.	Bezeichnung	Taste function	Taste F 1	Taste f 2	Taste f 3	Taste f 4
26506	S 3/6 DRG	Licht	Rauch	–	Pfeife	Glocke
37184	BR 18.4 DRG	Licht	Rauch	–	Pfeife	Glocke
37102	BR 01.10 DB	Licht	Rauch	Glocke	Pfeife	Ausschalten der Anfahr- und Bremsverzögerung
37282	BR V 188 DB	Licht	Motorgeräusch	–	Signalhorn	Ausschalten der Anfahr- und Bremsverzögerung
37344	Re 4/4 II SBB	Licht	–	Fernschein-werfer vorne	Fernschein-werfer hinten	Ausschalten der Anfahr- und Bremsverzögerung
37350	BR 152 DB AG	Licht	–	Fernschein-werfer vorne	Signalhorn	Fernscheinwerfer hinten
37371 37373	BR 101 DB AG	Licht	–	Fernschein-werfer vorne	Fernschein-werfer hinten	Ausschalten der Anfahr- und Bremsverzögerung
37383	Adtrans 12X	Licht	–	Fernschein-werfer vorne	Fernschein-werfer hinten	Ausschalten der Anfahr- und Bremsverzögerung
37500	Northlander	Licht	Innenbe-leuchtung	Glocke	Signalhorn	Ausschalten der Anfahr- und Bremsverzögerung
37622	F 7 Sante Fe	Licht	Motorgeräusch	Glocke	Signalhorn	Geräusch der dynamischen Bremse + Ausschalten der Anfahr- und Bremsverzögerung
37661	BR E 52 DRG	Licht	–	–	Signalhorn	Ausschalten der Anfahr- und Bremsverzögerung
37761	BR 610 DB AG	Licht	Innenbe-leuchtung	–	–	Ausschalten der Anfahr- und Bremsverzögerung
37803	BR V 200 DB	Licht	Motorgeräusch	Rücklicht Seite 1 aus	Signalhorn	Rücklicht Seite 2 aus
26830	BR 52 DB	Licht	Rauch	–	–	Ausschalten der Anfahr- und Bremsverzögerung
	Schneeschleuder	Licht	Schleuderrad, usw	Drehrichtung	Pfeife	Arbeitsscheinwerfer oder Streckensignallampen
37911	BR 03.10 DRG	Licht	Rauch	–	–	Ausschalten der Anfahr- und Bremsverzögerung
29845	BR 03 DB	Licht	Rauch	Fahrwerks-beleuchtung	–	Ausschalten der Anfahr- und Bremsverzögerung
	BR 216 DB	Licht	–	Pfeife tief	Pfeife hoch	Ausschalten der Anfahr- und Bremsverzögerung
37080	BR 010	Licht	Rauch	Fahrwerks-beleuchtung	Pfeife	Radumdrehungssynchrones Dampflokgeräusch

Der Einheits-Meßwagen mit den digital abrufbaren Funktionen Geschwindigkeit, Weg, Stoppuhr und Fahrzeit

baute Geräuschsimulationseinrichtungen gegenüber stationären Geräuschimitationen den entscheidenden Vorzug bieten immer aus der Richtung des sich auf der Anlage bewegenden Fahrzeuges zu kommen. Fahrten durch Einschnitte, unter Brückenüberbauten hindurch oder in Tunnel verändern realitätsnah die Geräuschkulisse.

Nun erschöpft sich die Palette fernsteuerbarer Funktionen nicht allein in entsprechend ausgestatteten Triebfahrzeugen, sondern es gibt darüberhinaus schienenfahrbare Modelle mit fernsteuerbaren Funktionen. Erste Beispiele waren der Digital-Tanzwagen und der Digital-Panorama-Wagen, deren Produktion allerdings inzwischen eingestellt ist. Neu im Angebot sind ein Eisenbahn-Kran-Set, ein Beobachtungswagen mit eingebauter Kamera und ein Einheits-Meßwagen.

So sieht die Anzeige in Aktion aus.

Gerade der Einheits-Meßwagen verdient Aufmerksamkeit. Mit ihm können folgende, vorbildgerechte und maßstäbliche Messungen durchgeführt und mittels LED-Zifferanzeigen in den Wagenfenstern angezeigt werden:

- Geschwindigkeitsmessungen im Modell- oder Vorbildmaßstab [m/sec bzw. km/h]
- Wegmessung im Modell- oder Vorbildmaßstab [m bzw. km]
- Zeitmessungen (Stoppuhrfunktion) [sec oder min]
- Fahrzeitmessungen für einzelne Fahrten [min] oder die Gesamtbetriebsstunden des Meßwagens [h]

Dieses Funktionsmodell leistet insbesondere bei der Einstellung fahrzeugtypbezogener Höchstgeschwindigkeiten in Digital-Loks mit Hochleistungsantrieb ausgezeichnete Dienste!

Neben schienenfahrbaren Funktionsmodellen sind stationäre Modelle im Angebot, deren Vorbildtreue durch die Digitalsteuerung gewinnt. Ein Beispiel ist die Drehscheibe, welche sich durch ein Digital-Nachrüst-Set optimieren läßt. Ein weiteres Beispiel ist der Drehkran. Er kann mit Hilfe eines speziellen Decoders sehr feinfühlig bedient werden.

Schließlich wird dem kreativen Modellbahner durch den separat erhältlichen Funktionsdecoder c96 auch noch die Möglichkeit zur individuellen Fernsteuerung von bis zu vier Funktionen geboten. Der Funktionsdecoder kann wahlweise zusätzlich zu einem Lokdecoder in eine Lok oder als einzelner Decoder in Wagen eingebaut werden. Auf diese Weise lassen sich beispielsweise die Funktionen Innenbeleuchtung, Dreilichtspitzensignal und Zugschlußsignal an einem Wendezugsteuerwagen fernsteuern.

Märklin Digital nimmt hinsichtlich fernsteuerbarer Zusatzfunktionen den Spitzenplatz bei den Digitalanbietern ein. Es werden nützliche Funktionen – wie z. B. fernsteuerbare Fahrzeugkupplungen und bei Bedarf abschaltbare Anfahr- und Bremsverzögerungen und Einheits-Meßwagen – ebenso angeboten, wie nahezu perfekt klingende Betriebsgeräusche. Entscheidend ist jedoch, daß sich das Angebot nicht auf Lokdecoder mit schaltbaren Ausgängen beschränkt, sondern betriebsbereite Komplettlösungen angeboten werden.

Einstellung der Fahrzeugparameter

Während bei anderen Profi-Digitalsteuerungen sämtliche Fahrzeugparameter ohne irgendeinen Eingriff in das Fahrzeug optisch angezeigt, eingestellt und jederzeit wieder verändert werden können, muß dafür bei Märklin Digital die Lok vom Gleis genommen und darüberhinaus das Lokgehäuse demontiert werden.

Ursache ist die etwas antiquierte, hardwaremäßige Einstellung von Fahrzeugparametern mit Codierschaltern, Codiertabellen und Potentiometern.

An einem achtpoligen Codierschalter müssen die Lokadressen 01 bis 80 unter Zuhilfenahme einer „Codiertabelle für Lokadressen" eingestellt werden. Zur Wahl der Höchstgeschwindigkeit und des Anfahr/Bremsverhaltens stehen je ein Potentiometer zur Verfügung. Allerdings sind diese beiden Einstellmöglichkeiten ausschließlich bei dem Decodertyp c90 vorhanden.

Stationärer Drehkran mit speziellen Decoder und Unterflurantriebssatz

Für die Lokadressenwahl an einem achtpoligen Codierschalter wäre die Gehäusedemontage noch akzeptabel, weil die einmal gewählte Adresse nur in Ausnahmefällen verändert wird. Für die Vorwahl der loktypbezogenen Höchstgeschwindigkeit gilt dies sinngemäß, da auch dieser fahrzeugspezifische Wert eher selten verändert wird. Aber bei der Einstellung der Massensimulation gelten andere Voraussetzungen, weil bei jedem Wechsel der Anhängelast – beispielsweise vom leichten, schnell zu beschleunigenden Vorortzug auf einen schweren, seine Geschwindigkeit nur langsam ändernden Güterzug, das Lokgehäuse demontiert, die Einstellung mittels Schraubenzieher vorgenommen und das Gehäuse anschließend wieder montiert werden muß.

Eine optische Anzeige aktueller Fahrzeugparameter zählt ebenso zu den berechtigten Ansprüchen an eine zeitgemäße Profi-Digitalsteuerung. Auch darauf muß man bei Märklin Digital verzichten.

Das Verfahren zur Einstellung fahrzeugspezischer Kennwerte ist leicht verständlich und damit für den Anwender einfach nachzuvollziehen. Praxisgerecht ist es damit aber noch nicht, denn die aktuell eingestellten

Werte lassen sich optisch nicht einmal anzeigen und für jede Änderung muß das Fahrzeug von der Anlage genommen und das Gehäuse demontiert/montiert werden.

Fahrverhalten

Die Feinfühligkeit der Geschwindigkeitssteuerung ist mit 14 Fahrstufen begrenzt. Wie die Tabelle zeigt, sind deutliche „Geschwindigkeitsunterschiede" zwischen den einzelnen Fahrstufen die Folge. Zudem verdeutlichen die Spalten 1 und 2 der Tabelle, daß zwischen der Stellung des Geschwindigkeitssteuerknopfes, der Skalenbeschriftung (0 bis 250) um den Drehknopf und der tatsächlich eingestellten Fahrstufe (0 bis 14) kein Zusammenhang besteht. Die Wirkung der geringen Fahrstufenzahl tritt bei aktivierter Massensimulation und vorbildgerecht gewählter Fahrzeughöchstgeschwindigkeit etwas in den Hintergrund. Andere Profi-Digitalsteuerungen bieten heute jedoch mindestens die doppelte Fahrstufenzahl.

Der für ein vorbildgerechtes Fahrverhalten unverzichtbare Lastausgleich (Motordrehzahlregelung) ist nur im Lokdecodertyp c90 (Hochleistungsantrieb) integriert. Durch die Anpassung der Lokdecodereigenschaften an einen einzigen Motortyp ergibt sich für die technische Auslegung der Motordrehzahlregelung eine geradezu optimale Ausgangssituation. Um so bemerkenswerter erscheint es, daß die von Märklin angebotene Regelung die bei anderen Profi-Digitalsteuerungen realisierte Präzision nicht ganz erreicht.

Die lokbaureihenabhängige Höchstgeschwindigkeit kann an einem Potentiometer eingestellt werden. Die Maximalgeschwindigkeit läßt sich um 40 Prozent bis 50 Prozent reduzieren. Ein positiver Effekt der vorbildgerechten (und damit in der Regel reduzierten) Höchstgeschwindigkeit ist übrigens eine feinfühligere Geschwindigkeitssteuerung, weil sich die 14 Fahrstufen auf eine „kleinere Geschwindigkeitsdifferenz zwischen Stillstand und reduzierter Höchstgeschwindigkeit verteilen". Auch bei reduzierter Höchstgeschwindigkeit bleibt der gesamte Drehbereich des Geschwindigkeitssteuerknopfes nutzbar.

Beim Anfahr/Bremsverhalten stoßen unterschiedliche Philosophien aufeinander. Die Einen schwören auf getrennt voneinander einstellbare Werte für Anfahr- und Bremsverhalten, die Anderen meinen, es komme weniger auf unterschiedliches Anfahr- und Bremsverhalten an, sondern vielmehr auf die Massensimulation. Für letzteres hat sich auch Märklin entschieden. Die Massensimulation ist beim Decodertyp c90 an einem Potentiometer einstellbar. Der Einstellbereich für Anfahr- und Bremsweg beträgt zwischen jeweils wenigen Zentimetern und etwa 2 Metern. Mit der Taste f 4 auf dem Digital Fahrgerät kann die im Lokdecoder eingestellte Massensimulation ein- und ausgeschaltet werden, was eine praxisorientierte Lösung darstellt. So kann mit einer Digital-Lok „millimetergenau" an eine anzukuppelnde Wageneinheit herangefahren werden, aber beim Betrieb auf freier Strecke erfolgen Geschwindigkeitswechsel wieder mit der gewünschten massebedingten Verzögerung.

Fahrvorgänge mit Märklin Fahrzeugen wirken schon immer vergleichsweise dynamisch. Traditionell werden – im Gegensatz zu den in der Regel bei Gleichstromloks verwendeten, selbsthemmenden Schneckengetrieben – „frei laufende" Stirnzahnradgetriebe eingebaut. Ebenso positiv wirkt die beim Märklinsystem außerordentlich sichere Stromübertragung auf das Fahrverhalten.

Einige Hinweise zur Interpretation der Meßergebnisse in der folgenden Tabelle. Spalte 1 zeigt die Skalenwerte auf der Control Unit, auf welche der Geschwindigkeitssteuerknopf eingestellt war. Spalte 2 enthält die zu den jeweiligen Skalenwerten gehörende Fahrstufe (0 bis 14) der Digitalsteuerung. Wie man unschwer erkennt kann der Geschwindigkeitssteuerknopf beispielsweise zwischen den Skalenwerten 120 und 140 hin und her gedreht werden, ohne daß sich an der Fahrzeuggeschwindigkeit irgend etwas ändert. Spalte 3 beschreibt den Strek-

Geschwindigkeit einer Märklin SBB Re 4/4 mit Hochleistungs-Antriebs-Set in Abhängigkeit von Fahrstufe, Streckenführung, Anhängelast und eingestellter Höchstgeschwindigkeit

Skalenwert am Digital Fahrgerät	Fahrstufe	**G**efälle, **E**bene, **S**teigung	**Z**ug, **L**ok	Höchstgeschwindigkeitseinstellung im Lokdecoder c 90 (Hochleistungsantrieb) Potentiometerstellung:		
				Max	Mitte	Min
250	**14**	G	Z	172	111	81
		E	L	190	117	83
		E	Z	180	115	80
		S	Z	154	103	72
230–240	**13**	G	Z	166	89	65
		E	L	180	95	66
		E	Z	169	92	63
		S	Z	142	82	58
210–220	**12**	G	Z	160	81	59
		E	L	171	84	60
		E	Z	159	81	57
		S	Z	138	73	51
200	**11**	G	Z	146	72	51
		E	L	157	74	53
		E	Z	147	72	50
		S	Z	128	65	51
190	**10**	G	Z	132	62	45
		E	L	138	66	47
		E	Z	131	63	45
		S	Z	119	58	40
170–180	**9**	G	Z	116	55	39
		E	L	122	58	41
		E	Z	115	55	38
		S	Z	105	59	35
150–160	**8**	G	Z	116	47	34
		E	L	105	50	35
		E	Z	99	47	33
		S	Z	91	43	30
120–140	**7**	G	Z	100	40	29
		E	L	88	42	30
		E	Z	83	40	28
		S	Z	77	36	25
110	**6**	G	Z	70	34	24
		E	L	72	35	25
		E	Z	69	33	23
		S	Z	63	31	21

Skalenwert am Digital Fahrgerät	Fahrstufe	Gefälle, Ebene, Steigung	Zug, Lok	Höchstgeschwindigkeitseinstellung im Lokdecoder c 90 (Hochleistungsantrieb) Potentiometerstellung: Max	Mitte	Min
90–100	**5**	G	Z	56	27	19,3
		E	L	58	28	20
		E	Z	54	26	18,0
		S	Z	50	24	15,7
70–80	**4**	G	Z	43	21	14,5
		E	L	44	21	14,9
		E	Z	41	20	13,2
		S	Z	38	16,5	10,9
50–60	**3**	G	Z	29	13,8	9,4
		E	L	30	14,3	9,6
		E	Z	28	12,9	8,2
		S	Z	25	9,0	7,3
40	**2**	G	Z	16	7,2	5,0
		E	L	16,7	7,6	5,2
		E	Z	15	6,6	4,3
		S	Z	11,4	4,5	2,6
10–30	**1**	G	Z	2,9	5,4	0
		E	L	3,1	5,1	0
		E	Z	2,4	4,0	0
		S	Z	0,7	0	0

kenverlauf. Die Angabe „Ebene“ erscheint zweimal, weil aus Vergleichsgründen zuerst die Geschwindigkeit der allein fahrenden Digital-Lok und anschließend der Lok mit Anhängelast ermittelt worden ist. Gefälle und Steigung betrugen jeweils 3 Prozent. Spalte 4 beschreibt die Belastungsverhältnisse bei der jeweiligen Geschwindigkeitsmessung. L bedeutet allein fahrende Lok und Z heißt Zug, also Lok mit vier Drehgestell-Reisezugwagen (jeder Wagen 4 Achsen). Die Spalten 5, 6 und 7 enthalten die Ergebnisse der Geschwindigkeitsmessungen, wobei die Geschwindigkeit bei drei Potentiometerstellungen im Lokdecoder c90 aufgenommen wurde. So läßt sich der Grad der jeweils möglichen Reduzierung der Höchstgeschwindigkeit ablesen. Aufschlußreich sind die Geschwindigkeitsdifferenzen bei ein und derselben Fahrstufe und verschiedenen Streckenführungen; beispielsweise schwankt die Geschwindigkeit bei Fahrstufe 12 immerhin zwischen 138 km/h und 171 km/h – trotz Lastausgleich! Die bei Fahrstufe 1 gemessenen Werte erstaunen etwas, weil die Geschwindigkeiten bei Potentiometermittelstellung etwas höher sind, als bei der Maximalstellung.

Millimetergenaue Rangiervorgänge sind dank Motordrehzahlregelung und wahlweise ausschaltbarer Massensimulation ebenso möglich, wie vorbildgerecht wirkende Geschwindigkeitswechsel durch eine während der Streckenfahrt eingeschaltete Massensimulation. Die fahrzeugspezifische Höchstgeschwindigkeitsvorgabe sorgt dafür, daß der Schienenbus sichtbar langsamer als ein Intercity fährt. Insgesamt gesehen sind Märklin Digital-Loks mit Lokdecoder c90

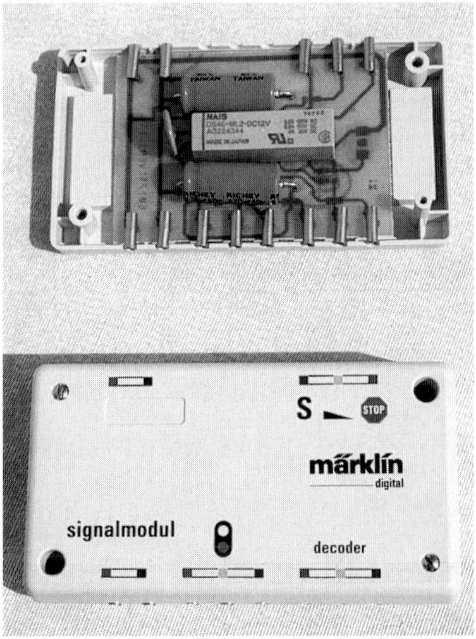

Signalmodul für vorbildgerechte Brems- und Beschleunigungsvorgänge in Abhängigkeit von Signalstellungen in Verbindung mit Digital-Loks mit c90-Lokdecodern

(Hochleistungsantrieb) gute Fahreigenschaften zu attestieren, wenngleich eine mit den Mitbewerbern vergleichbare Feinfühligkeit erst durch eine deutliche Erhöhung der Fahrstufenzahl erreichbar ist.

Fahrverhalten in Signalhalteabschnitten

Digital-Loks halten bei Halt zeigendem Signal in spannungslos geschalteten Signalhalteabschnitten ziemlich abrupt und sämtliche Zusatzfunktionen arbeiten nicht mehr. Innenbeleuchtungen von Wagen verlöschen. Bremsvorgänge verlaufen wegen der üblicherweise mit Stirnzahnradgetrieben ausgestatteten Märklin-Loks zwar nicht so vorbildwidrig wie bei Triebfahrzeugen mit selbsthemmenden Schneckengetrieben – aber das signalstellungsabhängige Fahrverhalten ist wahrlich nicht Stand der Technik. Schaltet das Signal auf Fahrt, so fahren Loks mit DELTA-Decodern und Standard Lokdecodern der Typen c80 und c81 ebenfalls ziemlich plötzlich los. Anders verhalten sich Digital-Loks mit Hochleistungsantrieb (Lokdecoder c90). Sie beschleunigen allmählich mit der am Decoder eingestellten Massensimulation bis zur zuvor eingestellten Geschwindigkeit. Folglich braucht man bei diesen Fahrzeugen nur ein Modul, das bei Halt zeigendem Signal für einen vorbildgerecht verlaufenden Bremsvorgang sorgt.

Dafür bietet Märklin das sogenannte Signalmodul an, das für jeden Signalhalteabschnitt einmal erforderlich ist. Jeder Signalhalteabschnitt ist in drei Bereiche einzuteilen; einen Übergangsbereich welcher nur die Länge eines Skischleifers aufweisen sollte, den eigentlichen Bremsbabschnitt, dessen Länge sich an den Gegebenheiten der Anlage orientieren muß, aber bei H0 wegen der optischen Wirksamkeit des Bremsvorganges nicht unter etwa 80 cm lang sein sollte und einen etwa 30 cm langen Stopabschnitt. Letzterer wird bei Halt zeigendem Signal durch das Signalmodul spannungslos geschaltet, damit bei zu hoher Geschwindigkeit ein überfahren des Bremsabschnittes ausgeschlossen bleibt. Wenn man so will ist das eine Indusifunktion. Wendezugfähig ist das Signalmodul allerdings nicht.

Im Signalhalteabschnitt arbeiten bei Halt zeigendem Signal die in Fahrzeugen befindlichen Zusatzfunktionen wie z.B. Licht, Rauch, Geräuschsimulation unverändert weiter. Allerdings können sie nicht ferngesteuert werden, d.h. eine Lokpfeife läßt sich bei Halt zeigendem Signal nicht einschalten.

Bei Bedarf können Lichtsignale (ohne Antrieb) und Formsignale direkt am Signalmodul angeschlossen werden. Ein Vorsignal sollte am Anfang und das Hauptsignal und Ende des eigentlichen Bremsabschnittes aufgestellt werden. Das Signalmodul – und damit der Signalhalteabschnitt – kann wahlweise ganz konventionell mittels zweier Taster ein- und ausgeschaltet werden oder aber mit einem Keyboard über den Ausgang eines Decoders k83.

Damit stehen dem Anwender alle Optionen offen: konventionelle handgesteuerte Signalsteuerung mit zwei Tasten, zuggesteuerte (automatische) Schaltung mittels Kontaktgleisstrecken oder Schaltgleisen und digitale Signalsteuerung über ein Keyboard, Memory oder PC-Programm.

Im Unterschied zu einigen anderen Profi-Digitalsystemen bietet Märklin mit dem Signalmodul eine Lösung für vorbildgerecht verlaufende Brems- und Beschleunigungsvorgänge in Abhängigkeit von Signalstellungen. Einschränkend ist darauf hinzuweisen, daß vorbildgerechte Brems- und Beschleunigungsvorgänge den Einsatz von Digitalloks mit Hochleistungsantrieb voraussetzen. Digitalloks mit DELTA-Decodern und Fahrzeuge mit Lokdecodern der Typen c80 und c81 reagieren zwar ebenfalls auf die Signalstellungen, die Geschwindigkeitsänderungen geschehen jedoch vergleichsweise abrupt.

Digital Schalten

Zur digitalen Schaltung von bis zu 256 doppelspuligen Magnetartikeln bzw. Dauerstromverbrauchern steht ein eigenes Adressenkontingent zur Verfügung. Je doppelspuligem Magnetartikel (z.B. Weiche) bzw. Dauerstromverbraucher (z.B. Relais zum ein- und ausschalten des Fahrstromes in Signalhalteabschnitten) wird eine Adresse benötigt. Mit einer Adresse lassen sich aber auch zwei einspulige Magnetartikel (z.B. Entkupplungsgleise) betätigen.

Märklin Keyboard und Memory sind leicht zu bedienen.

Zunächst zu den Bedienungsmöglichkeiten. Im Märklin Angebot stehen Tastenstellpulte, das Fahrstraßenstellpult Memory und eine Lösung mit Interface/Software/PC zur Wahl. Mit dem „Switchboard 2000" der Fa. SeS lassen sich Magnetartikel auch mit einem Gleisbildstellpult schalten. Damit sind sämtliche Bedienungsvarianten abgedeckt.

Mit der ersten Bedienungsmöglichkeit, einem Tastenstellpult – genannt Keyboard – können bis zu 16 doppelspulige Magnetartikel oder Dauerstromverbraucher geschaltet werden. Folglich sind zur Bedienung der maximal 256 Magnetartikel bis zu 16 Keyboards erforderlich. Tastenstellpulte werden über seitlich in die pultförmigen Geräte integrierte Steckverbinder mit der Central Unit verbunden. Speziell angebotene Adapterkabel gestatten darüberhinaus eine dezentrale Aufstellung. An jedem Keyboard wird mit einem vierpoligen Codierschalter eine von 16 möglichen Keyboardadressen eingestellt. Es ist aber auch zulässig, zwei Keyboards mit identischer Adresse zu betreiben. Das macht Sinn, wenn sie räumlich entfernt voneinander an einer Anlage aufgestellt und die selben Verbraucher von zwei Stellen aus bedient werden sollen.

Zur Bedienung eines doppelspuligen Magnetartikels sind je eine rote und eine grüne Taste und eine der roten Taste zugeordnete Leuchtdiode als unechte Stellungsanzeige vorhanden.

Die zweite Bedienungsmöglichkeit ist das Fahrstraßenstellpult Memory, dessen Funktion bereits in Kapitel 3 beschrieben wurde. Es ergänzt die Tastenstellpulte. Maximal können vier Memorys eingesetzt werden. Zur Auslösung zuggesteuerter Schaltbefehle lassen sich an jedes Memory bis zu drei Rückmeldedecoder mit wiederum jeweils 16 Eingängen anschließen.

Die dritte Bedienungsmöglichkeit ist ein Interface, an welches sich bis zu 31 Rückmeldedecoder anschließen lassen, die Märklin Software Comboard (oder ein anderes Programm) und ein PC. Damit können bis zu 256 Magnetartikel geschaltet und bis zu 496

Meldungen optisch angezeigt verarbeitet werden. Bei schon vorhandenem, oder einem gebraucht angeschafften PC, ist diese Art der Bedienung und Anzeige als echtes Gleisbild zweifellos komfortabel und zugleich vergleichsweise preiswerter als die Anschaffung mehrerer Keyboards und Memorys.

Nun zum Pendant der Bedienungseinrichtungen für Magnetartikel und Dauerstromverbrauchern, den unabhängig von der Bedienungsart auf der Anlage erforderlichen, stationären Decodern. Wie erwähnt beträgt die Zahl der mit einem Keyboard schaltbaren Verbraucher sechzehn. Wie viele Decoder mit einem Keyboard angesprochen werden können, hängt von den verwendeten Decodertypen ab. So lassen sich an den Decoder k83 (für Magnetartikel) oder k84 (für Dauerstromverbraucher) jeweils vier Verbraucher anschließen und damit sind einem Keyboard vier solcher Decoder – auch gemischt – zuordenbar. Anders sieht es aus, wenn moderne C-Gleis Weichen mit Einbaudecodern 74460 verwendet werden. Dann sind jedem Keyboard 16 Einbaudecoder zuzuordnen, weil mit einem Keyboard eben immer 16 doppelspulige Magnetartikel geschaltet werden können. Damit jeder Decoder bzw. die an seine Ausgänge angeschlossenen Verbraucher eindeutig einem bestimmten Keyboard und dort wiederum einem bestimmten Tastenpaar zugeordnet werden kann, muß in jedem Decoder eine Adresse eingestellt werden. Auch diese stationären Decoder haben Codierschalter zur Adresseneinstellung. Zur Codierung müssen die Decoder geöffnet werden, was nicht von allen Anwendern als Vorteil angesehen wird.

Der Decoder k83 ist zum Betrieb von vier doppelspuligen Magnetartikeln konzipiert, also ein Decodertyp mit Impulsausgängen. Jeder Ausgang ist so lange aktiv, wie die zugehörige Taste am Keyboard gedrückt wird. Durch einen lange anhaltenden Tastendruck entsteht demnach ein ebenso lange anhaltender Stromfluß, der bei Magnetartikeln mit Endabschaltung bei Erreichung der Endlage unterbrochen wird. An einen Decoderausgang können bis zu zwei Märklin Magnetartikelantriebe angeschlossen werden. Die Stromversorgung angeschlossener Verbraucher erfolgt stets mit Digitalstrom, weil der Decoder über keine externe Stromversorgungsmöglichkeit für anzuschließende Verbraucher verfügt.

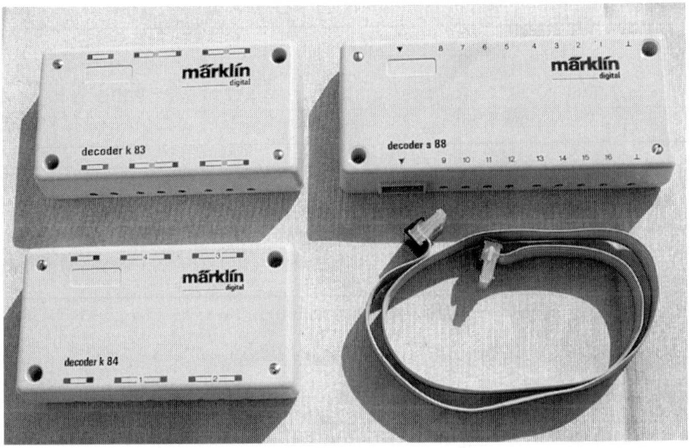

Märklin Decoder für Magnetartikel und mit Relaisausgängen, sowie der Rückmeldedecoder s88 im Überblick

Die Funktion des Einbaudecoders für C-Gleise und des Einbaudecoders k73 für Metallgleise entspricht der des k83.

Der Decoder k84 hat ebenfalls vier Ausgänge. An jedem Ausgang sind die drei Anschlüsse (Umschaltkontakte) eines einpoli-

C-Gleis-Weiche mit eingebautem Decoder

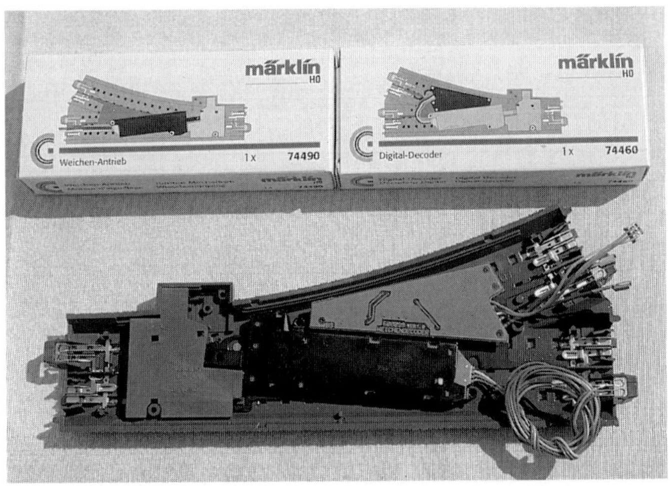

gen bistabilen Relais herausgeführt. Dieser Decodertyp ist zur potentialfreien Schaltung unterschiedlichster Verbraucher geeignet, beispielsweise zum ein- und ausschalten von Digitalstrom in Signalhalteabschnitten. Über die Relaiskontakte ist auch eine externe Stromversorgung angeschlossener Verbraucher realisierbar. So lassen sich mit diesem Decoder beispielsweise Weichenantriebe schalten – aber ausschließlich Antriebe mit Endabschaltung. Bei diesem Anwendungsbeispiel können Weichen allerdings nicht mehr von Hand (vor Ort) gestellt werden.

Wer digital Schalten möchte findet bei Märklin Digital ein vollständiges Angebot. Die Tastenstellpulte sind einfach zu bedienen. Die Stellungsanzeigen sind allerdings nicht sonderlich gut erkennbar. Perfektionisten wird stören, daß es sich um unechte Stellungsmeldungen handelt. Das Fahrstraßenstellpult Memory macht digitales Schalten an sich erst attraktiv, weil es auf einfache Weise die Nachbildung der Abhängigkeiten in einem Vorbildstellwerk erlaubt. Optimal erscheint die Kombination Interface/Software/PC bereits ab mittleren Anlagengrößen, weil hier vorbildgerechte Gleisbilddarstellung, Fahrstraßenschaltungen und Bedienungskomfort vereint sind.

Digital Melden

Bei Märklin stehen fahrtrichtungsabhängig arbeitende Schaltgleise, Schaltmagnete und Reedkontakte und vor allem Kontaktgleisstrecken als zuggesteuerte Kontaktgeber zur Wahl – also ein komplettes Angebot. Diese Kontaktgeber werden direkt mit den Eingängen des Rückmeldedecoders s88 verbunden.

Märklin bietet für die Übertragung von Meldungen den Rückmeldedecoder s 88 zur Montage auf der Anlage an und das Interface zur Ergänzung der ortsfesten Steuerung. Alle Rückmeldedecoder werden mittels eines 6adrigen Spezialkabels (den „Rückmeldebus") hintereinander geschaltet und an das Interface angeschlossen. Jeder Rückmeldedecoder kann 16 Meldungen verarbeiten und insgesamt können 31 derartige Decoder an ein Interface angeschlossen werden. Folglich läßt das System die Verarbeitung von maximal 496 Meldungen zu.

Vorteilhaft ist, daß die Rückmeldedecoder nur der Reihe nach an das Interface angeschlossen werden brauchen – eine Adressierung (wie bei Funktionsdecodern) ist bei Rückmeldedecodern s88 nicht erforderlich. Auch die verschiedenen Lesemöglichkeiten über die Eingangszustände an den Rückmeldedecodern (alle Decoder abfragen, oder nur die, bei welchen sich Änderungen seit der letzten Abfrage ergeben haben) sind bei rechnergesteuertem Betrieb hilfreich.

Zur Lösung einfacherer, zuggesteuerter Schaltaufgaben hat man in Gestalt der Kombination Memory mit (maximal 3) Rückmeldedecodern s88 eine bemerkenswerte Sonderanwendung für diesen Decoder geschaffen. Damit können ohne Interface und ohne Rechner viele wichtige zuggesteuerte Schaltungen realisiert werden. Als Beispiele seien Selbstblockbetrieb, das anfordern/auflösen ganzer Fahrstraßen und komplette Schattenbahnhofsteuerungen genannt.

Wer Gleisbesetzt- und Gleisfreimeldungen optisch anzeigen möchte und damit beispielsweise Zugfahrten verfolgen möchte, kann dies mit Märklin Digital nur bei Anschluß der Rückmeldedecoder an das Interface und der Anzeige der Meldungen mit Hilfe der Märklin Software Comboard (oder vergleichbares Produkt) auf dem Bildschirm eines PCs.

Bedienungsanleitungen und Literatur

Sämtlichen Märklin Digital Artikeln liegen leicht verständliche Bedienungsanleitungen bei – eine wichtige Voraussetzung zum reibungslosen Einstieg in diese Technik. Sehr empfehlenswert ist das Handbuch Nr. 0308 „Einstieg in Märklin Digital – die Mehrzugsteuerung", weil hierin nicht nur praxisgerechte Schaltungsvorschläge, sondern neben dem aktuellen Angebot auch die früher erhältlichen Digital Artikel beschrieben sind.

Was steht auf der Wunschliste?

Die Geschwindigkeitssteuerung sollte durch eine Erhöhung der Fahrstufenzahl und einen Drehwinkel von 270° feinfühliger gestaltet werden. Ein fünfpoliger Anker, Permenentmagnet und ein Motorschild für die Optimierung der älteren, kleinen Märklin Motoren fehlen im Angebot. Insbesondere sind Lokdecoder mit dauerhafter Speicherung der Fahrzeugdaten erforderlich.

Bei den Fahrgeräten erscheint eine umfassendere Information des Bedieners durch aussagekräftige Anzeigen angebracht. Vor allem fehlt im Angebot ein mobiles Handsteuergerät.

Die Einstellung fahrzeugspezifischer Kennwerte sollte auf ein elektronisches Verfahren (ohne Öffnung der Fahrzeuge) mit der Möglichkeit zur Anzeige der eingestellten Werte umgestellt werden.

Magnetartikeldecoder mit zusätzlicher externer Stromversorgungsmöglichkeit für angeschlossene Verbraucher stehen zur Einsparung teueren Digitalstromes ebenfalls auf der Wunschliste. Auf dem Sektor digital Melden wünscht man sich einen Baustein, mit welchem Gleisbesetzt- und Gleisfreimeldungen auch ohne den Einsatz eines PCs optisch angezeigt werden können.

Zusammenfassung

Märklin bietet mit der Profi-Digitalsteuerung Märklin Digital ein nahezu vollständiges Angebot, das die Aufgabenbereiche FAHREN, SCHALTEN und MELDEN einschließlich dem rechnergesteuerten Betrieb umfaßt.

Besondere Stärken von Märklin Digital sind übersichtlicher, modularer Aufbau, einfache Bedienung und passable Fahreigenschaften bei Verwendung des digitalen Hochleistungsantriebes.

Eine große Auswahl betriebsfertiger Digital-Loks mit fernsteuerbaren Funktionen, die relativ einfache Umrüstung von Analog-Loks auf Digitalbetrieb, ein komplettes Programm zum digitalen Schalten von Magnetartikeln einschließlich eines Fahrstraßenstellpultes, ein einfaches System zur Erfassung, Meldung und Verarbeitung zuggesteuerter Meldungen und nicht zuletzt ein hohes Maß an Funktionssicherheit zählen ebenfalls zu den Vorzügen.

Doppel- und Mehrfachtraktionsbetrieb, mehrstellige Lokadressen, informative Anzeigen und ein mobiles Bedienungskonzept zählen heute ebenso zum Standard anspruchsvoller Profi-Digitalsteuerungen wie eine feinfühlige Geschwindigkeitssteuerung und Programmierung/Anzeige fahrzeugspezifischer Eigenschaften ohne Demontage von Lokgehäusen. Dies alles bietet Märklin Digital nicht. Trotz Weiterentwicklungen bei den Lokdecodern und bei fernsteuerbaren Funktionen ist im direkten Vergleich mit Mitbewerbern unübersehbar, daß dem seit 1985 im Grunde unverändert angebotenen Digitalsystem eine Runderneuerung gut täte.

5 Digital Plus

Digital Plus von der Fa. Lenz Elektronik ist eine NMRA-kompatible Digitalsteuerung für Zweischienen-Zweileiter-Gleichstrom-Bahnen der Baugrößen N bis I. Besonders hervorzuheben ist die besondere Kompatibilität dieser Profi-Digitalsteuerung – sogar eine Analog-Lok läßt sich im Digitalstromkreis steuern und andere Digitalsteuerungen sind über Schnittstellenbausteine an dieses System ankoppelbar und damit weiter verwendbar. Ebenso bemerkenswert ist die komfortable Möglichkeit zur Programmierung fahrzeugspezifischer Eigenschaften. Dies klappt mit der Softwareversion 3.0 sogar während des Betriebes ohne extra Programmiergleis. Das Angebot deckt alle Anwendungen von der Fahrzeugsteuerung über das Schalten von Magnetartikeln und kompletten Fahrstraßen bis hin zur Übertragung von Meldungen ab.

Historie

Die Mehrzugsteuerungen Arnold Digital (1988–1995), Arnold Commander 6 (1992 –1995), LGB-Digital, Märklin Digital= (für Gleichstrombahnen 1989–1996) und Roco Digital wurden von Lenz Elektronik entwickelt.

Seit Mitte 1993 ist Lenz Elektronik unter der Bezeichnung Digital Plus mit einer eigenen Profi-Digitalsteuerung auf dem Markt vertreten.

Das von Lenz erdachte und patentierte Datenübertragungsformat – also die „Sprache" der Digitalsteuerungen – ist heute durch die NMRA genormt. Die Fa. Lenz kann daher ohne Übertreibung als der Pionier der kompatiblen Digitalsteuerungen für Modellbahnen bezeichnet werden.

Systemeigenschaften

In der folgenden Tabelle sind wesentliche Systemeigenschaften dargestellt.

Systemeigenschaften von Digital Plus

Eigenschaften/Anbieter:	**Lenz Elektronik** Digital Plus Profisystem
Zahl steuerbarer Digital-Loks, Adressenbereich 0000 bis 9999	99
Zahl der im Digitalstromkreis steuerbaren Analog-Loks	1
Digital-Lok im Analogstromkreis steuerbar	Ja 1)
Digital-Loks anderer Digitalsysteme einsetzbar	Ja, NMRA
Digitalsteuerung updatefähig	Ja
Fahrstufenzahl zur Geschwindigkeitssteuerung	14, 27, 28 oder 128
Lastausgleich (Motordrehzahlregelung) vorhanden	Ja 2)
Höchstgeschwindigkeit einstellbar	Ja
Geschwindigkeitskennlinie einstellbar	Ja
Mindestanfahrspannung einstellbar	Ja
Anfahr- und Bremsverzögerung jeweils separat einstellbar	Ja
Vorbildgerecht verzögerte Brems- und Anfahrvorgänge in Abhängigkeit von Signalstellungen realisierbar	Ja

Eigenschaften/Anbieter:	**Lenz Elektronik** Digital Plus Profisystem
Anzahl der fernsteuerbaren Zusatzfunktionen je Triebfahrzeug	Bis zu 9
Anzahl der fernsteuerbaren Zusatzfunktionen je verwendetem Funktionsdecoder	4
Einstellung der Fahrzeugparameter elektronisch auf Programmiergleis	Ja, ohne Eingriffe in die Lok
Einstellung der Fahrzeugparameter elektronisch auf der Anlage während des Betriebes (ab Softwareversion 3.0 und mit entsprechenden Lokdecodern)	Ja, ohne Eingriffe in die Lok
Anzeige eingestellter Fahrzeugparameter	Ja
Mobile Fahrzeugsteuerung und -bedienung	Ja, bis zu 30 Geräte
Gemeinsames Spiel mehrerer Partner möglich	Ja
Übergabe bzw. Übernahme von Zügen zwischen den Bedienungseinrichtungen	Ja
Doppeltraktion / Mehrfachtraktion vorgesehen	Ja
Zahl steuerbarer doppelspuliger Magnetartikel/Dauerstromverbraucher	256
Stellungsmeldungen	Echt
Zahl der übertragbaren Rückmeldungen	1024
Fahrstraßenschaltung	Ja
Fahren, Schalten, Melden und Betrieb nach Fahrplan mittels Interface, PC, Software	Ja
Erhöhung der elektrischen Leistung durch Booster zum Betrieb großer Anlagen	Ja
Einsteiger-Digitalgerät (Set 01 und Set 02) beim Aufstieg zum Profi-Digitalsystem weiter verwendbar	Ja
Geräte von Digital-Fremdfabrikaten mit Digital Plus kombinierbar	Ja, mit Übersetzungsmodul LC 100

1) Mit automatischer Erkennung der Betriebsart (Analog/Digital); daher werden Stromkreisgrenzen zwischen analogen und digitalen Stromkreisen überfahren und auf einer Anlage können analoge und digitale Stromkreise kombiniert werden. 2) Es sind auch Lokdecoder ohne Lastausgleich verfügbar

Kompatibilität für Ein- und Umsteiger

Digital Plus erfüllt die in der Tabelle aufgeführten Kompatibilitätskriterien. Bei dieser Steuerung handelt es sich demnach weder um ein Multiprotokollgerät, noch verstehen die Lokdecoder andere Datenformate. Digital Plus ist eine „artreine" NMRA-Steuerung.

Einsteiger profitieren von der beispielhaften Analogkompatibilität, weil sie für einen unabhängigen Zweizugbetrieb lediglich eine Digital-Lok benötigen. Als zweites Fahrzeug reicht schon eine preiswertere Analog-Lok. Umsteiger können ihre Analog-Loks nach und nach mit Lokdecodern ausrüsten, ohne daß auf den Einsatz von noch nicht umgerüsteten Analog-Loks während der Umrüstungsphase verzichtet werden müßte.

Vor allem für N-Bahner ist die Analogkompatibilität sehr wertvoll. In so manche N-Lok paßt einfach kein Lokdecoder hinein, aber bei Digital Plus sind solche Triebfahrzeuge nicht vom Betrieb ausgegrenzt, sondern sie können als Analog-Lok weiterhin eingesetzt werden.

Kompatibilität von Digital Plus

Eigenschaft/Kompatibilität	Digital Plus
Digital-Lok im Digitalstromkreis steuerbar	Ja
Digital-Lok mit herkömmlichem Fahrpult im Analogstromkreis steuerbar	Ja
Automatische Erkennung der Analog-Betriebsspannung durch Lokdecoder	Ja
Analog-Lok im Digitalstromkreis steuerbar	Ja
Automatische Erkennung der Digital-Betriebspannung durch Lokdecoder	Ja
Digital- und Analogstromkreise auf einer Anlage kombinierbar	Ja
Betrieb mit anderen NMRA-konformen Digital-Loks	Ja
Von Digital Plus Lokdecodern erkannte Datenformate	NMRA
Digitalfremdfabrikate mit Digital Plus kombinierbar	Ja [1])

[1]) Übersetzungsmodul LC 100 erforderlich

Digital- und Analogstromkreis kombinieren

Umsteiger von Analog- auf Digitalbetrieb bietet die automatische Erkennung der Fahrspannungsart von Digital Plus Lokdecodern einen weiteren Vorzug. Digitalstromkreise können mit einem oder mehreren herkömmlichen Gleichstromstromkreisen kombiniert werden. Konventionelle Fahrpulte müssen dabei lediglich durch das Trenn-Modul LT 100 ergänzt werden. So können bei-

Kombination eines Digital- und eines Analogstromkreises. Analog- und Digital-Loks (mit Digital Plus Lokdecodern und Arnold Digital (alt) Decodern) überfahren die Stromkreisgrenzen problemlos.

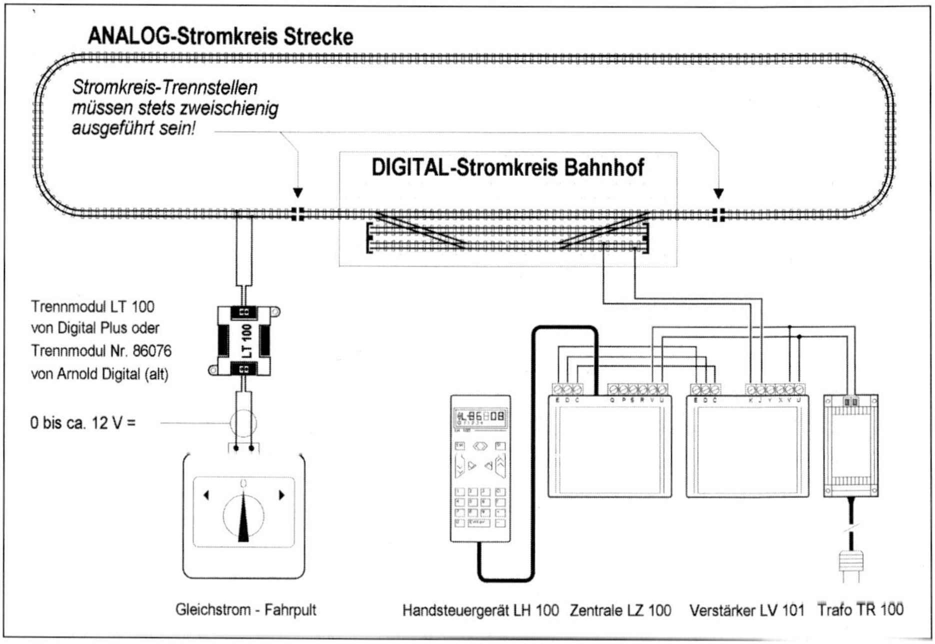

spielsweise vorhandene Gleichstromfahrpulte zur Stromversorgung der freien Strecken weiter verwendet werden und mit Digital Plus läßt sich im Bahnhofsbereich im Digitalstromkreis abwechslungsreich rangieren.

Kombination mit anderen Digitalsystemen

Als erstes Digitalsystem bot Lenz Elektronik die Möglichkeit zur Kombination von Digitalfremdfabrikaten mit Digital Plus. Dazu gibt es das sogenannte Übersetzungsmodul LC 100. Daran sind andere Digitalsysteme wie

- Arnold Digital (ehemalige Fa. Arnold, angeboten zwischen Dezember 1988 bis Mai 1995)
- Märklin Digital = (Fa. Märklin, angeboten zwischen Mitte 1989 bis Mitte 1996)
- Roco Digital und
- LGB Digital

anschließbar. So können Umsteiger ihre Roco-Lokmäuse und ihre Control 80 Fahrpulte weiter nutzen. Wer Stellpulte (Keyboards der Firmen Märklin und Arnold) und Fahrstraßenstellpulte (Memory der Fa. Märklin) besitzt, kann diese Geräte weiterhin zum Stellen von Magnetartikeln verwenden, wenn er zu Digital Plus aufsteigt.

Angebot

Auf Seite 88 als Einstieg eine Übersicht über das umfangreiche Digital-Plus-Angebot.

Modulare Konzeption

Digital Plus ist modular aufgebaut. So kann man aus verschiedenen Bausteinen eine den eigenen Wünschen entsprechende Digitalsteuerung schrittweise zusammenstellen.

Das Bedienungskonzept erlaubt die gleichzeitige Verwendung von bis zu 30 Eingabegeräten, also beispielsweise Handsteuergeräte, Stellpulte, usw. So ist eine direkte Zuordnung mehrerer Triebfahrzeuge zu verschiedenen Bedienungsgeräten möglich

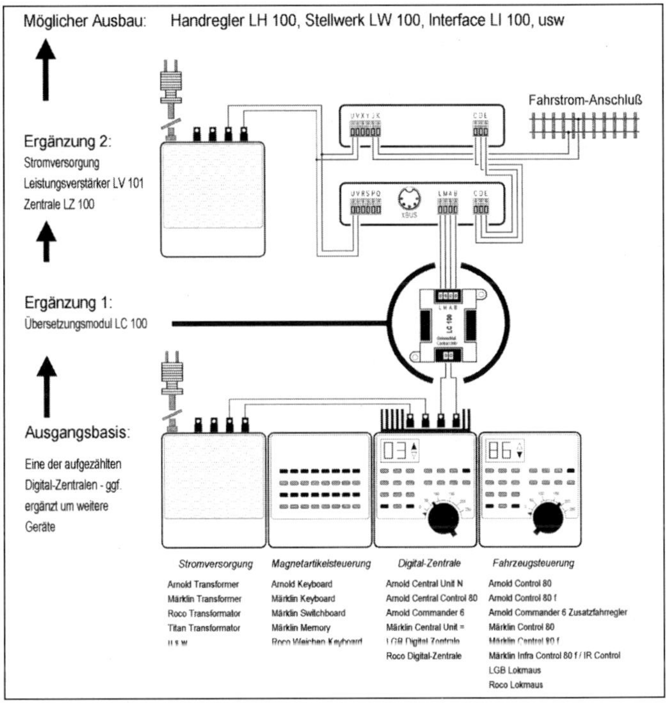

Das Übersetzungsmodul LC 100 ermöglicht die Kombination von Digitalfremdfabrikaten mit Digital Plus.

nach dem Motto: jedem Mitspieler seine eigene Lok, jeder ist Lokführer. Dieses Konzept gestattet die aktive Beteiligung (im Unterschied zur ansonsten üblichen passiven Zuschauerrolle) mehrerer Mitspieler am Modellbahnbetrieb – einschließlich der Übergabe bzw Übernahme von Zügen zwischen den einzelnen Mitspielern.

Der Stecker eines mobilen Handsteuergerätes läßt sich während des laufenden Betriebs

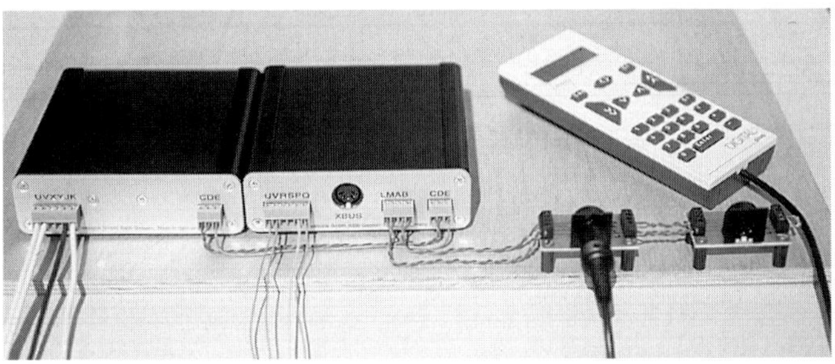

Modularer Aufbau bei Digital Plus

Übersicht Digital Plus Angebot für Baugrößen N und H0

Nr.	Art.-Nr.	Bezeichnung	Erläuterung
1	26 000	TR 100	Energieversorgung für Zentraleinheit und Booster
2	20 101	LZ 100	Zentraleinheit
3	22 101	LV 101	Leistungsverstärker, Ausgangsstrom 3,0 A
4	21 100	LH 100	Mobiles Handsteuergerät mit Tasten zur Bedienung von bis zu 99 Digital-Loks und einer Analog-Lok, Schalten von Zusatzfunktionen, Stellen von Magnetartikeln, Anzeige von Rückmeldungen und Programmierfunktion
5	21 200	LH 200	Mobiles Handsteuergerät mit Drehregler zur Bedienung von bis zu 99 Digital-Loks, einer Analog-Lok, Schalten von Zusatzfunktionen und Programmierfunktion
6	10 010	LE 010XF	N-Lokdecoder mit Drehzahlregelung, ein Funktionsausgang
7	10 030	LE 030	N-Lokdecoder mit Drehzahlregelung, ein Funktionsausgang
8	10 040	LE 040	N-Lokdecoder mit Drehzahlregelung, ein Funktionsausgang
9	10 115	LE 103XF	H0-Lokdecoder, zwei Funktionsausgänge
10	10 116	LE 104XF	H0-Lokdecoder, wie vor, jedoch mit Schnittstellenstecker
11	10 118	LE 105XF	H0-Lokdecoder, wie LE 103XF, jedoch vier Funktionsausgänge
12	10 122	LE 122	H0-Lokdecoder für Motoren mit Feldspule, ein Funktionsausgang
13	10 130	LE 130	H0-Lokdecoder mit Lastausgleich, zwei Funktionsausgänge
14	10 131	LE 131	H0-Lokdecoder, wie vor, jedoch mit Schnittstellenstecker
15	10 080	LE 080XS	H0-Lokdecoder für Glockenankermotoren, drei Funktionsausgänge
16	10 104	LF 100	Funktionsdecoder, Fernsteuerung von bis zu 4 Funktionen z. B. in Steuerwagen
17	22 500	LG 100	Bremsgenerator, vorbildgerechtes Bremsen vor Halt zeigenden Signalen von Digitalloks in Verbindung mit einem Verstärker für mehrere Signalhalteabschnitte
18	13 100	LT 100	Trennmodul, trennt digital und analog betriebene Stromkreise auf einer Anlage
19	12 100	LK 100	Kehrschleifenmodul, zum durchfahren von Zweischienen-Zweileiter-Gleisen mit Digital-Loks
20	24 100	LC 100	Übersetzungsmodul, Anschluß anderer Digitalsysteme (Roco Digital, LGB Digital, u. ä.) an Digital Plus
21	25 100	LW 100	Stellwerk zum schalten von bis zu 256 Magnetartikeln, Anzeige echter Stellungsmeldungen und zum stellen von Fahrstraßen
22	25 120	LW 120	Tastenmodul, Erweiterung des Stellwerkes LW 100 zum Anschluß an ein Gleisbildstellpult
23	25 130	LW 130	Anzeigemodul, Erweiterung des Stellwerkes LW 100 zum Anschluß eines Gleisbildstellpultes
24	11 100	LS 100	Decoder zum Anschluß von 4 doppelspuligen Magnetartikeln und echter Rückmeldung der Stellungen
25	11 110	LS 110	Wie vor, jedoch unechte Rückmeldung
26	11 130	LS 130	Decoder mit zwei jeweils zweipoligen bistabilen Relaisumschaltkontakten und zusätzlicher Schaltmöglichkeit durch zuggesteuerte Kontakte
27	11010	LA 010	Adapter zum Anschluß motorischer Antriebe
28	11 210	LB 100	Gleisbesetztmelder für zwei Gleisabschnitte
29	11 200	LB 050	Spannungsmelder
30	11 201	LR 101	Rückmeldedecoder mit 8 Eingängen und einem Eingang für einen Spannungsmelder
31	23 100	LI 100	Interface
32	90 111	Handbuch	Ringhandbuch über Digital Plus

Achtung: Nur Lokdecoder der Serie XF sind für die Programmierung während des Betriebes (ohne extra Programmiergleis), 128 Fahrstufen und Mehrfachtraktion geeignet aus einer Anschlußbuchse ziehen, man begibt sich vom Betriebswerk zum Nebenbahnhof, steckt den Stecker des Handsteuergerätes in die dort befindliche Anschlußbuchse und kann nun – wiederum unmittelbar vor Ort – seine Fahrzeuge steuern und aus unmittelbarer Nähe beobachten. Diese Option ist insbesondere bei L-, U- und kammförmigen Anlagen von großem Nutzen.

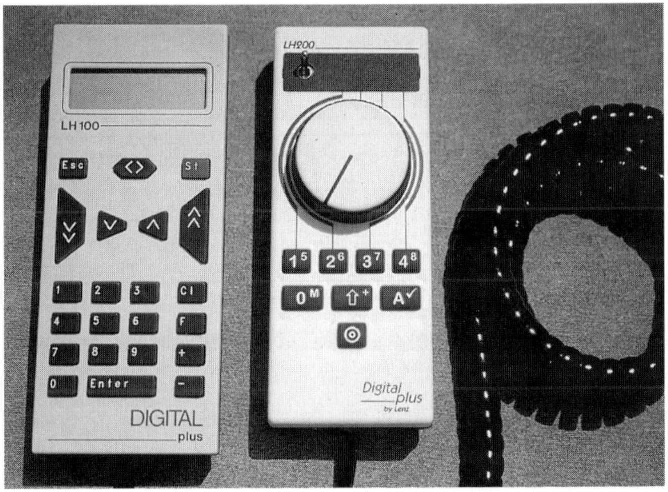

Die beiden mobilen Handsteuergeräte LH 100 mit Tastenbedienung und zweizeiligem LCD-Display und das neue LH 200 mit einem Drehknopf zur Geschwindigkeitssteuerung und vierstelliger LED-Anzeige

Bedienung

Zur Steuerung von Analog- und Digital-Loks stehen zwei mobile Handsteuergeräte zur Auswahl. Mit beiden Geräten sind die drei grundsätzlichen Fahrzeugbedienungsvarianten – nämlich ortsfest, dezentral und mobil – realisierbar.

Ergonomisch präsentieren sich beide Handsteuergeräte. Sie zeichnen sich durch eigens für diese Anwendungsfälle entwickelte, gut in der Hand liegende Gehäuse aus, die auch eine Einhandbedienung ermöglichen. Selbst an Haltebügel auf der Geräterückseite wurde beim LH 100 gedacht.

Die Anordnung der Bedienungs- und Anzeigeelemente auf der Bedienungsoberfläche ist funktionsgerecht. Ganz oben eine Anzeige, darunter das Tastenfeld bzw. ein Drehpotentiometer, wobei der Abstand der Tasten untereinander nicht zu eng gewählt wurde. Abmessungen, Farbgebung und Beschriftung der Tasten selbst sind anwendergerecht gestaltet. Die funktionsbezogene, räumliche Zuordnung der Tasten untereinander ist durchdacht. Alle Tasten verfügen über definierte Druckpunkte und der Geschwindigkeitssteuerknopf des LH 200 hat einen angenehm großen Durchmesser mit exakt richtigem Drehwiderstand für eine feinfühlige Geschwindigkeitseinstellung. Die Geschwindigkeitssteuerung erfolgt beim LH 100 mittels Tasten.

Beide Geräte verfügen über den gesamten Lokadressenumfang, virtuelle Lokadressen, Mehrfachtraktionsbetrieb, bis zu 9 Zusatzfunktionen und Programmierfunktionen für Fahrzeugparameter. Auch Analog-Loks lassen sich mit beiden Geräten steuern.

Das LH 200 ist für die Fahrzeugsteuerung gedacht und das LH 100 ist neben der Fahrzeugsteuerung auch noch für die Funktionen digital Schalten und Melden ausgelegt.

Die erste Bedienungshandlung ist stets der Aufruf des gewünschten Lokmodelles, wobei dies wahlweise über zweistellige oder vierstellige Adressen erfolgen kann. Bestätigt man die Eingabe, dann erscheinen zusätzlich zur aktuellen Lokadresse ein Fahrtrichtungspfeil und eine Fahrtstufenanzeige, sowie Angaben über den Status der Zusatzfunktionen auf dem Display.

Die nächste Bedienungshandlung ist die Fahrtrichtungswahl. Die Betätigung der Fahrtrichtungstaste bewirkt richtigerweise ausschließlich bei Stillstand des Fahrzeuges einen Richtungswechsel. Ein Druck auf die Taste während der Fahrt führt zu einem sofortigen, unverzögerten Halt dieses Fahrzeuges. Die Funktion heißt fahrzeugspezifischer Not-Halt – alle anderen Züge fahren ungestört weiter.

Ebenfalls in der ersten Tastenreihe befindet sich die rote System-Not-Halt-Taste. Ein Druck bewirkt den unverzögerten Stop aller

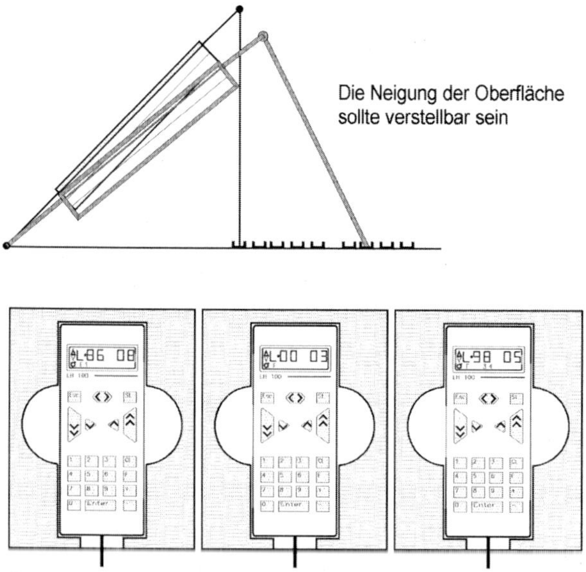

Pultförmige, anreihbare Ablagen mit Griffmulden zum herausnehmen der Geräte machen aus mobilen Handsteuergeräten gleichzeitig stationäre Bedienungseinrichtungen

Die stationäre Fahrzeugbedienung würde durch ortsfeste, anreihbare und in ihrer Neigung verstellbare Geräteablagen gewinnen.

in Fahrt befindlicher Triebfahrzeuge. Erfreulicherweise bleibt die Digitalspannung auch bei diesem Betriebszustand am Gleis anstehen und so arbeiten die Zusatzfunktionen unbeeinträchtigt weiter. Wichtiger erscheint, daß während des Not-Halt Status Gleisbelegtmelder weiterhin funktionieren weil die dazu erforderliche Spannung permanent vorhanden bleibt. Die Aktivierung der Not-Halt-Funktion wird auf dem Display des LH 100 nicht nur mit dem blinkendem Text „STOP" angezeigt, sondern darüberhinaus werden dem Benutzer auch noch die zu bedienenden Tasten angezeigt, mit denen er die Funktion rückgängig machen kann. Das nennt man Bedienungskomfort.

Nach der Fahrtrichtungswahl folgt die Steuerung der Geschwindigkeit. In diesem Punkt unterscheiden sich die beiden Handsteuergeräte grundlegend. Eine Geschwindigkeitssteuerung mittels Tasten samt ständiger Anzeige der aktuellen Fahrstufe auf einem Display erfüllt sämtliche objektive Anforderungen hinsichtlich eindeutiger Erkennbarkeit der eingestellten Fahrstufe und Reproduzierbarkeit von Einstellungen bis hin zur Übernahme einer anderen, fahrenden Lok ohne Geschwindigkeitssprung (deren Fahrstufe ist ja nicht bekannt) auf ein Handsteuergerät. Das LH 100 erfüllt diese Bedingungen ausnahmslos.

Das LH 100 ist mit einem zweizeiligen, informativen und wegen der großen Ziffernhöhe gut ablesbaren LCD-Display ausgerüstet. Es informiert den Benutzer ständig über Lokadresse, Fahrtrichtung, Fahrstufe, Status der Zusatzfunktionen, usw der aufgerufenen Lok. Die Benutzerführung mittels Clear-, Enter- und Escape-Tasten, sowie mittels verständlicher Texte auf dem zweizeiligen LCD Display des LH 100 gefallen, handelt es sich dabei doch um ein logisch aufgebautes, bewährtes Konzept. PC-Benutzern ist diese Bedienungsweise geläufig.

Viele Modellbahner präferieren jedoch einen Drehknopf zur Geschwindigkeitssteuerung. Diesem Wunsch trägt das LH 200 durch einen 270° Drehknopf mit Nullstellung am linken Anschlag, einem großem Durchmesser und einem für eine feinfühlige Steuerung ideal ausgelegten Drehwiderstand Rechnung. Die eingestellte Geschwindigkeit erkennt man an einer Strichmarkierung und auch die Reproduzierbarkeit von Einstellungen ist damit genial einfach. Die Übernahme einer fahrenden Lok (deren Fahrstufe ist ja nicht bekannt) wurde überzeugend gelöst. Die richtige Positionierung der Knopfstellung wird durch zwei Leuchtdioden (Knopf zu weit bzw. zu wenig aufgedreht) unterstützt. So ist auch bei dieser Art der Geschwindigkeitssteuerung eine Übernahme von anderen Loks unter Beibehaltung von deren momentaner Fahrstufe gewährleistet. Das LH 200 verfügt über ein vierstelliges LED-Display.

Schon mit einem Handsteuergerät bietet Digital Plus die Möglichkeit eine Lok aufzurufen, Fahrtrichtung und Geschwindigkeit zu wählen und anschließend kann über eine andere Lokadresse die nächste Lok aufgerufen und gesteuert werden. Währenddessen fährt die erste Lok ihren gewählten Fahrbefehlen (Fahrtrichtung und Geschwindigkeit) solange weiter, bis sie erneut mit ihrer Lokadresse aufgerufen und damit direkt gesteuert wird. Auf diese Weise lassen sich theoretisch bis zu 99 Digital-Loks und zusätzlich über die Adresse 00 eine Analog-Lok mit einem einzigen Handsteuergerät betreiben.

Werden mit einem Handsteuergerät mehrere Loks gesteuert, so kann durch einen einzigen Tastendruck – ohne erneute vollständige Eingabe der Lokadresse – zwischen den zwei zuletzt aufgerufenen Triebfahrzeugen hin- und hergeschaltet werden; auch eine durchdachte Bedienungsvereinfachung.

Fahrzeugsteuerung vor Ort des Geschehens, ergonomische Gestaltung, funktionsgerechter Aufbau und Benutzerführung in Verbindung mit hoher Qualität lauten die Pluspunkte der Digital Plus Fahrzeugbedienung. Hinsichtlich des Bedienungskomforts setzen die beiden Handsteuergeräte LH 100 und LH 200 zweifellos den Maßstab bei den Profi-Digitalsteuerungen.

Lokdecoder und Nachrüstkonzept

Die Firma Lenz Elektronik stellt selbst keine Modellbahnen her und führt demzufolge auch keine betriebsfertigen Digital-Loks im Angebot. Aber die außerordentlich enge Zusammenarbeit mit namhaften Modellbahnherstellern wird beispielsweise an der aktiven Mitgestaltung bei der Entwicklung der Elektrischen Schnittstellen und deren Normung deutlich. Konsequenterweise sind daher nicht nur Lok-Decoder mit Anschlußdrähten, sondern auch solche mit genormten Schnittstellensteckern im Digital Plus Angebot. Einzelheiten gehen aus der Angebotstabelle hervor.

Die Zukunft gehört der neuen XF-Lokdecoderserie, die sich von den bisherigen Typen durch Programmierfähigkeit während des Betriebes auf der Anlage (ohne extra Fahrt auf ein Programmiergleis), bis zu 128 Fahrstufen, Mehrfachtraktionsfähigkeit und vielfältig einstellbare Funktionsausgänge abhebt. Die üblichen, lokbezogen einstellbaren Features wie Lastausgleich, Höchstgeschwindigkeit, Geschwindigkeitskennlinie, Mindestanfahrspannung, Anfahr- und Bremsverzögerung bei manuellem und signalstellungsabhängigem Betrieb bleiben natürlich auch bei der neuen Decodergeneration verfügbar.

Zusatzfunktionen

Systembedingt arbeiten Beleuchtungen beim Betrieb mit Digital Plus mit konstanter, also geschwindigkeitsunabhängiger Helligkeit.

Modelle mit betriebsfertigen Zusatzfunktionen sind im Digital Plus Angebot nicht enthalten. Aber mit den Handsteuergeräten LH 100 und LH 200 können natürlich NMRA-konforme Modelle anderer Hersteller bedient werden. Als Beispiele seien fernsteuer-

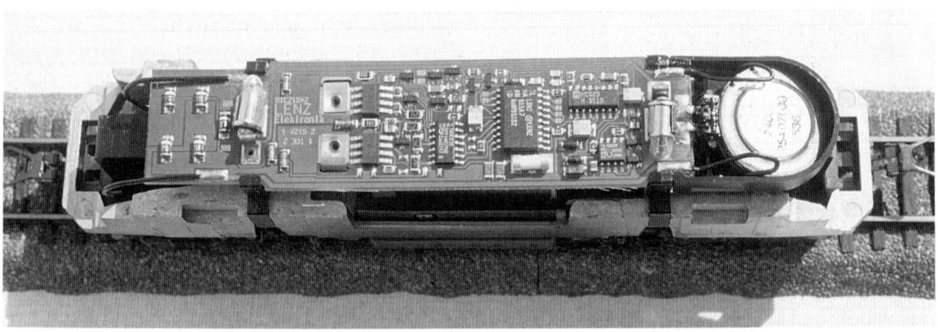

Roco-Digital-Loks mit Sound können auch mit Digital Plus ferngesteuert werden.

bare Triebfahrzeugkupplungen, Beleuchtungen, Lokpfeifen und Dampfentwickler in Roco Digital-Loks und der Roco Digitalkranwagen genannt.

Digital Plus H0-Lokdecoder sind mit bis zu vier, individuell einstellbaren fernsteuerbaren Funktionsausgängen ausgerüstet. Die Ausgänge sind wahlweise konstant, dimmbar oder mit einstellbarer Blinkfrequenz programmierbar.

Wem die Zahl der in den Lok-Decodern selbst enthaltenen Funktionen nicht ausreicht, der kann durch den Funktionsdecoder LF100 mit vier fernsteuerbaren Funktionen weiter aufrüsten. Er ist beispielsweise für den Einbau in einen Steuerwagen (Innenbeleuchtung ein/aus, Spitzenlicht weiß, Zugschluß rot) sehr gut geeignet und paßt aufgrund seiner geometrischen Gestaltung (26 x 13 x 7 mm) selbst in Fahrzeuge der Baugröße N.

Das Digital Plus Angebot ist dennoch ergänzungsbedürftig. Es sollten Decoder mit integrierten Soundfunktionen in das Sortiment aufgenommen werden.

Die technischen Voraussetzungen zur Fernsteuerung vieler Zusatzfunktionen sind vorhanden; die Funktionen selbst jedoch nicht. Zumindest Decoder mit betriebsfertigen Soundfunktionen sollten das Angebot ergänzen. Zusatzfunktionen arbeiten bei Digital Plus auch nach Betätigung des lokspezifischen Not-Halts, des System-Not-Halts und sogar in mit Bremsspannung versorgten Signalhalteabschnitten vor Halt zeigenden Signalen. Solche durchdachten Details heben diese Profi-Digitalsteuerung von anderen ab.

Fahrzeugparameter einstellen

Digital Plus zeichnet sich unter anderem dadurch aus, daß die mehrfach aufgezählten lokspezifischen Kennwerte individuell in jeden Lok-Decoder vom Anwender eingegeben, eingestellte Werte angezeigt und jederzeit wieder verändert werden können. Dazu brauchen die Triebfahrzeuge nicht einmal geöffnet werden. Früher mußte die Digital-Lok auf ein von der übrigen Anlage getrenntes Programmiergleis fahren und dort ließen sich die Fahrzeugparameter einstellen. Ab der Softwareversion 3.0 und bei Verwendung der XF-Lokdecodertypen lassen sich Digital-Loks direkt auf der Anlage programmieren. Die Anfahr- und Bremszeit einer BR 120, die von einem schweren Güterzug zu einen leichten Eilzug wechselt, läßt sich nun direkt am Bahnsteig – ohne extra Fahrt auf ein Programmiergleis – anpassen.

Die Programmierfunktion (Werte nach eigenen Vorstellungen programmieren. eingestellte Werte nur anzeigen, vorhandene Parameter ändern) ist bereits im Handsteuergerät LH 100 integriert. Von einer detaillierten Beschreibung der einzelnen, systematisch aufgebauten Schritte wird hier abgesehen. Der Ablauf wird durch entsprechende Anzeigen im Display unterstützt. So wird dem Benutzer beispielsweise sogar signalisiert, wenn er einen unzulässigen Wert eingegeben hat. Neben den Fahrzeugparametern sind weitere Eigenschaften vom Anwender vorgebbar, wie zum Beispiel die Anpassung der Regeleigenschaften an die jeweilige Motorkonstruktion, der Fahrstufenmodus (14, 27, 28 oder 128), usw.

Mit dem Handsteuergerät LH 200 lassen sich ebenfalls die Fahrzeugparameter programmieren und ändern, aber – im Unterschied zum LH 100 – können die aktuellen Einstellungen nicht angezeigt werden.

Mit den umfangreichen Programmierungsmöglichkeiten sind in Verbindung mit den Lokdecodereigenschaften beste Voraussetzungen geschaffen, um die vorhandenen elektromechanischen Eigenschaften eines Modellfahrzeuges durchgreifend zu optimieren. Selbst schlecht laufenden Analog-Loks kann durch den Decodereinbau und durch geschickt festgelegte Parameter zu durchaus akzeptablem Fahreigenschaften verholfen werden. Dieser Weg ist übrigens auch deutlich preiswerter als der Einbau neuer Motoren und Getriebe.

Fahrverhalten von Analog-Loks im Digitalstromkreis

Im Digitalstromkreis eingesetzte Analog-Loks reagieren auf die Befehle Lokadressenaufruf (Adresse 00), Fahrtrichtung, Geschwindigkeitssteuerung, lokbezogener Not-Halt und System-Not-Halt. Anfahr- und Bremsverzögerung, fahrzeugtypspezifische Höchstgeschwindigkeit und Mindestanfahrspannung sind nicht beeinflußbar. Deshalb verlaufen Geschwindigkeitsänderungen bei Analog-Loks relativ abrupt, sofern die Fahrzeuge über keine mechanische Schwungmasse verfügen. Die Langsamfahreigenschaften sind sichtbar besser als bei einer Steuerung mit herkömmlichen Gleichstromfahrpulten, aber natürlich mit denen von Digital-Loks nicht vergleichbar. Die Stirnlampenbeleuchtung brennt ständig; sie arbeitet bei diesen Einsatzbedingungen allerdings nicht mehr richtungsabhängig.

Analog-Loks geben im Digitalstromkreis bei Stillstand einen mehr oder weniger ausgeprägten „Summton" von sich, der jedoch beim Fahren verschwindet und im Geräuschpegel des übrigen Betriebes ohnehin untergeht.

Eine technische Einschränkung gilt es hinsichtlich des Analog-Lokeinsatzes im Digitalstromkreis jedoch zu beachten: Wird eine Analog-Lok bereits nach kurzem Einsatz im Digitalstromkreis sehr warm, dann muß sie sofort vom Gleis genommen werden – der Kollektor und das Kollektor/Bürstensystem könnten Schaden nehmen. Dies ist in der Regel nur bei älteren Fahrzeugkonstruktionen mit weniger standfesten Motoren zu befürchten. Fahrzeuge mit Glockenankermotoren dürfen keinesfalls als Analog-Lok im Digitalstromkreis betrieben werden; dieser Motorbauart muß ein Lokdecoder vorgeschaltet werden.

Fahrverhalten von Digital-Loks

Digital-Loks sollte nach einer Warmlaufphase eine auf die jeweiligen elektromechanischen Triebfahrzeugeigenschaften abgestimmte Mindestanfahrspannung vorgegeben werden. Damit wird erreicht, daß Triebfahrzeuge stets bei Fahrstufe 1 anfahren. Als Folge können zur Geschwindigkeitseinstellung immer alle Fahrstufen Stufen genutzt werden, es werden beispielsweise nicht etwa die Stufen 01 bis 03 „verschenkt". Dank Motordrehzahlregelung funktioniert die Mindestanfahrspannungsvorgabe selbst bei wechselnden Anhängelasten und sogar auf Steigungs- bzw. Gefälleabschnitten.

Bei Betätigung des lokspezifischen Not-Halts hält die gerade aufgerufene Lok und bei System-Not-Halt stoppen alle in Betrieb befindlichen Fahrzeuge. Für beide Fälle gilt: Triebfahrzeuge ohne mechanische Schwungmasse halten ohne Verzögerung und damit mehr oder minder ruckartig. Folge ist bei langen Zügen eine gewisse Entgleisungsgefahr durch nachschiebende Wagen in Kurven und in Gefällestrecken. Loks mit mechanischer Schwungmasse verbuchen in diesem Fall Vorteile; eine Entgleisungsgefahr besteht bei ihnen nicht.

Bei Digital Plus läßt sich die Fahrstufenzahl lokbezogen zwischen 14, 27, 28 und 128 Stufen wählen. Die Wahlmöglichkeit ist ein wertvoller Vorteil, weil so auch Digital-Loks mit älteren Decodern betrieben werden können. Die Fahrstufeneinstellung muß den technischen Möglichkeiten des jeweiligen Lokdecoders entsprechen. In der Fahrpraxis sind 28 Fahrstufen ein idealer Wert. Einerseits wird damit eine sehr feinfühlige Geschwindigkeitssteuerung erreicht, andererseits wird die Datenübertragung nicht unnötig belastet.

Das nächste Kriterium lautet Höchstgeschwindigkeit. Digital Plus bietet heute bei allen Lok-Decodern die Möglichkeit zur lokbezogenen Einstellung der Maximalgeschwindigkeit. Damit lassen sich die bei den Vorbildfahrzeugen anzutreffenden Maximalgeschwindigkeiten recht gut auf den Modellbetrieb übertragen. Vor allem kommen die Geschwindigkeitsunterschiede zwischen den einzelnen Fahrzeugbaureihen gut zur

Geltung. Die Geschwindigkeitssteuerung profitiert von dieser Einrichtung insofern, als die ohnehin geringen Abstände zwischen zwei Fahrstufen weiter verringert werden.

Eine Massensimulation leistet bekanntlich einen erheblichen Beitrag zur Steigerung der Vorbildtreue von Fahrzeugbewegungen. Bei Digital Plus können Anfahr- und Bremszeit sogar unabhängig voneinander eingestellt werden.

Eine inzwischen von mehreren Herstellern erfolgreich angewandte Methode heißt Lastausgleich (Motordrehzahlregelung). Zwar hat diese Schaltungstechnik ursächlich nichts mit Digitalsteuerungen zu tun, aber erst die Integration einer solchen Schaltung in einen Lok-Decoder bringt eine deutliche Verbesserung der Fahreigenschaften unter allen Betriebsbedingungen. Das Ergebnis sollte man am besten selbst „erfahren" – es ist schlichtweg überzeugend!

Jede Lokomotivbaureihe zeichnet sich beim Vorbild durch spezifische Eigenschaften aus. Mit Digital Plus läßt sich die Realität auf das Modell übertragen. Vor allem bei Verwendung von Lokdecodern mit Lastausgleich wird das von einer Profi-Digitalsteuerung erwartete Höchstmaß an Fahrkomfort geboten. Das Fahrverhalten ist dem herkömmlich gesteuerter Analog-Loks mehr als nur deutlich überlegen. Übrigens profitieren gerade auch N-Fahrzeuge von diesem Fortschritt.

Fahrverhalten in Signalhalteabschnitten

Auch Digital-Loks halten bei Einfahrt in einen stromlos geschalteten Signalhalteabschnitt abrupt. Sie beschleunigen jedoch bei auf Fahrt wechselnder Signalstellung mit der im Lokdecoder programmierten Beschleunigung bis zur eingestellten Höchstgeschwindigkeit.

Die zusätzlichen Geräte dienen vorbildgerechten Bremsvorgängen in Signalhalteabschnitten.

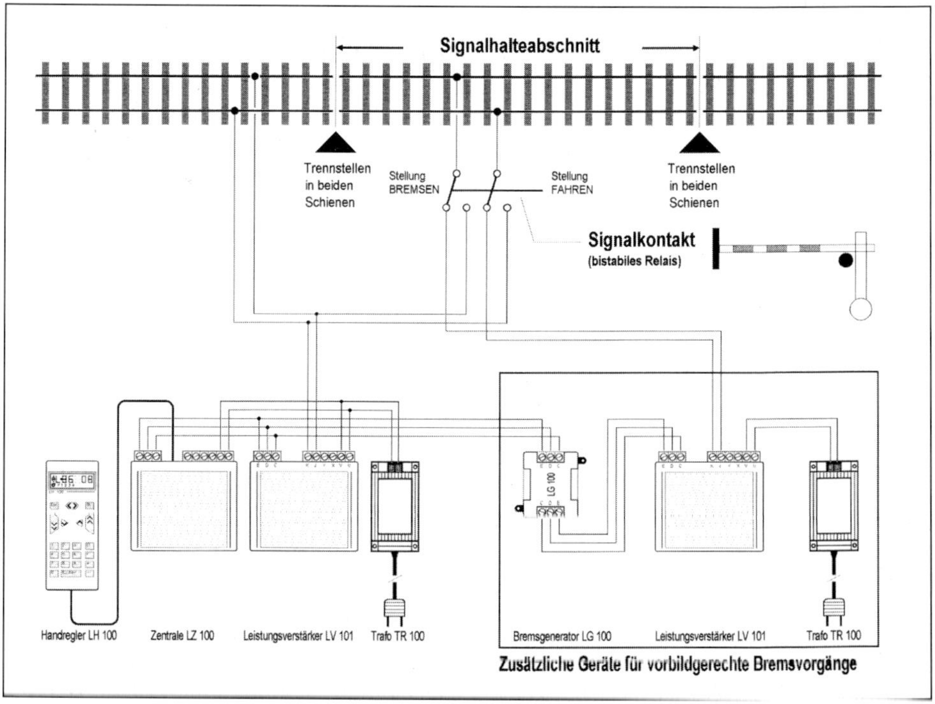

Für vorbildgerechte Bremsvorgänge enthält das Digital Plus Angebot den Bremsgenerator LG 100. Er speist bei HALT zeigendem Signal eine spezielle „Bremsspannung" in jeden Signalhalteabschnitt ein. Diese modifizierte Digitalspannung enthält eine Information, welche bei allen Digital-Loks und bei Analog-Loks ein Bremskommando auslöst. Die Fahrzeuge verzögern dann entsprechend der im jeweiligen Lok-Decoder eingestellten Bremsstufe. Im Digitalstromkreis fahrende Analog-Loks bremsen und beschleunigen zwar auch mit Bremsgenerator abrupt, sie reagieren aber immerhin auf Signalstellungen.

Mit einem Bremsgenerator LG 100 und einem nachgeschaltetem Leistungsverstärker LV 101 lassen sich gleich mehrere Signalhalteabschnitte einer Modellbahnanlage mit Bremsspannung versorgen. Deren Anzahl hängt davon ab, wie viele Wagen mit Innenbeleuchtung in den Signalhalteabschnitten zum stehen kommen und dabei die Bremsspannung als Stromversorgung für die Beleuchtung in Anspruch nehmen. Ein Bremsgenerator LG 100 und ein Leistungsverstärker LV 101 können bis zu 3 Ampere zur Verfügung stellen.

Mit Digital Plus verlaufen auch Brems- und Anfahrvorgänge in Abhängigkeit von Signalstellungen und zuggesteuerte (automatische) Betriebsabläufe vorbildgerecht. Für diesen Einsatzfall wird zu Lok-Decodern mit Lastausgleich geraten. Denn die Drehzahlregelung sorgt dafür, daß die Lage eines Signalhalteabschnittes (Ebene, Steigung, Gefälle) und die Anhängelast fast keinen Einfluß mehr auf die Länge der Brems- und Anfahrwege haben. Sind Triebfahrzeughöchstgeschwindigkeit und Bremsstufe richtig eingestellt, dann ist ein sicherer Blockbetrieb (kein überfahren von Signalhalteabschnitten) gewährleistet.

Digital Schalten

Zum Schalten von bis zu 256 doppelspuligen Magnetartikeln bzw. Dauerstromverbrauchern steht bei Digital Plus ein eigenes Adressenkontingent zur Verfügung. Die 256 Adressen lassen sich in 16 Gruppen mit jeweils 16 Verbrauchern einteilen. Pro doppelspuligem Magnetartikel (z. B. Weiche) bzw. Dauerstromverbraucher (z. B. Relais zum ein- und ausschalten des Fahrstromes in Signalhalteabschnitten) wird eine Adresse benötigt. Mit einer Adresse lassen sich aber auch zwei einspulige Magnetartikel (z. B. Entkupplungsgleise) betätigen.

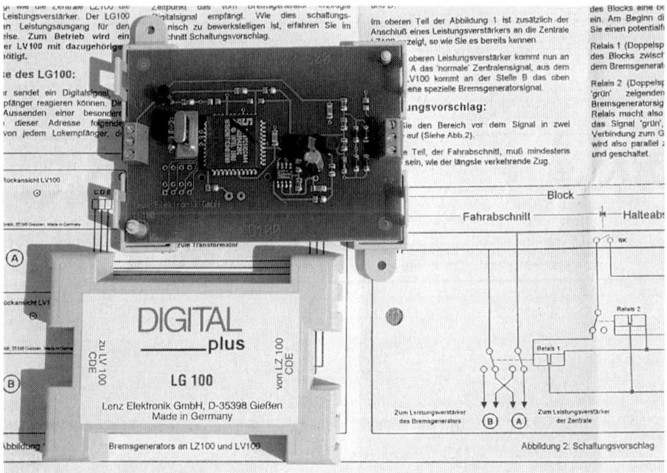

Bremsgenerator LG 100 im Detail

Als Bedienungseinrichtungen stehen das Tastenstellpult mit integriertem Fahrstraßenstellpult LW 100, das mobile Handsteuergerät LH 100 und eine Lösung mit dem Interface LI 100/Software/PC und zur Wahl. Zudem lassen sich mit dem Tastenmodul LW 120 und dem Anzeigemodul LW 130 Magnetartikel auch mit einem Gleisbildstellpult bedienen und überwachen. Damit sind sämtliche Bedienungsvarianten abgedeckt.

Mit nur einem Stellpult LW 100 können alle 256 Verbraucher geschaltet werden. Über eine Gruppenwahltaste wählt man die gewünschte 16ner Gruppe aus und kann dann die 16 Magnetartikel dieser Gruppe direkt über Tasten schalten. Jeder Verbraucher wird mit zwei Tasten bedient.

Alternativ kann auch jeder 16ner Gruppe ein eigenes Stellpult fest zugeordnet werden.

Das Digital Plus Stellwerk LW 100 ergänzt um Tasten- und Anzeigemodul

Damit entfällt die Bedienung der Gruppenwahltaste. Jeder Verbraucher kann immer direkt bedient werden und die Stellungsmeldungen jedes Verbrauchers sind permanent ablesbar.

Zur Stellungsmeldung dient ein zweizeiliges LCD-Display. Es zeigt die ausgewählte Magnetartikelgruppe und die Stellung der einzelnen Verbraucher. Werden Decoder des Tys LS 100 verwendet, so handelt es sich um echte Stellungsanzeigen, d.h. auch eine von Hand ausgelöste Lageänderung einer Weiche wird auf dem Display sofort gemeldet.

Das LW 100 hat nicht nur die Funktion eines Tastenstellpultes, sondern auch die eines komfortablen Fahrstraßenstellpultes. Es lassen sich bis zu 64 Schaltfolgen eingeben, wobei jede Schaltfolge aus bis zu 16 Schaltbefehlen, bis zu 4 Stellbedingungen und bis zu 4 Auflösebedingungen bestehen kann. Schaltfolgen können miteinander verknüpft werden. Schaltfolgen können manuell und/oder zuggesteuert ausgelöst werden. Verriegelungen lassen sich ebenso vorgeben, wie Bedingungen für deren Aufhebung. Folglich lassen sich mit dem LW 100 selbst komfortabelste Fahrstraßenschaltungen, Schattenbahnhofsteuerungen, Blocksteuerungen, usw. realisieren.

Verbraucher können auch mit dem mobilen Handsteuergerät LH 100 geschaltet werden. Ihre Stellung wird auf dem Display des Handsteuergerätes angezeigt. Die Bedienungsmöglichkeit einzelner Magnetartikel vor Ort hat sicher ihren Charm, wenngleich sie das Stellwerk LW 100 natürlich nicht ersetzen sondern nur ergänzen kann.

Die dritte Bedienungsmöglichkeit besteht im Verzicht auf Stellpulte. Statt dessen sind ein Interface LI 100, Software und ein PC notwendig. Damit können ebenfalls bis zu 256 Magnetartikel geschaltet und bis zu 1024 Meldungen optisch angezeigt und verarbeitet werden.

Nun zu den Decodern, die unabhängig von der gewählten Magnetartikelbedienung auf der Anlage montiert werden müssen.

Der Decoder LS 100 ist zum Betrieb von vier Verbrauchern ausgelegt. Jeder Ausgang ist als Impulsausgang (retriggerbar oder nicht retriggerbar, jeweils mit definierbarer Impulsdauer), Dauerstromausgang oder Blinkausgang programmierbar. Der Anschluß von doppelspuligen Magnetartikeln erfordert die Einstellung des jeweiligen Ausganges auf Impulsfunktion; Lichtsignale bedingen eine Einstellung auf Dauerstrom. Die Stromversorgung angeschlossener Verbraucher erfolgt wahlweise mit Digitalstrom, oder über eine externe Stromversorgung (einfache Wechselspannung). Die Adressenzuweisung erfolgt elektronisch und funktioniert auch bei eingebautem Decoder. Der Decoder LS 100 besitzt zusätzlich einen Anschluß für den 2adrigen Rückmeldebus. Darüber meldet er die tatsächliche Stellung jedes Verbrauchers. Wird beispielsweise eine Weiche von Hand umgestellt, so wird das gemeldet.

Der Decoder LS 110 entspricht dem LS 100, verfügt jedoch über keine Rückmeldefunktion.

Zur Schaltung von jeweils zwei Dauerstromverbrauchern steht der Relaisdecoder LS 130 zur Verfügung. Jeder der beiden Ausgänge ist mit jeweils einem bistabilen Relais bestückt. Jedes Relais hat wiederum zwei zweipolige Umschaltkontakte. Diese Bestückung macht Sinn, weil nur so alle Anwendungen –

wie Kehrschleifenschaltungen, Umschaltung von Digitalstrom auf Bremsgenerator in Signalhalteabschnitten – realisierbar sind. Beide Relais haben zusätzliche, externe Schalteingänge. Darüber können die Relais zusätzlich mittels zuggesteuerter Gleiskontakte in beide Stellungen geschaltet werden – ein bemerkenswerter Vorzug. Er ermöglicht den Aufbau zahlreicher Automatikschaltungen, wie beispielsweise zuggesteuerte Blockschaltungen.

Bleibt zu erwähnen, daß darüber hinaus mit Digital Plus auch andere NMRA-konforme Decoder bedienbar sind. Als Beispiel sei der bei Roco-Weichen verwendete Einbaudecoder genannt.

Digital Plus bietet für digitales Schalten ein durchdachtes, vollständiges Angebot. Das beginnt bei einem einfach zu bedienenden Tastenstellpult mit integrierter Programmsteuerung für Fahrstraßenschaltungen, Blocksteuerungen, Schattenbahnhofsteuerungen, usw. Mit den Decodertypen sind sämtliche Anwendungsfälle realisierbar. Insbesondere gefallen die individuell wählbaren Ausgangseigenschaften, die externe Stromversorgungsmöglichkeit für Verbraucher, die echten Stellungsmeldungen und beim Relaisdecoder die zusätzliche Steuerung mit zuggesteuerten Kontakten.

Digital Melden

Der Relaisdecoder LS 130 stellt in Verbindung mit Schaltgleisen oder Schaltmagneten/Reedkontakten eine einfache Variante zur Verarbeitung zuggesteuerter Meldungen dar. Immerhin sind damit selbst automatische Blocksteuerungen umsetzbar.

Zur Übertragung von bis zu 1024 Meldungen steht bei Digital Plus ein separates Adressenkontingent bereit. Jeder Rückmeldedecoder LR 101 überträgt maximal 16 Meldungen, die in den Rückmeldebus eingespeist und via Zentrale LZ 100 auch am X-Bus zur Verfügung stehen. Vom X-Bus gelangen die Informationen auch zum Stellwerk LW 100, wo sie zur Auslösung zuggesteuerter Funktionen als Abhängigkeit in Schaltfolgen (z. B. Auflösebedingung für eine Fahrstraße ist ein freier Gleisabschnitt) eingebunden werden können. Dieses Beispiel verdeutlicht die Flexibilität des Systems.

An die Rückmeldedecodereingänge des LR 101 können sowohl potentialfreie Melder (wie Reedkontakte) als auch Gleisbelegtmelder LB 100 angeschlossen werden. Folglich sind sowohl Momentkontakte, wie auch Dauersignale erfaßbar.

Üblicherweise bringen Kurzschlüsse Gleisbesetzt- bzw Gleisfreimeldungen durcheinander, denn bei einem Ausfall der digitalen Fahrspannung vermögen Gleisbesetztmelder einen besetzten Gleisabschnitt nicht mehr als solchen zu identifizieren und zu melden – sie melden einen besetzten Abschnitt (mangels Stromfluß) als frei. Dieses Manko besteht bei Digital Plus im Unterschied zu anderen Profi-Digitalsteuerungen nicht, wenn der Spannungsmelder LB 050 eingesetzt und an den Rückmeldedecoder LR 101 angeschlossen wird. Im Kurzschlußfall sorgt der Spannungsmelder dafür, daß die Statusmeldungen des Rückmeldedecoders nicht verfälscht werden.

Das Angebot zur Verarbeitung und Anzeige von Meldungen zeigt jedoch Ergänzungsbedarf. Zwar lassen sich Rückmeldungen im Stellwerk LW 100 auf sehr elegante Weise zur Auslösung und Verriegelung von Schaltfolgen verarbeiten, aber Gleisbesetzt- und Gleisfreimeldungen sind optisch nicht darstellbar – zweifellos ein Nachteil des ansonsten gelungenen Stellwerkes. Bei einer Überarbeitung sollte dieser Nachteil behoben werden.

Gleisbesetzt- bzw. Gleisfreimeldungen können durch Aufruf der Adresse eines Rückmeldedecoders auf dem Display des Handsteuergerätes LH 100 angezeigt werden. Aber dies ist kein Ersatz für das Stellwerk.

Daneben besteht die Möglichkeit zur ständigen Anzeige von Gleisbesetzt- und Gleisfreimeldungen mittels Interface LI 100, Software und PC auf dem Bildschirm.

Auch Digital Plus bietet auf dem Gebiet des digitalen Meldens leider kein ganz vollständiges Angebot. Es fehlt ein Baustein zur permanenten Anzeige von Gleisbesetzt- und Gleisfreimeldungen. Hervorzuheben sind die intelligenten Lösungen zur Verarbeitung von Meldungen im Stellwerk LW 100 und die Datensicherheit des Rückmeldesystems selbst im Kurzschlußfall, welche durch einen Spannungsmelder in Verbindung mit dem Rückmeldedecoder gewährleistet ist.

Bedienungsanleitungen und Handbuch

Jedem Digital Plus Baustein liegt eine mit Anschlußschaltbildern, Montagehinweisen, usw. untersetzte Bedienungsanleitung im DIN-A5-Format bei.

Einen Überblick über das Zusammenspiel der einzelnen Bausteine und die Möglichkeiten des Systems erhält man bei Erwerb des Digital Plus Handbuches in DIN-A5-Ringbuchformat leider nicht. Im Handbuch sind zwar alle einzeln erhältlichen Bedienungsanleitungen enthalten, aber das Zusammenspiel der Komponenten wird – zumindest für einen Digitalunkundigen – nicht verständlich genug erläutert. Wer im Handbuch Schaltungsbeispiele zum Nachbau sucht, wird enttäuscht. Selbst Dinge wie die Beschreibung einer einfachen zuggesteuerten Blockschaltung (Selbstblocksteuerung) mit dem Relaisdecoder LS 130 fehlen. Einen Schaltungsvorschlag für eine zuggesteuerte Blockschaltung mit vorbildgerechten Brems- und Anfahrvorgängen in Abhängigkeit von Signalstellungen unter Verwendung des Digital Plus Bremsgenerators LG 100 sucht man vergebens. Angaben zur Programmierung von Fahrzeugparametern bei älteren Arnold Lokdecodern (die von der Fa. Lenz gefertigt wurden) sind auch nicht enthalten. Ebenso vermißt man Aussagen zum Thema genormte Elektrische Schnittstellen nach NEM 650 bis 654, obwohl gerade diese Technik die Digitalisierung von Fahrzeugen bedeutend vereinfacht und darüberhinaus Lok-Decoder mit Schnittstellenstecker im Handbuch aufgeführt sind.

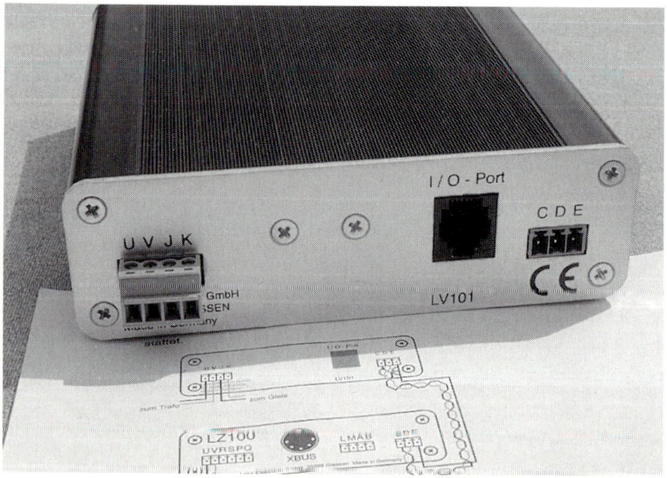

Qualität in allen Details wie Material, Schraubklemmen, Beschriftung

Die den einzelnen Komponenten beigefügten Anleitungen sind durchaus akzeptabel. Das Digital Plus Handbuch besteht in erster Linie aus der Sammlung dieser einzelnen Anleitungen und wird deshalb der Erwartungshaltung nicht ganz gerecht. Das Verständnis für das System wäre sicher einfacher, wenn man mehr Wert auf konkrete Schaltungsbeispiele gelegt hätte. Verbesserungsfähig ist die graphische Darstellung; so sind viele Zeichnungen zu klein gehalten und damit kaum erkennbar.

Qualität und Funktionssicherheit

Packt man die Geräte aus der umweltfreundlichen Kartonverpackung aus, so ist man von der gebotenen Solidität angetan. Anstelle üblicher Gehäuse findet man ausgezeichnet verarbeitete, eloxierte Aluminiumgehäuse vor. Präzise eingepaßte Anschlußklemmen mit einer dauerhaften Kennzeichnung runden diesen positiven Eindruck ab. Verwendet werden keine gewöhnlichen Klemmen, sondern herausziehbare Steckschraubklemmen, so daß die Montage der Leitungen besonders einfach ist hier hat Industriestandard bei der Modellbahn Einzug gehalten. Neben üblichen Modellbahn-Leitungsquerschnitten finden in den Klemmen zweckmäßigerweise auch Drahtquerschnitte bis 1 mm^2 Platz.

Diesen hohen Standard weisen alle Komponenten auf – angefangen von der Zentrale über den Leistungsverstärker und die Handsteuergeräte. Dauerhafte Beschriftung der Tasten, exakt definierte Druckpunkte bei der Betätigung, usw. sind augenscheinliche Merkmale. Ebenso wichtig ist jedoch die Feststellung, daß die technische Funktion aller Komponenten ausnahmslos überzeugt.

Digital Plus arbeitet fehlerfrei und zuverlässig. Das System bietet in elektrischer und mechanischer Hinsicht einen beeindruckenden Qualitätsstandard.

Zusammenfassung

Digital Plus setzt bei den NMRA-konformen Steuerungen zweifellos den Maßstab. Das System überzeugt durch ein Höchstmaß an Kompatibilität, modularen Aufbau und die daraus resultierende schrittweise Ausbaumöglichkeit, benutzerfreundliche mobile Handsteuergeräte, lokspezifische Programmierbarkeit sämtlicher Triebfahrzeugeigenschaften, überzeugende Fahreigenschaften sowohl bei handgesteuertem Betrieb wie auch bei signalstellungsabhängigen Fahrvorgängen.

Das Angebot auf dem Gebiet des digitalen Schaltens ist vorbildlich, wobei das Stellwerk und intelligente Detaillösungen bei den stationären Decodern besonders hervorzuheben sind.

Das Rückmeldesystem überzeugt, bedarf jedoch einer Ergänzung zur permanenten Anzeige von Gleisbesetzt- und Gleisfreimeldungen.

Für Nutzer anderer Digitalsysteme bietet ein Übersetzungsbaustein die Chance vorhandene Komponenten weiter zu verwenden und gleichzeitig den Aufstieg zu einer Profi-Digitalsteuerung zu vollziehen.

6 Arnold Digital

Arnold Digital (neu) ist eine NMRA-kompatible Digitalsteuerung für die Baugrößen N und H0. Neuerdings kann zusätzlich das Motorola Datenformat verarbeitet werden. Mit in Deutschland ausgelieferten Geräten und Lokdecodern lassen sich ausschließlich Digital-Loks betreiben. Komponenten zum digitalen Schalten von Magnetartikeln und Dauerstromverbrauchern sind im Sortiment. Rückmeldungen lassen sich derzeit nicht verarbeiten. Ebenso fehlt bislang ein Interface im Angebot.

Historie

Ende 1988 präsentierte die ehemalige Firma Arnold die von Lenz Elektronik entwickelte und in Kooperation mit Märklin gefertigte Digitalsteuerung „Arnold Digital" für Gleichstrombahnen der Baugrößen N und H0 – ausgestattet mit den Vorzügen einer uneingeschränkten Kompatibilität. Selbst eine Analog-Lok ließ sich im Digitalstromkreis steuern.

Im Mai 1995 geriet die Fa. Arnold in Schwierigkeiten und in Folge davon war ihr Digitalsystem nicht mehr erhältlich. In dem Firmenverbund Rivarossi/Jouef/Lima/Arnold fand man eine neue Heimat. Nach vierjähriger Pause ist nun wieder ein rundherum überarbeitetes Digitalsystem unter der Bezeichnung Arnold Digital auf dem Markt.

Systemeigenschaften

In der folgenden Tabelle werden einige wesentliche Systemeigenschaften des Profi-Digitalsystems Arnold Digital (neu) mit der kurz zuvor erschienenen Einsteiger-Digitalsteuerung Commander 9 und Arnold Digital (alt) verglichen.

Systemeigenschaften von Arnold Digital (neu)

Anbieter:	**Rivarossi/Jouef/ Lima/Arnold**	**Rivarossi/Jouef/ Lima/Arnold**	**Arnold**
	Commander 9	Arnold Digital (neu) Profisystem	Arnold Digital(alt) Profisystem
Zahl steuerbarer Digital-Loks	9	119	99
Zahl der im Digitalstromkreis steuerbaren Analog-Loks	0 1)	0 1)	1
Digital-Lok im Analogstromkreis steuerbar	Ja 2)	Ja 2)	Ja
Digital-Loks anderer Digitalsysteme einsetzbar	Ja, NMRA + Motorola	Ja, NMRA + Motorola	Ja, NMRA
Doppeltraktion/Mehrfachtraktionsbetrieb vorgesehen	Nein	Ja	Nein
Anzahl der fernsteuerbaren Zusatzfunktionen je Triebfahrzeug	1 3)	1 3)	1
Anzahl der fernsteuerbaren Zusatzfunktionen bei Verwendung eines Funktionsdecoders	–	4	–
Einstellung der Fahrzeugparameter manuell (Codierschalter, Potentiometer)		–	–
Einstellung der Fahrzeugparameter elektronisch auf Programmiergleis	Ja	Ja	Ja
Einstellung der Fahrzeugparameter elektronisch auf der Anlage während des Betriebes	Eigenschaft nicht verfügbar	Eigenschaft nicht verfügbar	Eigenschaft nicht verfügbar
Anzeige eingestellter Fahrzeugparameter	Nein	Ja	Ja

Anbieter:	Rivarossi/Jouef/ Lima/Arnold	Rivarossi/Jouef/ Lima/Arnold	Arnold
	Commander 9	Arnold Digital (neu) Profisystem	Arnold Digital(alt) Profisystem
Fahrstufenzahl zur Geschwindigkeitssteuerung	14 oder 27	14, 27 oder 28	14
Anfahr- und Bremsverzögerung lokbezogen einstellbar	Nein	Ja	Ja
Lokbezogene Höchstgeschwindigkeit einstellbar	Nein	Ja	Nein
Lastausgleich (Motordrehzahlregelung) vorhanden	Ja	Ja	Nein
Vorbildgerecht verzögerte Brems- und Anfahrvorgänge in Abhängigkeit von Signalstellungen realisierbar	Ja [4])	Ja [4])	Nein
Digitalzentrale updatefähig	Nein	Ja	Nein
Mobile Fahrzeugsteuerung und -bedienung	Nein	Nein [5])	Nein
Gemeinsames Spiel mehrerer Partner möglich	Nein	Ja	Ja
Übergabe bzw. Übernahme von Zügen zwischen den Bedienungseinrichtungen	Nein	Ja	Ja
Zahl steuerbarer doppelspuliger Magnetartikel	8	256	256
Stellungsmeldungen	–	Unecht	Unecht
Zahl der übertragbaren Rückmeldungen	–	0	496
Fahrstraßenschaltung	–	–	Ja
Fahren, Schalten, Melden und Betrieb nach Fahrplan mittels Interface, PC, Software	–	–	Ja
Erhöhung der elektrischen Leistung durch Booster zum Betrieb großer Anlagen	–	Ja	Ja
Einsteiger-Digitalgerät beim Aufstieg zum Profi-Digitalsystem weiter verwendbar	Ja, als Bremsgenerator	–	Nein (Commander 6)

[1]) Gilt aus patentrechtlichen Gründen für in Deutschland ausgelieferte Geräte. [2]) Gesonderte Betriebsarteneinstellung erforderlich, keine automatische Erkennung der Betriebsspannungsart. [3]) Bei N-Lokdecodern eine Funktion (fahrtrichtungsabhängige Beleuchtung) und bei H0-Lokdecodern eine weitere Funktion. [4]) Commander 9 läßt sich als Bremsgenerator verwenden. [5]) Arnold Digital verfügt über den bei Digital Plus eingeführten X-Bus. Deshalb lassen sich die mobilen Handsteuergeräte von Digital Plus einsetzen

Kompatibilität für Ein- und Umsteiger

Arnold Digital (neu) ist im Unterschied zur Vorgängerversion eine artreine Digitalsteuerung. Alle Triebfahrzeuge müssen mit einem Lokdecoder ausgestattet werden. Der Verzicht auf die früher vorhandene Analogkompatibilität reduziert die Attraktivität dieser Steuerung insbesondere für N-Bahner, weil dort der Einbau von Decodern in zahlreiche Loks zumindest mit einem hohen Aufwand verbunden ist.

Wer jedoch Arnold Digital (neu) im Ausland kauft, erhält für sein Budget eine höherwertige Technik, denn mit den dort vertriebenen Geräten kann zusätzlich eine Analog-Lok im Digitalstromkreis gesteuert werden.

Digital-Loks mit Arnold Lokdecodern lassen sich auch auf herkömmlichen Anlagen mit Gleichstromfahrpulten betreiben. Aber auch in diesem Punkt besteht bei in Deutschland erworbenen Decodern bei näherem Hinsehen ein wesentlicher Unterschied zu Arnold Digital (alt). Während früher ausgelieferte Lokdecoder die Art der Versorgungsspannung automatisch erkannten, müssen neue Lokdecoder eigens für eine der beiden Betriebsarten programmiert werden. Damit ist das überfahren von Stromversorgungsbereichen (Analog/Digital) innerhalb einer Anlage ausgeschlossen und folglich auch die

Kombination analoger und digitaler Stromkreise auf einer Anlage. Diese Einschränkungen gelten für im Ausland verkaufte Lokdecoder nicht – auch in diesem Punkt erhält man andernorts eine höherwertige Technik.

Arnold Digital (neu) und die neuen Lokdecoder entsprechen dem genormten Digital-Standard der NMRA. Deshalb lassen sich auch Fahrzeuge mit Lokdecodern der Fabrikate Arnold Digital (alt), Digital Plus, Roco Digital, Märklin Digital= (Gleichstrom), Digitrax, usw. mit Arnold Fahrgeräten betreiben. Umgekehrt sind Fahrzeuge mit Arnold Lokdecodern auch mit den Digitalsteuerungen der vorgenannten Hersteller zu steuern.

Neben Fahrzeugen mit NMRA-konformen Decodern sind mit Arnold Digital (neu) ab 1999 auch solche mit Motorola-Decodern steuerbar. Der Sinn dieser Art der Kompatibilität wird häufig konträr bewertet, denn allein die Nutzbarkeit beider Datenformate reicht ja in der Praxis meist noch nicht – in der Regel bilden die unterschiedlichen Stromversorgungsprinzipien (Zweischienen-Zweileiter-Gleise/Loks bzw. Zweischienen-Dreileiter-Gleise/Loks) die größere Systemschranke.

Die Ausstattung der neuen Gerätegeneration mit dem früher schon verwendeten II C Bus erlaubt die weitere Nutzung von Komponenten aus dem Arnold Digital (alt) und

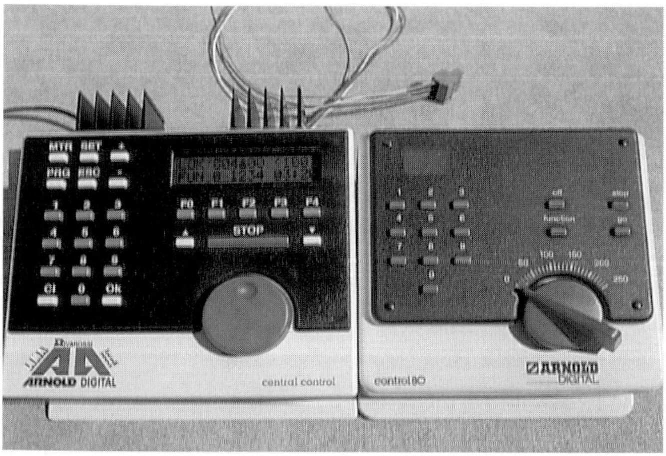

Geräte des ehemaligen Systems können mit Arnold Digital (neu) kombiniert werden.

zahlreicher Geräte aus dem Märklin Digital Sortiment. Die zusätzliche Integration des X-Bus in die neue Gerätegeneration ermöglicht die Ergänzung um Digital Plus Geräte, wie beispielsweise den mobilen Handsteuergeräten LH 100 und LH 200.

Verglichen mit anderen, in Deutschland verkauften Profi-Digitalsteuerungen muß Arnold Digital (neu) seine frühere Spitzenposition beim Kriterium Kompatibilität an Digital Plus abgeben. Anders sieht die Rangfolge aus, wenn Geräte im Ausland erworben werden – dort wird die Analogkompatibilität geboten.

Positiv hervorzuheben ist, daß früher ausgelieferte Digital-Loks und die ehemals erhältlichen stationären Arnold Komponenten, sowie zahlreiche Bausteine aus dem Märklin Digital Programm mit Arnold Digital (neu) kombinierbar sind.

Angebot

Arnold Digital (neu) ist modular aufgebaut. Folglich kann der Anwender die für seine Anlage notwendigen Bausteine individuell zusammenstellen. Im Angebot vermißt man derzeit ein mobiles Handsteuergerät, ein Fahrstraßenstellpult, Rückmeldedecoder und ein Interface. Auch Schnittstellenbausteine zum Anschluß eines Gleisbildstellpultes findet man im aktuellen Arnold-Sortiment nicht.

Bedienung

Zur Steuerung von Digital-Loks steht eine ortsfeste Zentraleinheit genannt Central Control zur Verfügung. Sie Läßt sich durch weitere ortsfeste Fahrgeräte namens Control mit identischer Bedienungsoberfläche ergänzen. Die Fahrgeräte werden über ein vierpoliges X-Buskabel verbunden und lassen sich deshalb auch dezentral aufstellen.

Im Central Control ist neben Zentraleinheit, Booster und Fahrgerät auch eine Programmiereinheit für Fahrzeugparameter eingebaut.

Übersicht Arnold Digital (neu) Sortiment

Nr.	Art.-Nr	Bezeichnung	Erläuterung
1	7098	Transformator	Energieversorgung für Zentraleinheit und Booster
2	86200	Central Control	Zentraleinheit mit integriertem Fahrgerät zur Bedienung von bis zu 119 Digitalloks und zur Programmierung von Fahrzeugparametern
3	86210	Control	Stationäres Fahrgerät zur Bedienung von bis zu 119 Digitalloks
4	86205	Booster	Booster zur Erhöhung der elektrischen Leistung bei größeren Digitalanlagen
5	81220	Lokdecoder	Lokdecoder 500 mA für N-Fahrzeuge mit Permanentmagnetmotor, Kabelanordnung NEM-schnittstellenkompatibel, ansonsten Eigenschaften wie Nr. 81210
6	81210	Lokdecoder	Lokdecoder 750 mA für N-Fahrzeuge mit Permanentmagnetmotor, Lastausgleich, einstellbare Anfahr- und Bremsverzögerung, lokspezifische Höchstgeschwindigkeit, eine fernsteuerbare Zusatzfunktion
7	81200	Lokdecoder	Lokdecoder 1500 mA für H0-Fahrzeuge mit Permanentmagnetmotor, Lastausgleich, einstellbare Anfahr- und Bremsverzögerung, lokspezifische Höchstgeschwindigkeit, zwei fernsteuerbare Zusatzfunktionen
8	81201	Lokdecoder	Wie vor, jedoch mit Schnittstellenstecker nach NEM
9	86290	Funktionsdecoder	Fernsteuerung von bis zu 4 Funktionen z.B. in Steuerwagen, Gesamtbelastbarkeit bis 1000 mA
10	86500	Bremsgenerator (Commander 9)	Vorbildgerechte Bremsvorgänge vor Halt zeigenden Signalen; gleichzeitig für mehrere Signalhalteabschnitte verwendbar
11	86220	Keyboard	Tastenstellpult mit LCD-Stellungsanzeigen zum direkten Schalten von bis zu 16 Magnetartikeln, bei Verwendung der Gruppenwahltaste oder Kombination mehrerer Keyboards bis zu 256 doppelspulige Magnetartikel
12	86250	Weichendecoder S4	Empfänger für 4 doppelspulige Magnetartikel
13	86260	Relaismodul R2	Empfänger mit zwei bistabilen Relais, jedes Relais hat zwei zweipolige Umschaltkontakte, jedes Relais ist zusätzlich durch zuggesteuerte Gleiskontakte ansteuerbar
14	0041	Digital Buch – das Buch zum System	
15	0093	Info-Broschüre – der schnelle Überblick	

Der Fahrzeugaufruf über eine Tastatur gleicht dem Verfahren bei anderen Digitalsteuerungen. Zur Fahrtrichtungswahl stehen zwei mit Pfeilen gekennzeichnete Tasten zur Verfügung.

Die Geschwindigkeitssteuerung geschieht mittels eines Endlosdrehknopfes ohne Nullstellung (kein Anschlag). Linksdrehung reduziert die Geschwindigkeit, Rechtsdrehung erhöht sie. Der Knopf hat einen ausreichenden Durchmesser, erscheint etwas flach und wenig griffig. Gewohnt ist man, einen Knopf nach links an einen Anschlag zu drehen und die Lok steht. Knopfstellungen für verschiedene Geschwindigkeiten und der Maximalwert haben üblicherweise feste, stets gleichbleibende Knopfstellungen.

Bei einem Endlosdrehknopf gibt es keine feste Zuordnung der Knopfstellungen zu bestimmten Geschwindigkeiten. Man muß stets ein zusätzliches Hilfsmittel – die Fahrstufenanzeige – im Auge behalten, um beispielsweise die Fahrstufe 3 einzustellen. Dreht man nach links, dann wird automatisch irgendwann die Fahrstufe 0 erreicht – weniger geht ja nicht. Sinngemäß gilt das für die Drehung nach rechts, wo eben auch ein überschreiten der höchsten Fahrstufe keine weitere Wirkung mehr nach sich zieht. Die Steuerung mittels Endlosdrehknopf ist

Die neue Arnold Digitalzentrale mit integriertem Booster, Fahrgerät und Programmiereinheit für Fahrzeugparameter

Normung und Realität

zumindest anfänglich gewöhnungsbedürftig. Ein Vorteil des Endlosdrehknopfes wird beim Aufruf und anschließender Übernahme einer fahrenden Digital-Lok deutlich. Es entsteht nämlich bei der Übernahme keine Geschwindigkeitsänderung, obwohl die Fahrstufe der fahrenden Lok nicht bekannt ist – der Endlosdrehknopf steht immer in der richtigen Stellung, was bei einem Drehknopf mit Anschlag (ohne zusätzliche Vorkehrungen) nicht immer der Fall wäre.

Das Not-Halt-Konzept verdient Beachtung. Ein kurzer Druck auf die Taste bewirkt das anhalten mit der einprogrammierten Bremsstufe der gerade aufgerufenen Lok – die Funktion entspricht einem lokspezifischen Not-Halt. Ein etwas längerer Tastendruck führt zum sofortigen, unverzögerten Stop aller Lokomotiven, wobei die Digitalstromversorgung eingeschaltet bleibt (und somit Magnetartikel weiterhin betätigt werden können) und eine Tastenbetätigungszeit von etwa 3 sec bewirkt ebenfalls den unverzögerten Halt aller Lokomotiven aber gleichzeitig das ausschalten der gesamten Anlagenstromversorgung. Die Betriebszustände werden jeweils angezeigt.

Zweckmäßig erscheint das zweizeilige und mit 14 Zeichen pro Zeile sehr informative LCD-Display. Hier sind stets die aktuellen Daten ablesbar, wie Lokadresse, Fahrtrichtung, Status Zusatzfunktion und Modelluhrzeit.

Arnold hat sich für standortgebundene Geräte entschieden. Bedienungsfreundlicher sind Konzepte mit einer stationären Zentrale und mobilen Handsteuergeräten, weil man so stets auf der Höhe des Geschehens sein kann und die Fahrzeuge wesentlich besser beobachten kann.

Die Bedienung des Fahrgerätes erscheint eingängig, wenn man sich an die Funktionsweise des Endlosdrehknopfes zur Geschwindigkeitssteuerung gewöhnt hat. Besonders hervorzuheben ist das informative, beleuchtete LCD-Display mit Benutzerführung.

Genormte Elektrische Schnittstelle nach NEM 651/NMRA 9.1.1
Ausführung Klein (S)

Kontaktbelegung	Kabelfarbe	Buchsenleiste
Motoranschluß 1	orange	1
Motoranschluß 2	grau	2
Stromabnahme rechts	rot	3
Stromabnahme links und Masse (Chassis/Fahrwerk)	schwarz	4
Beleuchtung vorne	weiß	5
Beleuchtung hinten	gelb	6

Lokdecoder mit Stecker / Kabel

Arnold - Lokdecoder Nr. 81210, Kabelbelegung und Kabelfarben

Kabelbelegung (Arnold)	Kabelfarbe	
Motoranschluß 1	orange	7
Stromabnahme rechts	rot	6
Masse (Chassis/Fahrwerk)	blau	5
Motoranschluß 2	grau	4
Beleuchtung hinten	gelb	3
Stromabnahme links	schwarz	2
Beleuchtung vorne	weiß	1

Arnold Lokdecoder mit Kabel

Digital-Loks, Lokdecoder und Nachrüstkonzept

Gemäß den Angaben im Arnold Katalog wird dem N-Bahner eine große Auswahl betriebsfertiger Digital-Loks geboten. Zwischen den Katalogankündigungen und den tatsächlich bei Modellbahnhändlern erhältlichen Digital-Loks bestehen mitunter Diskrepanzen.

Für N-Fahrzeuge bietet Arnold einen Lokdecoder mit Kabelanschluß, dessen Kabelanordnung nicht der nach NEM 651 genormten N-Schnittstelle entspricht. Auf dem H0-Sektor sind eine Decodervariante mit Kabelanschluß und ein Decoder mit Schnittstellenstecker nach NEM 652 im aktuellen Angebot.

Arnold Digital (alt) bot ein durchdachtes Nachrüst- bzw. Digitalisierungskonzept für zahlreiche N-Analog-Loks. Dabei mußte lediglich die serienmäßige Analogplatine gegen ein Exemplar mit integriertem Lokdecoder ausgetauscht werden. Dieses Konzept hat man leider nicht wieder aufleben lassen. Neue N-Loks werden aber auch nicht mit der nach NEM genormten Schnittstelle ausgestattet. In diesem Punkt bedarf es noch eines Konzeptes. In Baugröße H0 setzt sich auch beim Firmenverbund Rivarossi/Lima/Jouef/Arnold das genormte Schnittstellenkonzept durch.

Zusatzfunktionen

Systembedingt arbeiten Fahrzeuginnenbeleuchtungen beim Betrieb mit Arnold Digital mit konstanter, also geschwindigkeitsunabhängiger Helligkeit.

Arnold Decoder Angebot

Arnold Lokdecoder sind mit einer fernsteuerbaren Funktion ausgestattet, die bei betriebsfertigen Digital-Loks für eine fahrtrichtungsabhängige Stirnlampenbeleuchtung verwendet wird. Der H0-Decoder besitzt einen zweiten fernsteuerbaren Ausgang.

Für beide Baugrößen steht zusätzlich ein Funktionsdecoder mit vier fernsteuerbaren Ausgängen zur Verfügung.

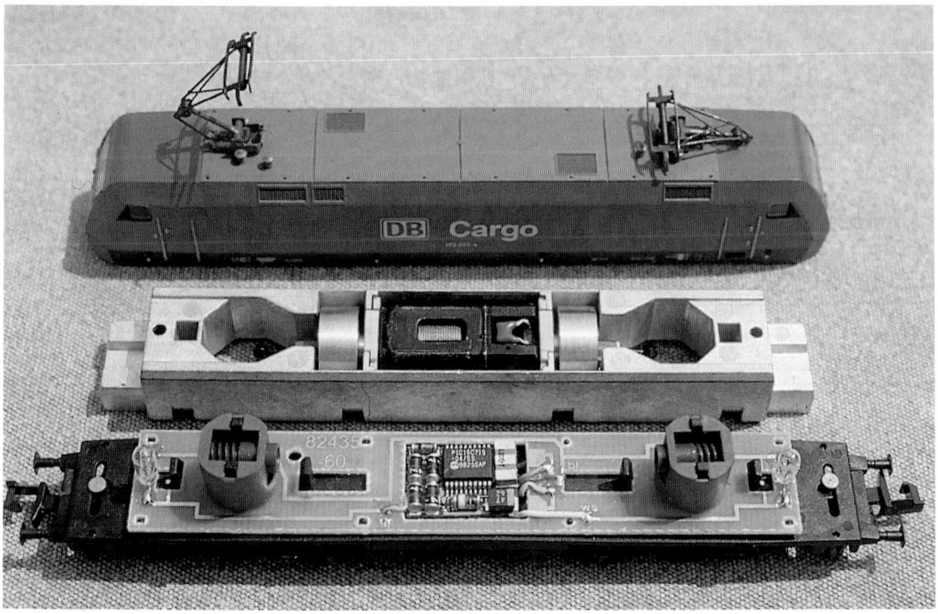

Betriebsfertige Arnold Digital-Lok

Betriebsfertige Digital-Loks mit mehreren fernsteuerbaren Zusatzfunktionen werden weder in Baugröße N noch in H0 angeboten.

Unverständlich ist, daß Arnold praktisch keine N-Loks mit SIMPLEX-Kupplung mehr im Angebot führt, wo doch gerade diese Rangierkupplung erst in Verbindung mit den inzwischen optimierten Fahreigenschaften richtig Spaß macht!

Hinsichtlich fernsteuerbarer Zusatzfunktionen setzt Arnold Digital (neu) leider keine Maßstäbe. Gerade in Baugröße N hätte man die Chancen nutzen sollen, denn am Markt sind z. B. Lautsprecher mit 9 mm Durchmesser erhältlich – aber die zugehörige Soundschaltung können die Anwender eben nicht selbst basteln.

Fahrzeugparameter einstellen

Arnold führte 1989 als erster Anbieter das von Lenz Elektronik entwickelte Programmierverfahren für lokspezifische Eigenschaften ohne Eingriffe in Fahrzeuge am Markt ein. Dieses Prinzip findet sich auch in der neuen Central Control wieder. Damit lassen sich die in der Tabelle aufgezählten Eigenschaften komfortabel unterstützt durch eine verständliche Benutzerführung auf dem LCD

Vom Anwender für jede Digital-Lok einstellbare Fahrzeugparameter

Lfd. Nr.	Funktion
1	Lokadresse
2	Mindestanfahrspannung
3	Beschleunigung
4	Verzögerung (auch wirksam in Signalhalteabschnitten mit Bremsgenerator)
5	Hochstgeschwindigkeit
6	Grundeinstellungen (Analog/Digitalerkennung, Fahrstufenzahl, Geschwindigkeitskennlinie, usw)
7	Modus zur Datenspeicherung
8	Anpassung Lastausgleich an Motor- und Getriebeeigenschaften

Display programmieren, anzeigen und ändern. Das zu programmierende Fahrzeug muß sich auf einem Programmiergleis befinden.Auch früher gelieferte Arnold Decoder sind mit der neuen Central Control programmierbar.

Das bei Arnold Digital (neu) angewandte Verfahren zur Programmierung, Anzeige und Änderung fahrzeugspezifischer Parameter entspricht dem bei Profi-Digitalsteuerungen üblichen Standard.

Fahrverhalten

Zur Geschwindigkeitssteuerung stehen inzwischen wahlweise 14, 27 oder 28 Fahrstufen zur Verfügung. Die neuen Lokdecoder sind für 28 Fahrstufen dimensioniert und verfügen serienmäßig über einen Lastausgleich (Motordrehzahlregelung). Beides wirkt sich positiv auf das Fahrverhalten aus.

Fahrverhalten in Signalhalteabschnitten

Das Einsteiger-Digitalgerät Commander 9 läßt sich auch als Bremsgenerator einsetzen. Einerseits ist damit eine sinnvolle Weiterverwendung des Gerätes bei einem Aufstieg zu Arnold Digital gewährleistet und andererseits bewirkt diese Anwendung vorbildgerecht verlaufende Bremsvorgänge in Signalhalteabschnitten.

Digital Schalten

Zur Steuerung von doppelspuligen Magnetartikeln und/oder Dauerstromverbrauchern stehen 256 Adressen zur Verfügung.

Zur Magnetartikelbedienung ist ein leicht zu bedienendes Tastenstellpult im Angebot. Die maximal 256 Magnetartikeladressen sind in 16 Gruppen mit jeweils 16 Magnetartikeln eingeteilt. Über eine Gruppenwahltaste wählt man die gewünschte 16-ner Gruppe aus und kann dann die 16 Magnetartikel dieser Gruppe direkt über Tasten schalten. Folglich können schon mit nur einem Tastenstellpult alle 256 Magnetartikel geschaltet werden. Alternativ lassen sich auch bis zu 16 Tastenstellpulte aneinanderreihen und jeweils 16 Magnetartikel einem Tastenstellpult fest zuordnen. Jeder Magnetartikel wird mit einer roten und einer grünen Taste geschaltet. Zur Stellungsanzeige dient das in anderem Zusammenhang erwähnte LCD-Display. Es zeigt die ausgewählte Magnetartikelgruppe und die Stellung der einzelnen Verbraucher dauernd an. Es handelt sich um eine unechte Stellungsmeldung.

Andere Bedienungsmöglichkeiten – wie das stellen kompletter Fahrstraßen mittels eines Fahrstraßenstellpultes, die Schaltung von Verbrauchern via Gleisbildstellpult und über PC/Software/Interface – werden von Arnold derzeit nicht angeboten. Allerdings lassen sich auch die Keyboards von Märklin und Arnold, sowie das Switchboard und das Memory von Märklin mit der neuen Central Control kombinieren.

Nun zum Pendant der Bedienungseinrichtungen für Magnetartikel und Dauerstromverbraucher, den unabhängig von der Bedienungsart auf der Anlage erforderlichen, stationären Decodern.

Zur Schaltung von jeweils vier doppelspuligen Magnetartikeln wird der Decoder S4 angeboten. Für die zu schaltenden Verbraucher besteht zweckmäßigerweise die Möglichkeit einer externen Stromversorgung. Der Ausgangsstrom darf bis zu 2 A betragen und die Ausgänge sind kurzschlußfest.

Zur Schaltung von jeweils zwei Dauerstromverbrauchern steht der Relaisdecoder R2 zur Verfügung. Jeder der beiden Ausgänge ist mit jeweils einem bistabilen Relais bestückt. Jedes Relais hat wiederum zwei zweipolige Umschaltkontakte. Die beiden Relais können zusätzlich mittels zuggesteuerter Kontakte geschaltet werden – ein spezifischer Vorzug, der den Aufbau zahlreicher Schaltungsvarianten (z.B. zuggesteuerte Blockschaltungen) ermöglicht.

Beide Decoder verstehen sowohl das NMRA-Datenformat, als auch des Motorola-Datenformat.

Das neue Tastenstellpult im Vergleich zum Vorgängermodell

Bei der Magnetartikelsteuerung ist der gewählte Einstieg über einfach zu handhabende Tastenstellpulte sicher richtig, aber das Angebot bedarf einer kontinuierlichen Vervollständigung – insbesondere um ein Interface. Das Decoderangebot ist komplett und die zusätzliche Option einer zuggesteuerten Schaltung des Relaisdecoders R2 stellt einen nicht zu unterschätzenden Vorteil dar.

Digital Melden

Der Relaisdecoder R2 stellt in Verbindung mit Schaltgleisen oder der Kombination Schaltmagnete/Reedkontakte die einzige Möglichkeit zur Verarbeitung zuggesteuerter Meldungen dar.

Ein Rückmeldedecoder und ein Display-Baustein (zur Anzeige der Meldungen) fehlen im Angebot. Gleisbesetzt- und Gleisfreimeldungen, sowie Stellungsmeldungen von Weichen, Signalen, usw. können mit Arnold Digital (neu) weder erfaßt noch verarbeitet werden. Dies ist ein Defizit, das in Verbindung mit dem ebenfalls fehlenden Interface einen PC-gesteuerten Anlagenbetrieb mit Arnold Digital (neu) vereitelt.

Meldungen lassen sich mit Arnold Digital (neu) nicht erfassen, anzeigen und verarbeiten. Wer eine rechnergesteuerte Betriebs-

führung zum Ziel hat, für den kann dies in Verbindung mit dem gleichfalls nicht zur Verfügung stehenden Interface zum K.O.-Kriterium werden.

Informationen

Inzwischen liegt die übersichtlich gegliederte und informative Farbinfobroschüre Nr. 0093 in der zweiten Auflage vor.

Angekündigt ist darüber hinaus ein ausführliches Digitalbuch. Vermutlich wird es jedoch erst nach einer Vervollständigung des Digitalangebotes erscheinen.

Zusammenfassung

Arnold Digital (neu) muß sich nach etwa vierjähriger Marktabstinenz mit inzwischen etablierten Profi-Digitalsteuerungen messen. Was kann Arnold Digital (neu) besser als die Mitbewerber?

Die Forderung nach einer intuitiven Bedienung erfüllen andere Produkte ebenso gut; hinsichtlich der mobilen Fahrzeugsteuerung sogar besser, weil bei Arnold ein mobiles Handsteuergerät fehlt.

Ein technischer Rückschritt ist derzeit bei der Analogkompatibilität zu konstatieren, weil in Deutschland ausgelieferte Geräte und Lokdecoder diesen Pluspunkt von Arnold Digital (alt) nicht mehr bieten. Ob dieses Defizit durch die gleichzeitige Eignung für das Motorola-Datenformat ausgeglichen wird, muß jeder Interessent selbst beurteilen. Die Fahreigenschaften erreichen dank neuer Lokdecoder das Niveau der Mitbewerber.

Das gilt sinngemäß für die Magnetartikelsteuerung, die jedoch einer zügigen Komplettierung durch ein Fahrstraßenstellpult und Schnittstellenbausteine zum Anschluß von Gleisbildstellpulten bedarf.

Die Defizite bei den Themen Melden und Anzeigen von Magnetartikelstellungen, von Gleisbesetztzuständen und beim Interface sollten durch eine verbindliche Herstellermitteilung über die zeitlichen Perspektiven aufgefangen werden, denn diese Kriterien bilden eine wichtige Voraussetzung für jede Systementscheidung.

7 Intellibox

Die Intellibox der Fa. Uhlenbrock zählt zur Kategorie der sogenannten Multiprotokollgeräte. Mit diesem Gerät können Digital-Loks mit Motorola-, NMRA- und Selectrix-Decodern gemeinsam auf einer Digitalanlage gesteuert werden. Mit einer Intellibox lassen sich zwei Fahrzeuge steuern. Auch beim digitalen Schalten und Melden ist ein gewisses Maß an Multiprotokollfähigkeit gegeben. Zum serienmäßigen Lieferumfang zählt sogar ein Interface.

Systemeigenschaften

Systemeigenschaften Intellibox von Uhlenbrock

Eigenschaften/Anbieter:	**Uhlenbrock**
	Intellibox
Zahl steuerbarer Digital-Loks: Motorola Datenformat NMRA Datenformat Selectrix Datenformat	 255, Adresse 1-255 1) 9999, Adresse 1 – 9999 112, Adresse 0 – 111
Doppeltraktion/Mehrfachtraktion vorgesehen	Ja
Zahl steuerbarer Analog-Loks: Im Digitalstromkreis steuerbare Analog-Loks	 0
Fahrstufenzahl zur Geschwindigkeitssteuerung: Motorola Datenformat NMRA Datenformat Selectrix Datenformat	 14 Wahlweise 14, 28, 128 31
Einstellung der Fahrzeugparameter manuell (Codierschalter, Potentiometer)	Abhängig von Lokdecodertyp
Einstellung der Fahrzeugparameter elektronisch auf Programmiergleis	Abhängig von Lokdecodertyp
Einstellung der Fahrzeugparameter elektronisch auf der Anlage während des Betriebes	Eigenschaft nicht verfügbar
Anfahr- und Bremsverzögerung lokbezogen einstellbar	Abhängig von Lokdecodertyp
Lokbezogene Höchstgeschwindigkeit einstellbar	Abhängig von Lokdecodertyp
Motordrehzahlregelung	Abhängig von Lokdecodertyp
Anzahl der fernsteuerbaren Zusatzfunktionen je Triebfahrzeug	Abhängig von Lokdecodertyp
Anzahl der fernsteuerbaren Zusatzfunktionen bei Verwendung eines Funktionsdecoders	Bis zu 8, abhängig vom Funktionsdecodertyp
Digitalzentrale updatefähig	Ja
Stationäre Fahrzeugsteuerung und -bedienung	Ja
Dezentrale Aufstellung von Fahrgeräten	Ja, Ergänzung durch IB-Control (stationäres Doppelfahrgerät)
Mobile Fahrzeugsteuerung und -bedienung	Ja, Anschluß von bis zu 8 Lokmäusen von Roco oder LGB, oder Anschluß Handsteuergerät Nr. 660 von Uhlenbrock

Eigenschaften/Anbieter:	**Uhlenbrock**
	Intellibox
Gemeinsames Spiel mehrerer Partner möglich	Ja, zwei Bedienungseinrichtungen zur Fahrzeugsteuerung an Intellibox vorhanden
Übergabe bzw. Übernahme von Zügen zwischen den Bedienungseinrichtungen	Ja
Magnetartikelsteuerung: Motorola Datenformat NMRA Datenformat Selectrix Datenformat	 320, Adresse 1 – 320 2) 2040, Adresse 1 – 2040 2) Nein
Fahrstraßenschaltung integriert	Nein 3)
Stellungsmeldungen	unecht
Rückmeldungen: Märklin Rückmeldedecoder s88 (und vergleichbare) Loconet-Module Rückmeldungen von Digital Plus Geräten auswertbar Rückmeldungen von Trix Selectrix Geräten auswertbar	 31 Rückmeldedecoder s88 mit jeweils 16 Meldungen (Adresse 1 bis 31) 4) Adresse 32 – 128 4) Nein Nein
Interface integriert	Ja, serielle Schnittstelle
Datenübertragungsrate des Interface	Wahlweise 2400, 4800, 9600, 19200 bit/sec
Syntax (Befehlssatz) des Interface	Märklin Digital und Intellibox
Maximal zulässige Versorgungsspannung für Intellibox	18 Volt Wechselspannung
Höhe der Digitalspannung am Gleis begrenzbar	Ja
Regelung der Digitalspannung am Gleis	Nein
Digitalstromausgang (Gleis)	3 A
I^2C-Bus	1 A 5)
LocoNet B-Ausgang	0,2 A
LocoNet T-Ausgang	0,5 A
X-BUS (Digital Plus)	Nicht vorhanden
Sx-BUS und Px-BUS (Selectrix)	Nicht vorhanden
Erhöhung der elektrischen Leistung durch Booster zum Betrieb großer Anlagen	Ja 6)
Geräte von Digital-Fremdfabrikaten mit Intellibox kombinierbar	Ja

1) Mit Märklin Lokdecodern sind die Adressen bis 80 nutzbar, mit Uhlenbrock Lokdecodern der gesamte Adressenumfang. 2) Adressen dürfen sich nicht überlappen. 3) Fahrstraßenschaltung über integriertes Interface, Software und PC realisierbar. 4) insgesamt sind max. 2048 Meldungen auswertbar. 5) begrenzt die Zahl seitlich an die Intellibox ansteckbarer Märklin/Arnold Geräte. 6) Ausgenommen Selectrix

Eine besondere Systemeigenschaft ist die Möglichkeit Digitalkomponenten anderer Hersteller an die Intellibox anzuschließen und auf diese Weise weiter nutzen zu können. Dies gilt beispielsweise für folgende Geräte:

- Fahrgeräte Control 80, 80 f, Infra Control 80 f mit drahtlosem Handsteuergerät IR Control (Märklin, Arnold)
- Lokmaus (Roco, LGB)
- Keyboard, Memory (Märklin, Arnold)

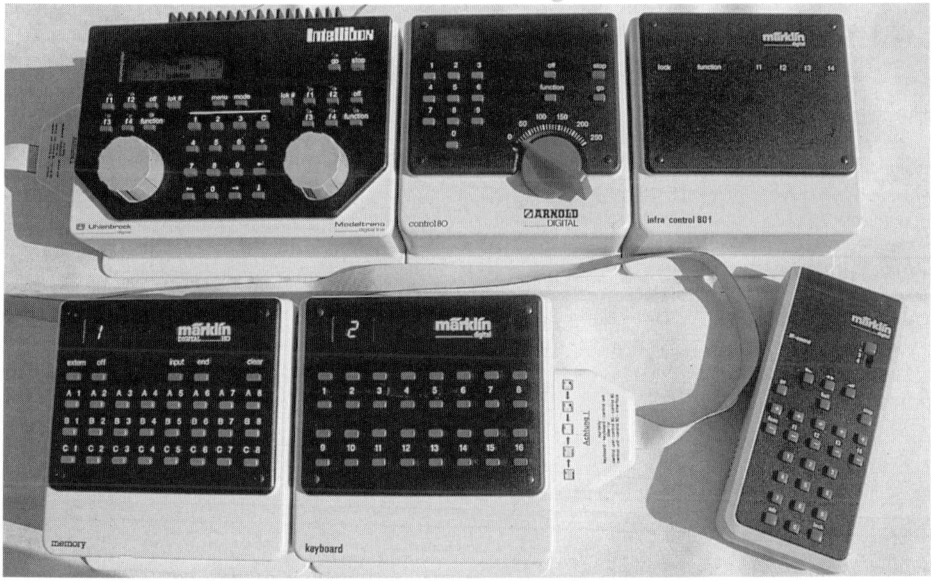

Die Gerätekompatibilität – hier eine um Arnold Digital = – und Märklin Digital ~ -Komponenten ergänzte Intellibox – zählt zu den besonderen Vorzügen des Konzeptes.

- Switchboard 2000 (S.E.S.)
- alle Geräte, die an den LocoNet Bus angeschlossen werden können (Digitrax)
- s 88 Rückmeldedecoder (Märklin, Viessmann)
- Booster mit Motorola Datenformat (Märklin, Arnold)
- Booster mit NMRA Datenformat (z. B. Digital Plus)

Der Anschluß von Selectrix Geräten (beispielsweise Control Handy oder Lok Control 2000) über Sx- und Px-Bus und von Digital Plus Geräten (beispielsweise Handregler LH 100 und LH 200) via X-BUS ist jedoch nicht möglich.

Kompatibilität

Mißt man die Möglichkeiten der Intellibox an dem in Kapitel 1 dargestellten Maßstab, so ist festzustellen:

- Alle Triebfahrzeuge müssen mit einem Lokdecoder ausgerüstet sein
- Digital-Loks mit Motorola-, NMRA- und Selectrix-Lokdecodern können gemeinsam in einem Digitalstromkreis gesteuert werden
- Im Digitalstromkreis können keine Analog-Loks betrieben werden können
- Digital- und Analogstromkreise lassen sich demzufolge nicht auf einer Anlage miteinander kombinieren.

Wer mit Zweileiter-Zweischienen-Gleichstrom-Loks fährt und von Analog- auf Digitalbetrieb umsteigt, muß alle Triebfahrzeuge auf einmal mit einem Lokdecoder ausrüsten – eine schrittweise Umstellung unter (vorübergehendem) Einsatz von Analog-Loks funktioniert mit der Intellibox leider nicht.

Als Kompatibilitätspluspunkt ist zu werten, daß stationäre und mobile Fahrgeräte, Stellpulte, Fahrstraßenstellpulte und stationäre Decoder verschiedener Hersteller an die Intellibox angeschlossen und genutzt werden können.

Was die Magnetartikelsteuerung und die Rückmeldung angeht, so sollte der Anwender wissen, daß die echten Stellungsmeldungen von NMRA-konformen Digital Plus Decodern wie dem LS 100 und Gleisbesetztzustände des Rückmeldedecoders LR 101 von der Intellibox nicht verarbeitet werden können. Auch Selectrix Decoder lassen sich derzeit weder über das Keyboard der Intellibox steuern, noch können Rückmeldungen von Selectrix Magnetartikeldecodern und Besetztmeldern verarbeitet werden.

Schließlich stellt sich im Zusammenhang mit der Kompatibilität die Frage, ob künftige Entwicklungen anderer Hersteller mit der Intellibox genutzt werden können. In diesem Punkt überzeugt die Konzeption der Intellibox. Das Gerät muß nicht etwa ausgetauscht werden, sondern es kann durch ein softwaremäßiges Update künftigen Weiterentwicklungen kontinuierlich angepaßt werden. Die Frage, inwieweit es gelingt, die anstehenden Entwicklungsschritte aller Digitalhersteller weiterhin in einem Gerät abzubilden, muß gleichwohl offen bleiben. Denn es ist ebenso vorstellbar, daß andere Hersteller beispielsweise ihre Lokdecoderentwicklung so gestalten, daß kommende Lokdecodergenerationen gar nicht mehr mit Multiprotokollgeräten betrieben werden können.

Angebot

Die folgende Tabelle enthält einen Auszug von Digitalartikeln der Fa. Uhlenbrock.

Übersicht Uhlenbrock Digitalprogramm

Nr.	Art.-Nr	Bezeichnung	Erläuterung
1	650	Intellibox	Zentraleinheit mit Verstärker, Interface, Programmiereinheit, Stellpult zum schalten von Magnetartikeln, Anzeige von Rückmeldungen, zwei Fahrgeräte zur Bedienung von Digitalloks mit Zusatzfunktionen, Anschlußmöglichkeit von Bedienungs- und Anzeigegeräten anderer Hersteller
2	654	IB-Control	Doppel-Fahrpult, (wie vor jedoch ohne Zentraleinheit, Verstärker, Interface usw.)
3	656	Booster	Erhöhung der elektrischen Leistung bei größeren Digitalanlagen, integriertes Kehrschleifenmodul und integrierter Bremsgenerator für vorbildgerechte Bremsvorgänge vor Signalen mit NMRA-Digital-Loks
4	660	Handsteuergerät	Zur Bedienung einer Digital-Lok, Fahrtrichtung, Geschwindigkeit und Zusatzfunktionen
5	770	Lokdecoder	Lokdecoder für Fahrzeuge mit Feldspule, ohne Lastausgleich, fahrtrichtungsabhängige Funktion für Beleuchtung, ein weiterer Ausgang für eine Zusatzfunktion
6	750/751	Lokdecoder	Lokdecoder für Fahrzeuge mit Permanentmagnet, ohne Lastausgleich, fahrtrichtungsabhängige Funktion für Beleuchtung
7	755	Lokdecoder	Lokdecoder für Fahrzeuge mit Permanentmagnet, mit Lastausgleich, fahrtrichtungsabhängige Funktion für Beleuchtung, zwei weitere Ausgänge für Zusatzfunktionen, Rangiergang, drei Adressen programmierbar
8	756	Lokdecoder	Wie vor, jedoch für Fahrzeuge mit Glockenankermotor
9	760	Funktionsdecoder für 5 Funktionen	Fernsteuerung von bis zu 5 Funktionen
10	762	Magnetartikeldecoder	MD2, Empfänger für 2 doppelspulige Magnetartikel, NMRA- und Motorola-kompatibel
11	765	Schaltdecoder	SD1, Empfänger mit einem zweipoligen Relais, z.B. zum schalten von Kehrschleifen, Signalhalteabschnitten, Motoren, Zubehörartikeln
12	766	Schaltdecoder	SD1, Empfänger mit zwei einpoligen Relais, z.B. zum schalten von Signalhalteabschnitten, Motoren, Zubehörartikeln
13	780	Software	Loktool zum programmieren von Lokdecodern, Lokadressensuchfunktion, Geschwindigkeitskennlinie einstellen, usw
14	785	Decoder-Handbuch	Beschreibung der Lokdecodereigenschaften
15	685	Intellibox-Handbuch	Beschreibung der Intellibox mit Demodiskette

Aufbau und Anschluß

Das Gerät ist in einem pultförmigen Gehäuse untergebracht. Höhe, Breite, Neigung der Bedienungsoberfläche, Befestigungsmöglichkeit mittels Schrauben, Tastengestaltung und Farbgebung erinnern stark an das Märklindesign – nur in der Breite unterscheidet sich die Intellibox von Märklin Geräten. Der Vorzug ist in der einfachen Ergänzungsfähigkeit durch Märklin Digital Komponenten zu sehen.

Sämtliche Anschlüsse an der Gehäuserückseite sind gut verständlich beschriftet. Unzweckmäßig in der Handhabung sind die dem Gerät beiliegenden Klemmstecker zum Anschluß der Wechselspannungsversorgung, der Gleisanlage, usw. Vor allem lassen sie nur die Verwendung von Leitungen mit einem Querschnitt von 0,14 mm^2 zu, was angesichts des möglichen Ausgangsstromes von bis zu 3 Ampère zwar ausreicht, aber eben schon bei etwas längeren Leitungen zu deutlichen Spannungsabfällen führt. Schraubklemmen wären die bessere Alternative. Am zweckmäßigsten wären steckbare Schraubklemmen.

Die in den beiden Gehäuseseitenteilen integrierten Steckverbindungen dienen dem verwechslungsfreien Anschluß von Märklin und Arnold Digitalgeräten.

Bedienung

Im Auslieferungszustand ist das Gerät auf das Motorola Datenformat konfiguriert. Der Aufruf einer Märklin Digital-Lok ist nahezu ebenso einfach wie beim Original. Vor dem Lokaufruf muß lediglich zusätzlich die Taste „Lok#“ und nach Eingabe der Lokadresse noch eine Bestätigungstaste gedrückt werden. Dann wird der Märklin Fahrer mit einem für ihn ungewohnten Anzeigekomfort verwöhnt. In einem unter allen Umgebungslichtverhältnissen gut ablesbaren LCD-Display stehen ihm ständig die Informationen von jeweils zwei Digital-Loks über Datenformat, Lokadresse, Fahrtrichtung und aktuelle Fahrstufe zur Verfügung.

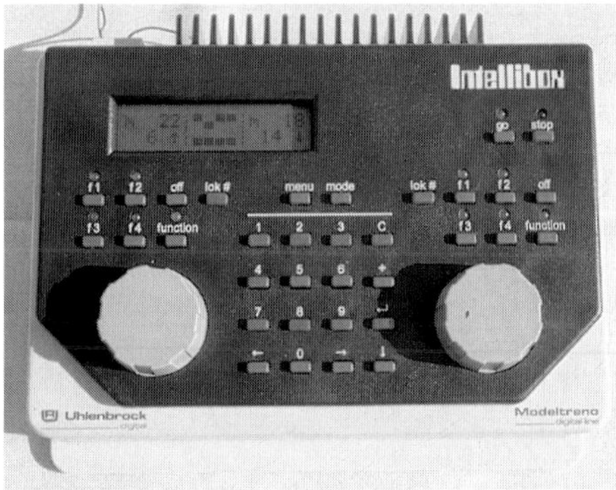

Bedienungsoberfläche der Intellibox

Die Fahrtrichtung wird durch einen Druck auf den Geschwindigkeitssteuerknopf geändert (andere Optionen sind wählbar). Der Knopf kann jederzeit – auch bei voller Fahrt – bedient werden. Drückt man ihn bei einer Fahrstufenzahl > 0, dann hält die Digital-Lok automatisch erst einmal an, ihre Geschwindigkeit wird auf Fahrstufe 0 gesetzt und diese Fahrstufe zeigt dann auch das LCD-Display. Sinnvollerweise kann erst danach die Richtung gewechselt werden, wobei die jeweilige Richtung durch einen Pfeil im Display signalisiert wird. Dem Geschwindigkeitssteuerknopf sieht man es mangels Piktogramm allerdings nicht an, daß er gleichzeitig dem Fahrtrichtungswechsel dient.

Zur Geschwindigkeitssteuerung dient die Kombination eines Endlosdrehknopfes ohne Nullstellung (kein Anschlag) und einer Ziffern-

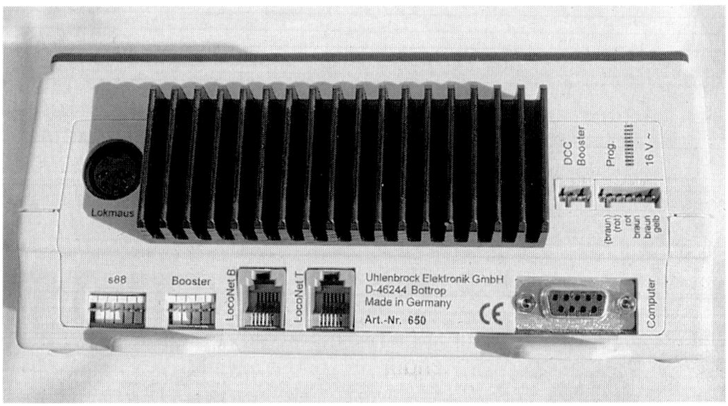

Rückseite der Intellibox mit den zahlreichen Anschlußmöglichkeiten

anzeige im LCD-Display. Sie zeigt die aktuelle Fahrstufe ständig an. Linksdrehung reduziert die Geschwindigkeit, Rechtsdrehung erhöht sie. Der Knopf hat einen ausreichenden Durchmesser, ist hoch und griffig. Der mechanische Drehwiderstand erlaubt eine präzise Geschwindigkeitseinstellung. Bei der Knopfbedienung muß man stets auf die Fahrstufenanzeige schauen um beispielsweise die Fahrstufe 8 einzustellen. Dreht man einfach weiter nach links, dann wird automatisch irgendwann die Fahrstufe 0 erreicht – weniger geht ja nicht. Sinngemäß gilt das für die Drehung nach rechts, wo eben auch ein überschreiten der Fahrstufe 14 (Maximalwert bei Märklin) keine weitere Wirkung mehr nach sich zieht. Die Steuerung mittels Endlosdrehknopf ist zumindest anfänglich gewöhnungsbedürftig. Ein Vorteil des Endlosdrehknopfes wird beim Aufruf und anschließender Übernahme einer fahrenden Digital Lok deutlich. Es entsteht nämlich bei der Übernahme keine Geschwindigkeitsänderung, obwohl die Fahrstufe der fahrenden Lok nicht bekannt ist – der Endlosdrehknopf steht immer in der richtigen Stellung, was bei einem Drehknopf mit Anschlag (ohne zusätzliche Vorkehrungen) nicht immer der Fall wäre.

Am Beispiel der Fahrtrichtungs- und Geschwindigkeitssteuerung werden aber auch gewisse Grenzen der Gerätekonzeption erkennbar. Nutzt man nämlich die konzeptionsbedingt gebotenen Möglichkeiten und kombiniert die Intellibox (Endlosdrehknopf) mit einem Control 80 f (Drehknopf mit Linksanschlag), einem IR-Control (Auf/Ab-Tasten zur Geschwindigkeitssteuerung) und einer Lokmaus (konventionelle Einknopfbedienung mit Mittelstellung), dann hat man als Ergebnis vier verschiedene Bedienungsvarianten für ein- und dieselbe Funktion innerhalb einer einzigen Steuerung! Unter dem Gesichtspunkt der Ergonomie entsteht so ein geradezu unsinniger Handhabungswirrwar.

Bei Bedienung der STOP-Taste wird einfach die Digitalspannung an den Gleisen ausgeschaltet. Dieser Betriebszustand wird an der blinkenden LED-Anzeige deutlich. Alle Züge halten unverzögert an. Weil Fahrzeuge mit Schneckengetrieben und ohne mechanische Schwungmasse noch sehr verbreitet sind, verläuft der Haltevorgang recht abrupt; bei langen Zügen entsteht in engen Radien und in Gefälleabschnitten eine gewisse Entgleisungsgefahr. Durch die fehlende Digitalspannung werden Gleisbesetzt- und Gleisfreimeldungen deaktiviert – das ist nicht gerade ein Vorteil. Bei Profi-Digitalsteuerungen sollte die Digitalspannung nur im Falle eines Kurzschlusses abgeschaltet werden. Aufgehoben wird die STOP-Funktion durch einen Druck auf eine separate Go-Taste. Im übrigen erscheint in dieser Gerätekategorie der Wunsch nach einer zusätzlichen, lokspezifischen Not-Halt-Funktion durchaus legitim.

Fernsteuerbare Funktionen in Lok- und Funktions-Decodern werden wie bei Märklin Digital mittels Tasten bedient. Die Statusmeldungen sind leider nicht im zentralen Geräte-LCD-Display angeordnet, sondern erfolgen – wiederum wie bei Märklin – mittels LEDs im Tastenfeld.

Fahren mit Mehrfachtraktion zählt zu den spezifischen Vorzügen der Intellibox im Vergleich zu Märklin Digital. Dabei sind bis zu acht Mehrfachtraktionen mit jeweils bis zu vier Digital-Loks einsetzbar. Zusammenstellung, Speicherung und Auflösung von Mehrfachtraktionen sind bedienungstechnisch gut gelöst.

Ein weiterer Vorteil ist in der Bildung von sog. virtuellen Lokadressen zu sehen, weil so die Digitalfahrzeuge wesentlich treffender mit ihrer Baureihennummer bezeichnet werden können. Dazu steht der Adressbereich von 0 bis 9999 zur Verfügung.

Gerätekonfiguration

Die Einstellung der verschiedenen Optionen geschieht mittels einer hirarchisch aufgebauten Menüstruktur, in der man sich über Menü-, Mode- und Pfeiltasten bewegen kann. Unterstutzt wird man dabei durch Hilfetexte im LCD-Display. Individuell festgelegt werden kann fast alles; beispielsweise

Sprache, Datenformat des Lokdecoders, Programmiermodi für Uhlenbrock-, NMRA- und Selectrix-Lokdecoder, Magnetartikelbedienung, Rückmeldedecoder, Höhe der Digitalspannung am Gleis, Interface Einstellungen, Startmodus der Intellibox, usw. Sinnvollerweise existiert auch der Modus Zurücksetzen in werksseitige Konfiguration – eine zweckmäßige Hilfe, falls man sich einmal hoffnungslos vertan haben sollte.

Erweiterungen

Neben den bereits erwähnten Ergänzungsmöglichkeiten durch Fremdfabrikate läßt sich die Intellibox auch durch Komponenten aus dem Hause Uhlenbrock erweitern. An erster Stelle ist ein stationäres Doppelfahrgerät namens IB-Control zu nennen, das äußerlich exakt der Intellibox entspricht. Es wird über den LocoNet-Bus mit der Intellibox verbunden und erlaubt eine zusätzliche, direkte Steuerung von zwei Digital-Loks. Maximal sind sechs solcher Geräte an eine Intellibox anschließbar.

Erwähnenswert erscheint auch das mobile Handsteuergerät „Fred“, wenngleich anzumerken ist, daß es lediglich die Steuerung einer einzigen Digital-Lok hinsichtlich Fahrtrichtung und Geschwindigkeit erlaubt. Funktionen, wie eine fernsteuerbare Rangierkupplung, oder einzelne Weichen, lassen sich mit diesem einfachen Gerät nicht bedienen.

Eine wichtige Ergänzung ist mit dem Multiprotokoll-Booster angekündigt, der dann auch den Einsatz von Selectrix-Loks auf größeren Anlagen erlauben dürfte. In den Booster sind ferner ein Kehrschleifenmodul für Zweileiter-Zweischienen-Anlagen und ein Bremsgenerator für den artreinen NMRA-Betrieb integriert.

Zur Schaltung von Magnetartikeln sind die in der Angebotsübersicht bereits erwähnten, stationären Decoder erhältlich.

Und zur komfortablen Programmierung von Fahrzeugparametern mittels PC bei NMRA-Lokdecodern dient die Software Loktool.

Digital-Loks und Lokdecoder

Die Uhlenbrock Elektronik GmbH ist kein Modellbahnhersteller und führt demzufolge auch keine betriebsfertigen Digital-Loks im Angebot. Offeriert werden jedoch die in der Angebotsübersicht aufgezählten Lokdecoder mit teils interessanten Eigenschaften für verschiedene Datenformate und Motortypen.

Fahrzeugparameter einstellen

Bei Motorola-Lokdecodern müssen die Fahrzeugparameter bekanntlich am Lokdecoder eingestellt werden. Zur elektronischen Programmierung von Uhlenbrock-, NMRA- und Selectrix-Lokdecodern bietet die Intellibox alle derzeit gängigen Verfahren an, die über spezielle Menüpunkte der Intellibox genutzt werden können. Ein zu programmierendes Fahrzeug muß sich auf einem Programmiergleis befinden. Selbst ein Menüpunkt Lokadressensuche steht zur Auswahl. Damit kann bei einer Lok, deren Adresse unbekannt ist, die Adresse ermittelt werden. Das Verfahren ist für Motorola- und NMRA-Lokdecoder, nicht jedoch für Selectrix-Decoder, geeignet.

Fahrverhalten

Die Intellibox erfüllt sämtliche Voraussetzungen – wie beispielsweise hohe Fahrstufen-

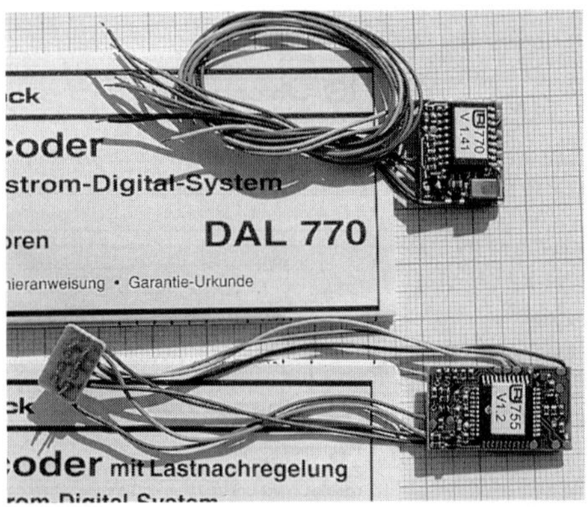

Oben der für Loks mit Feldspulen geeignete Lokdecoder DAL 770, darunter der DGR 755 mit Lastausgleich für Permanentmagnetmotoren. Beide sind für das Märklin Motorola Datenformat ausgelegt.

zahl, Programmierung der Fahrzeugparameter – für gute Fahreigenschaften. Die Ergebnisse hängen damit bei handgesteuertem Betrieb allein von den Lokdecoder- und den elektromechanischen Triebfahrzeugeigenschaften ab. Anders zu beurteilen ist die Situation bei zuggesteuerten Betriebsabläufen.

Fahrverhalten in Signalhalteabschnitten

Bei artreinem Betrieb, also beim ausschließlichen Einsatz von Digital-Loks mit Motorola-Decodern oder NMRA-Decodern oder Selectrix-Decodern, lassen sich die in anderen Kapiteln bereits vorgestellten Lösungen zum vorbildgerechten Bremsen in Abhängigkeit von Signalstellungen – wie Signalmodul (Märklin, Viessmann, Helmo), Bremsgenerator (Digital Plus), Commander 9 (Arnold Digital) und Bremswegdiode (Selectrix) – auch in Verbindung mit der Intellibox einsetzen.

Soll jedoch der eigentliche Vorteil der Intellibox – nämlich der gemeinsame Betrieb von Digital-Loks mit verschiedenen Lokdecoderformaten innerhalb einer Digitalanlage – genutzt werden, so muß gerade auf vorbildgerechte Bremsvorgänge in Abhängigkeit von Signalstellungen verzichtet werden.

Für Anhänger von zuggesteuerten Betriebsabläufen – wie dem Selbstblockbetrieb auf freien Strecken – ist dies mit dem Anspruch an zeitgemäßes Fahrverhalten nur schwer vereinbar. Einzige Möglichkeit zum Ausgleich dieses Mangels ist der ausschließliche Einsatz von Triebfahrzeugen mit mechanischen Schwungmassen.

Digital Schalten

Das in die Intellibox integrierte Keyboard entspricht mit seinen roten und grünen Tasten auf den ersten Blick dem Märklin Keyboard. Allerdings kann hier nur auf halb so viele Magnetartikel – nämlich acht – direkt zugegriffen werden. Über die Menütaste gelangt man zu allen anderen Magnetartikeladressen. In der Displaymitte befindet sich eine aus Quadraten gebildete Stellungsanzeige für acht Magnetartikelstellungen. Bei den Stellungsanzeigen handelt es sich um unechte Rückmeldungen. Während des Schaltens werden die aktivierte Taste in Buchstabenform G (=grün) bzw. R (=rot) und die gewählte Magnetartikeladresse in Ziffernform zusätzlich im Display angezeigt.

Vergleicht man die Bedienung von Magnetartikeln zwischen der Intellibox und einem bzw. mehreren Märklin Keyboard, so verbucht Märklin in diesem Punkt Vorteile, weil mit jedem Stellpult 16 doppelspulige Magnetartikel direkt (ohne lästige Umschaltungen) bedient werden können. Auch sind die Stellungen stets aller Magnetartikel dauernd erkennbar.

Da in der Intellibox keine Fahrstraßenfunktion integriert ist, erscheint der Hinweis angebracht, daß diese Funktion auch durch Ergänzung der Intellibox um das Märklin Fahrstraßenstellpult Memory oder über das integrierte Interface, PC und entsprechende Software realisiert werden kann.

Sollen Motorola- und NMRA-Magnetartikeldecoder gemeinsam verwendet werden, so müssen deren Adressen so gewählt werden, daß sich die Adressbereiche nicht überschneiden. Diese Einschränkung ist sicher akzeptabel.

Digital Melden

Zur Verarbeitung von Rückmeldungen bietet die Intellibox zwei Optionen, nämlich den Anschluß von Märklin-, Viessmann- oder vergleichbaren s88 Rückmeldedecodern und den Anschluß von Rückmeldedecodern an den LocoNet-Bus. Mit den s88 Rückmeldecodern lassen sich bis zu 496 Meldungen und mit den LocoNet Rückmeldedecodern bis zu 2048 Meldungen auswerten. Werden beide Rückmeldedecoderarten angeschlossen, so dürfen sich ihre Adressen nicht überlappen. Im Unterschied zu Märklin Digital können bei der Intellibox Meldungen von s88 Rückmeldedecodern angezeigt werden, was die Überwachung von Gleisbesetzt- und Gleisfreizuständen in Schattenbahnhöfen erlaubt.

Interface

Geräteinternes Interface und PC kommunizieren über eine serielle Schnittstelle. Sie werden über eine an der Geräterückseite montierte SUB-D-9-Buchse und ein Modemkabel miteinander verbunden. In der Intellibox wird die schon vom Märklin Interface bekannte Syntax (Befehlssatz) verwendet. Deshalb kann der Modellbahner das gesamte für Märklin Digital geeignete Softwareangebot auch in Verbindung mit der Intellibox nutzen.

Im Auslieferungszustand ist - wie beim Märklin Interface - eine Datenrate von nur 2400 bit/sec eingestellt. Aber bei der Intellibox kann die Übertragungsgeschwindigkeit auf bis zu 19200 bit/sec erhöht werden. Sofern die verwendete Software für eine solche Datenrate geeignet ist, sollte man diese Möglichkeit nutzen.

Eine weitere Eigenschaft zeichnet dieses Interface aus, nämlich das Verfahren zur Verarbeitung von Meldungen der s88 Rückmeldedecoder. Beim Märklin Interface werden stets alle Meldungen sämtlicher Rückmeldedecoder abgefragt, was bei Modellbahnanlagen mit vielen Meldungen entsprechend lange dauert und damit langsame Reaktionszeiten der Steuerung zur Folge hat. Anders bei der Intellibox; hier wird der Status jeder Rückmeldung zwischengespeichert und das Interface braucht nur noch den Status der geänderten Meldungen abzufragen. Das geht natürlich ungleich schneller und die Zwischenspeicherung erlaubt zudem die Anzeige von s88 Meldungen im Gerätedisplay. Die Eigenschaften des integrierten Interface zählen zweifellos zu den Pluspunkten der Intellibox.

Funktionssicherheit

Einige bis etwa 1995 gefertigte NMRA-Lokdecodertypen verfügen über eine automatische Analog/Digitalspannungserkennung, die – im Unterschied zu neueren Lokdecodern – nicht über die Fahrzeugparameterprogrammierung ausgeschaltet werden kann. Fahrzeuge mit solchen Lokdecodern ließen sich bei gleichzeitig gesendetem Selectrix-Datenformat nicht steuern. Die Bedienungsanleitung der Intellibox enthält eine Liste der zum Betrieb mit der Intellibox geeigneten Lokdecoder und enthält darüberhinaus Hinweise, wie auftretende Schwierigkeiten behoben werden können.

Schaltet man die Intellibox aus, so stellt man nach der erneuten Inbetriebnahme fest, daß Fahrzeugdaten (z.B. Fahrtrichtung) nicht gespeichert werden, auch wenn der entsprechende Menüpunkt Startmodus gemäß Handbuch programmiert wurde. Das hat zur Folge, daß Märklin Digital-Loks – sofern nicht die Vorzugsfahrtrichtung zufällig mit der gewünschten Fahrtrichtung übereinstimmt – in die andere Richtung losfahren. Dieses Manko sollte beim nächsten Update beseitigt werden.

Die Funktion Lokadressensuche arbeitete nicht bei allen NMRA-Lokdecodern zuverlässig. Vermutlich ist dies auf die unterschiedlichen Decoderkonstruktionen zurückzuführen, die nicht alle gleichartig auf das bei der Intellibox verwendete Suchkriterium Stromaufnahme reagieren.

Ansonsten traten keine Funktionsstörungen auf. Dies erscheint angesichts der vergleichsweise komplexen Funktionalität der Intellibox besonders bemerkenswert.

Bedienungsanleitung

Im Handbuch sind auf 65 Seiten im DIN-A-5-Format in knapper Form alle Funktionen der Intellibox beschrieben.

Die durch wenige Photos und ebenso wenige Zeichnungen ergänzte Beschreibung ist eher für technisch vorgebildete Insider, als für Digital-Einsteiger und Digital-Umsteiger von anderen Fabrikaten geeignet.

Multiprotokollfähigkeit – Theorie und Praxis

Warum sollen Anwender einer NMRA-Digitalsteuerung wie Arnold Digital (alt), Roco-

Digital, LGB-Digital, Märklin-Digital= auf die Intellibox umsteigen? Bekanntlich bietet Digital Plus Besitzern solcher Digitalsteuerungen mit dem sog. Übersetzungsmodul LC 100 schon seit einigen Jahren – ebenfalls unter Beibehaltung ihrer Digitalgeräte – einen Weg zum Umstieg auf eine Profi-Digitalsteuerung.

Der Wunsch zum gleichzeitigen Einsatz von Märklin-Digital-Loks kann es kaum sein, denn diese Triebfahrzeuge erhält man heute als Zweileiter-Zweischienen-Gleichstrom-Version bei Trix. Und für den Preis einer Intellibox und können viele Triebfahrzeuge mit einem NMRA-Lok-Decoder ausgerüstet werden. Gravierende Vorteile der Intellibox beim Betrieb von NMRA-Loks sind im Vergleich zu anderen NMRA-Digitalsteuerungen nicht feststellbar. Hinsichtlich der Bedienung ist Arnold Digital (neu) gleichwertig und Digital Plus verzeichnet mit seinen mobilen Handsteuergeräten LH 100 und LH 200 deutliche Vorteile. Hinsichtlich der Kompatibilität ist Digital Plus der Intellibox in einem wichtigen Punkt überlegen, denn es erlaubt die Kombination analoger und digitaler Stromkreise auf einer Anlage und den Einsatz von Analog-Loks. Gerade für N-Bahner mit den begrenzten Platzverhältnissen in Triebfahrzeugen kann die Analogkompatibilität der kaufentscheidende Vorzug sein.

Warum sollten Märklin Digital Anwender auf die Intellibox umsteigen? Wer künftig die feinfühligere Geschwindigkeitssteuerung oder die komfortablen Programmiermöglichkeiten einer NMRA-Digitalsteuerung nutzen möchte, der kann seine Motorola-Digital-Loks beibehalten und sie durch Fahrzeuge mit NMRA-Decodern ergänzen. Die Intellibox leistet das. Aber die Frage nach dem praktischen Nutzen einer solchen Vorgehensweise sei dennoch erlaubt. Wer nämlich auf einer Märklin Anlage mit Zweischienen-Dreileiter-Gleisen Triebfahrzeuge mit NMRA-Lokdecodern einsetzen möchte, der muß eine zweite Systemschranke überwinden und diese Loks zuerst einmal mit einem dafür geeigneten Stromabnahmesystem (z. B. Schleifer für Punktkontaktsystem) ausstatten. Zudem müssen Abstriche beim Fahrverhalten gemacht werden, weil vorbildgerechte Bremsvorgänge unter Verwendung des Signalmodules bei gemischtem Betrieb nicht mehr möglich sind. Zu den ausgesprochenen Pluspunkten der Intellibox zählen aussagekräftiges LCD-Display mit Benutzerführung, virtuelle Lokadressen zur praxisnahen Bezeichnung von Triebfahrzeugen, keine Geschwindigkeitssprünge bei der Übernahme einer fahrenden Digital-Lok, Mehrfachtraktion, Lokadressensuchfunktion, Zwischenspeicherung und optische Anzeige der Rückmeldungen von den s88 Rückmeldedecodern, schnelles Interface, problemloser Anschluß schon vorhandener Märklin Digital Komponenten und eine sehr märklinnahe Gestaltung der Bedienungsoberfläche – alles Eigenschaften, die Märklin Digital derzeit so nicht zu bieten vermag.

Deshalb profitieren Märklin Digital Anhänger von den Eigenschaften der Intellibox zweifellos am meisten. Keiner dieser Vorzüge bedingt jedoch die Multiprotokollfähigkeit.

Wer heute eine Selectrix-Digitalsteuerung besitzt und auf das genormte NMRA-System umsteigen möchte kann die Intellibox in Betracht ziehen. Damit lassen sich vorhandene Selectrix-Loks weiter betreiben und gleichzeitig die Umstellung auf NMRA-konforme Digital-Loks vollziehen. Aber der Preis einer solchen Umstellung ist außerordentlich hoch, denn mit Ausnahme der Selectrix-Loks können in Verbindung mit der Intellibox keinerlei Selectrix-Geräte weiter benutzt werden – das gilt für stationäre und mobile Fahrgeräte, Booster, Magnetartikeldecoder, Besetztmelder Interface, usw. Außerdem müßte der Selectrix-Anwender Abstriche bei den Fahreigenschaften hinnehmen, denn bei gleichzeitigem Betrieb von Selectrix- und NMRA-Loks lassen sich vorbildgerechte Bremsvorgänge in Abhängigkeit von Signalstellungen – wie dies gerade bei Selectrix mittels billiger Bremswegdioden auf besonders einfache Weise möglich ist – mit der Intellibox nicht mehr verwirklichen. Im Bereich digital Schalten muß auf echte Stellungsanzeigen, wie sie der Selectrix-Funktionsdecoder liefert, verzichtet werden. Auf dem Sektor digital Melden müßten die Selectrix-Besetztmelder durch eine Kombination von s88 Rückmeldedecodern und zusätzlichen Gleisbesetztmeldern ersetzt werden. Angesichts solcher Nachteile erscheint ein Umstieg von Selectrix-Anwendern auf die Intellibox eher unwahrscheinlich.

Diese Aspekte verdeutlichen die Grenzen der Multiprotokollfähigkeit und relativieren die theoretischen Vorteile dieser Technik.

So erscheint die Frage durchaus legitim, welcher Anwenderkreis von dem technischen Aufwand der Multiprotokollfähigkeit einen Nutzen hat. Digitaleinsteiger werden sich vermutlich für ein Gleissystem und ein Digitalsystem entscheiden. Die Zahl der Umsteiger von einem zum anderen Digitalsystem dürfte angesichts der mit einem solchen Schritt verbundenen Restriktionen eine Minderheit darstellen.

Zusammenfassung

Das Markenzeichen der Intellibox heißt Multiprotokollfähigkeit. Ob die Kunden das Gerät gerade wegen dieser Eigenschaft anschaffen, darf in Frage gestellt werden, zumal die aus dem gleichzeitigen Einsatz von Digital-Loks mit unterschiedlichen Datenformaten im täglichen Modellbahnbetrieb erwachsenden Probleme – wie extrem unterschiedliches Fahrverhalten bei handgesteuertem Betrieb und abrupt verlaufende Bremsvorgänge vor Signalen – offenkundig sind. Solche Einschränkungen sind mit dem Anspruch der Digitaltechnik schwer vereinbar.

Im Auslieferungszustand ist bei der Intellibox das Motorola Datenformat eingestellt. Für Märklin Digital Anwender bietet die Intellibox zahlreiche Vorzüge – wie aussagekräftiges LCD-Display mit Benutzerführung, mehrstellige Lokadressen zur praxisnahen Bezeichnung von Triebfahrzeugen, Vermeidung von Geschwindigkeitssprüngen bei der Übernahme fahrender Digital-Loks, Doppel- und Mehrfachtraktion, Lokadressensuchfunktion, Zwischenspeicherung und optische Anzeige der Rückmeldungen von den s88 Rückmeldedecodern, schnelles Interface und weitere Nutzbarkeit vorhandener Märklin Digital Komponenten – die Märklin Digital derzeit nicht hat. Hinzu kommt ein attraktiver Preis.

Anders sieht das Bild bei einer artreinen Nutzung der Intellibox für NMRA-Digital-Loks aus. Eine komfortable mobile Fahrzeugbedienung, stationäre Decoder mit echter Rückmeldung, usw. findet man bei Mitbewerbern.

Schließlich bleibt eine gewisse Unsicherheit, ob mit der Intellibox auch alle künftigen Entwicklungen anderer Hersteller abgedeckt werden können. Denn vom Prinzip her reagiert man mit der Multiprotokolltechnik nur auf Weiterentwicklungen anderer Hersteller – man vollzieht sie mit Zeitversatz nach. Die Schrittmacher der Digitaltechnik sitzen in anderen Firmen und sie bestimmen die Technik.

8 Trix Selectrix 2000

Trix ist der Pionier auf dem Sektor Digitaler Mehrzugsteuerungen. Bereits 1983 wurde das für Zweischienen-Zweileiter-Gleichstrom-Bahnen der Baugrößen N bis H0 konzipierte Selectrix-System vorgestellt. Die Steuerung arbeitet mit dem nicht genormten, hauseigenen Selectrix-Datenformat. Zusätzlich sind neuerdings auch Digital-Loks mit NMRA-Lokdecodern steuerbar. Voraussetzung für den Digitalbetrieb ist die Ausrüstung sämtlicher Triebfahrzeuge mit einem Lokdecoder. Das Angebot deckt alle Anwendungen von der Fahrzeugsteuerung über das Schalten von Magnetartikeln bis hin zur Übertragung von Meldungen ab.

Systemeigenschaften

In der folgenden Tabelle sind die wesentlichen Systemeigenschaften der Profiversion, die bei diesem Anbieter auf dem Einsteigergerät aufbaut, verglichen.

Kompatibilität für Ein- und Umsteiger

Trix hat sich von Anfang an auf eine „artreine" Digitalsteuerung festgelegt; eine Entscheidung, die vor allem technische Vorzüge

Systemeigenschaften von Trix Selectrix

Anbieter:	Trix Control 2000	Trix Selectrix 2000 Profisystem
Zahl steuerbarer Digital-Loks	9	99 1)
Zahl der im Digitalstromkreis steuerbaren Analog-Loks	0	0
Digital-Lok im Analogstromkreis steuerbar	Ja 2)	Ja 2)
Digital-Loks anderer Digitalsysteme einsetzbar	Ja, NMRA	Ja, NMRA
Doppeltraktion/Mehrfachtraktionsbetrieb vorgesehen	Nein	Ja
Anzahl der fernsteuerbaren Zusatzfunktionen je Triebfahrzeug	2	2
Anzahl der fernsteuerbaren Zusatzfunktionen bei Verwendung eines Funktionsdecoders	–	4
Einstellung der Fahrzeugparameter manuell (Codierschalter, Potentiometer)	–	–
Einstellung der Fahrzeugparameter elektronisch auf Programmiergleis	Ja	Ja
Einstellung der Fahrzeugparameter elektronisch auf der Anlage während des Betriebes	–	–
Anzeige eingestellter Fahrzeugparameter	Ja	Ja
Fahrstufenzahl zur Geschwindigkeitssteuerung	31	31
Anfahr- und Bremsverzögerung lokbezogen einstellbar	Nein	Ja
Lokbezogene Höchstgeschwindigkeit einstellbar	Nein	Ja
Lastausgleich (Motordrehzahlregelung) vorhanden	Ja	Ja

Anbieter:	**Trix**	**Trix**
	Control 2000	Selectrix 2000 Profisystem
Vorbildgerecht verzögerte Brems- und Anfahrvorgänge in Abhängigkeit von Signalstellungen realisierbar	Nein	Ja [3])
Digitalzentrale updatefähig	Nein	Nein
Mobile Fahrzeugsteuerung und -bedienung	Nein	Ja, wahlweise
Gemeinsames Spiel mehrerer Partner möglich	Nein	Ja
Übergabe bzw. Übernahme von Zügen zwischen den Bedienungseinrichtungen	Nein	Ja
Zahl steuerbarer doppelspuliger Magnetartikel	–	832 [4])
Stellungsmeldungen	–	Echt
Zahl der übertragbaren Rückmeldungen	–	832 [5])
Fahrstraßenschaltung	–	Ja
Fahren, Schalten, Melden und Betrieb nach Fahrplan mittels Interface, PC, Software	–	Ja
Erhöhung der elektrischen Leistung durch Booster zum Betrieb großer Anlagen	–	Ja
Einsteiger-Digitalgerät beim Aufstieg zum Profi-Digitalsystem weiter verwendbar	Ja, als Zentrale	–

Achtung: alle Angaben beziehen sich auf den ausschließlichen Einsatz von Selectrix-Loks! Für den gleichzeitigen Einsatz von NMRA-Loks ergeben sich andere Zahlen; Programmierung, Anzeige und Änderung von Fahrzeugparametern sind bei NMRA-Loks nicht möglich, Fahrstufenzahl ist auf 14 begrenzt, NMRA-Magnetartikeldecoder und Rückmeldedecoder sind nicht verwendbar.

[1]) Theoretischer Wert, Zahl gilt bei ausschließlichem Einsatz von Selectrix-Loks; der Einsatz von Magnetartikeldecodern und Rückmeldedecodern reduziert die Anzahl der Digital-Loks. Eine Adresse dient entweder der Steuerung einer Selectrix-Lok oder eines Magnetartikeldecoders (mit 8 doppelspuligen Magnetartikeln) oder eines Rückmeldedecoders (zur Überwachung von acht Gleisabschnitten). [2]) Manuelle Betriebsarteneinstellung erforderlich, keine automatische Erkennung der Betriebsspannungsart. [3]) Aussage gilt ausschließlich für artreinen Betrieb von Selectrix-Loks; bei gleichzeitiger Verwendung von Loks mit NMRA-Lokdecodern funktioniert das vorbildgerechte Bremsen in Abhängigkeit von Signalstellungen nicht. [4]) Theoretischer Wert, Zahl gilt bei ausschließlichem Einsatz von Magnetartikeldecodern; Einsatz von Digital-Loks und Rückmeldedecodern reduziert den Wert. [5]) Theoretischer Wert, Zahl gilt bei ausschließlichem Einsatz von Rückmeldedecodern; Einsatz von Digital-Loks und Magnetartikeldecodern reduziert den Wert

hat, für den Anwender jedoch nicht nur Vorteile mit sich bringt.

Selectrix-Loks mit neueren Lokdecodern sind – nach entsprechender Programmierung – auch mit Gleichstromfahrpulten auf herkömmlichen Anlagen steuerbar. Allerdings ist die Kombination von Analog- und Digitalstromkreisen auf einer Anlage mit Zugfahrten über die Stromversorgungsgrenzen hinweg ausgeschlossen, weil Selectrix-Lokdecoder die Art der Versorgungsspannung (Analog/Digital) nicht selbsttätig erkennen.

Neben Selectrix-Loks sind mit den Bedienungsgeräten von Trix auch Triebfahrzeuge mit NMRA-konformen Lok-Decodern im Digitalstromkreis steuerbar. Allerdings ist der Nutzen dieser Eigenschaft begrenzt, denn die Fahrstufenzahl von NMRA-Loks ist auf 14 begrenzt, die Fahrzeugparameter von NMRA-Loks lassen sich mit Selectrix-Geräten nicht einstellen und signalstellungsabhängige, vorbildgerechte Brems- und Anfahrvorgänge funktionieren beim gleichzeitigen Einsatz von NMRA-Loks nicht mehr.

Digital fahren ist unter Beibehaltung einer konventionellen Magnetartikelsteuerung ebenso möglich wie rechnerüberwachte Betriebsführung oder gleichzeitig digital Fahren, Schalten und Melden.

Wer mit dem Selectrix-Einsteigergerät begonnen hat, braucht dieses lediglich zu ergänzen und besitzt damit die Profiversion, denn das Basisgerät enthält bereits eine vollwertige Selectrix-Zentrale. Folglich können alle Komponenten der Einsteigerversion bei einem Aufstieg zur Profiversion weiter genutzt werden.

Trix verwendet auch bei seiner Einsteiger-Digitalsteuerung Digital-Loks mit Standard Lokdecodern. Folglich können diese Fahrzeuge auch bei der Profi-Digitalsteuerung eingesetzt werden.

Mit einer Entscheidung für das Selectrix-System geht man eine ausschließliche Fabrikatsbindung an Trix ein, denn zu anderen genormten Digitalsystemen besteht nur eine äußerst begrenzte Kompatibilität.

Konzeption und Angebot

Trix SELECTRIX ist modular aufgebaut. Folglich kann der Anwender die für seine Anlage notwendigen Bausteine anwendungsbezogen wählen und individuell zusammenstellen. Eine mit der Anlage oder mit den eigenen technischen Ansprüchen wachsende, schrittweise Erweiterung der Digitalsteuerung ist auf diese Weise gewährleistet. Trix bietet für bestimmte Aufgabenbereiche gleich mehrere Gerätevarianten an. Deshalb steht ein umfangreiches Angebot zur Verfügung. Details gehen aus der nebenstehenden Tabelle hervor.

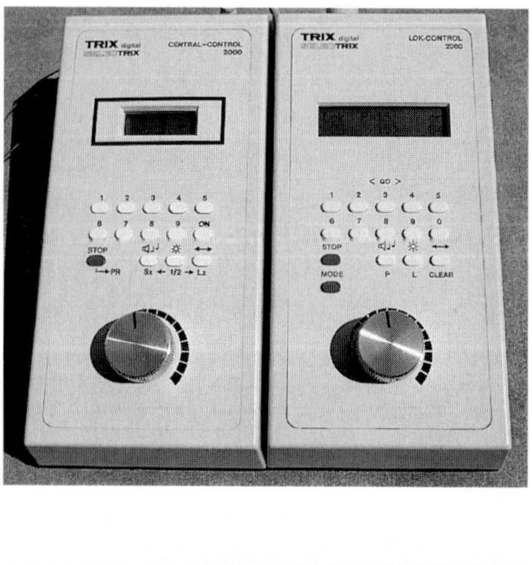

Zentrale und stationäres Fahrgerät Lok Control 2000

Bedienung

Zur Steuerung von Digital-Loks steht eine ortsfeste Zentraleinheit zur Verfügung. Sie Läßt sich durch weitere ortsfeste Geräte genannt Lok Control 2000 ergänzen oder durch mobile Handsteuergeräte namens Control Handy. Damit sind alle Anordnungvarianten – zentral, dezentral und mobil – realisierbar. Der Funktionsumfang von Lok Control 2000 und Control Handy sind im wesentlichen identisch. Das Lok Control 2000 kann mit einem Fahrstraßenbaustein noch erweitert werden. Während das Lok Control zur Geschwindigkeitssteuerung ein feinfühliges Drehpotentiometer hat, wird diese Funktion beim Control Handy mittels Tasten bedient.

Beide Geräte verfügen über eine aussagekräftige LCD-Anzeige, welche die wichtigsten Parameter wie z. B. Lokadresse, Fahrtrichtung, Fahrstufe, Status Zusatzfunktion ständig anzeigt.

Sollen mit einem Gerät mehrere Digital-Loks gleichzeitig fahren, so können mehrere Triebfahrzeuge nacheinander aufgerufen, Daten eingegeben und die Fahrzeuge an die Zentrale übergeben werden.

Ein einfaches Tastenstellpult fehlt im Angebot. Deshalb müssen Magnetartikel ebenfalls mit dem Lok Control 2000 oder dem Control Handy geschaltet werden; Bedienung und Stellungsanzeige sind im Vergleich zu einem Tastenstellpult natürlich ungleich aufwendiger. Eine andere Möglichkeit zur Magnetartikelbedienung stellt die Verwendung eines Gleisbildstellpultes in Verbindung mit dem Schnittstellenbaustein Encoder A dar.

Bei der Anzeige von Rückmeldungen besteht eine ähnliche Situation – entweder ständige Anzeige mittels Schnittstellenbaustein Encoder B auf einem Gleisbildstellpult oder erst nach speziellem Adressenaufruf auf dem Display des Lok Control 2000 bzw. dem Control Handy.

Übersicht Trix Selectrix Angebot

Nr.	Art.-Nr.	Bezeichnung	Erläuterung
1	6002	Transformer (von Märklin)	Energieversorgung für Zentraleinheit und Booster
2	66800	Central Control 2000	Einsteigergerät zum Betrieb von bis zu 9 Digital-Loks mit integrierter Zentraleinheit für Fahren, Schalten und Melden
3	66816	Lok Control 2000	Stationäres Bedienungsgerät für bis zu 99 Digitalloks, zum Schalten von Magnetartikeln, Anzeige von Rückmeldungen, zur Programmierung von Fahrzeugparametern und Magnetartikeldecodern, sowie integrierter Modellzeituhr
4	66881	Nachrüstsatz für Fahrstraßenschaltung für Lok Control 2000	40 Fahrstraßen mit je 6 Weichen bzw Signalen
5	66815	Control Handy	Wie 66816, jedoch mobiles Handsteuergerät mit Tasten
6	66807	Power Pack 2000	Booster zur Erhöhung der elektrischen Leistung bei größeren Digitalanlagen
7	66843	Translater	Verbindungselement für vor 1994 gebaute Selectrix Bausteine mit den Selectrix 2000 Komponenten
8	66830	Lokdecoder für NEM (S) Schnittstelle	Lokdecoder 500 mA für N-Fahrzeuge mit Permanentmagnetmotor, Motordrehzahlregelung, einstellbare Massensimulation und lokspezifische Höchstgeschwindigkeit, eine fernsteuerbare Zusatzfunktion
9	66832	Lokdecoder	Lokdecoder 1200 mA für H0-Fahrzeuge mit Permanentmagnetmotor, Motordrehzahlregelung, einstellbare Massensimulation und lokspezifische Höchstgeschwindigkeit, zwei fernsteuerbare Zusatzfunktionen
10	66833	Lokdecoder für NEM (M) Schnittstelle	Wie vor, jedoch mit Schnittstellenstecker
11	66834	Funktionsdecoder	Fernsteuerung (4 x 200 mA) von bis zu 4 Funktionen z.B. in Steuerwagen
12	66880	Bremsweg Diode (4 Stk)	Vorbildgerechte Bremsvorgänge vor Halt zeigenden Signalen bei Selectrix-Loks mit Lokdecodern Nr. 66830, 66832 und 66833
13	66822	Encoder A	Schnittstellenbaustein zwischen Gleisbildstellpult oder einzelnen Tasten und Digitalanlage zur Eingabe von Stellbefehlen für Funktionsdecoder
14	66819	Gleichrichter	Stromversorgung für Encoder A
15	66828	Funktionsdecoder	Empfänger für 8 doppelspulige Magnetartikel, wahlweise Impulsausgang für Weichen/Signale oder Dauerstromausgang für Lichtsignale, echte Rückmeldung von Weichen bzw. Signalstellungen, auch anstelle des Encoders B als Schnittstellenbaustein zur Anzeige von Gleisbesetztmeldungen auf einem Gleisbildstellpult verwendbar
16	66820	Besetztmelder	Rückmeldedecoder für 8 Gleisabschnitte (Gleisbesetzt- und Gleisfreimeldungen)
17	66882	Widerstandslack	Zur Überbrückung von Achsisolierungen, damit auch Fahrzeuge ohne Stromverbraucher vom Besetztmelder erkannt werden
18	66823	Encoder B	Schnittstellenbaustein zwischen Digitalanlage und Gleisbildstellpult oder einzelnen Leuchtmeldern zur optischen Anzeige von Meldungen des Besetztmelders
19	66586	Verlängerungsleitung 5 m	Verlängerungsleitung mit Viefachverteiler für Sx- und Px-Bus
20	66587	Verlängerungsleitung 1 m	Verlängerungsleitung mit zwei Steckern für Sx- und Px-Bus
21	66842	Interface	Steuerung von Digitalanlagen mittels PC und Software
22	66829	Kehrschleifenmodul	Zum durchfahren von Zweischienen-Zweileiter-Gleisen mit Selektrix-Loks
23	69005	Handbuch, Teil 1	Selectrix – Modellbahn Digital, Teil 1 (Einstieg, Grundlagen)
24	69009	Handbuch, Teil 2	Selectrix – Modellbahn Digital, Teil 2 (Schaltungsbeispiele)

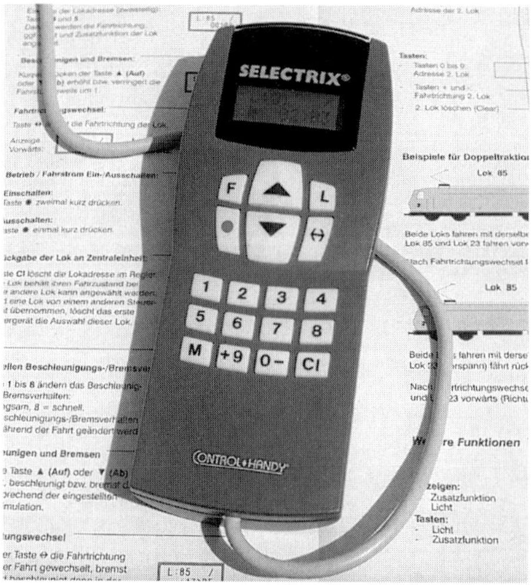

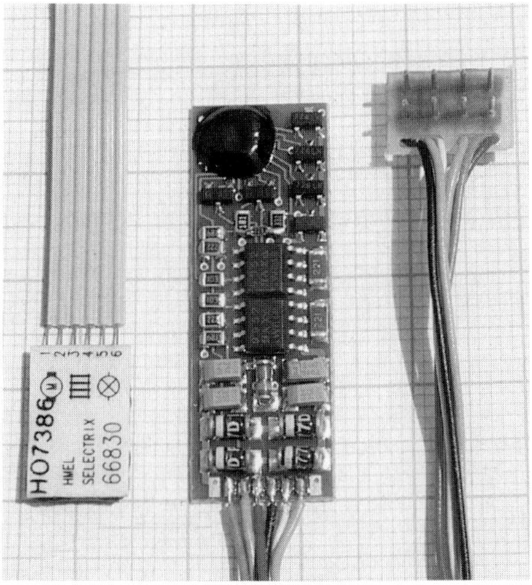

Links: Mobiles Fahrgerät Control Handy

Rechts: Das Selectrix Lokdecoderangebot

Die Tasten verfügen über eine ausreichende Größe und gut fühlbare Druckpunkte. Die zugeordneten Piktogramme sind ohne Bedienungsanleitung kaum zu deuten. Wegen des großen Funktionsumfanges – eine elektronische Programmierung der Fahrzeugparameter, eine Modellbahnuhr, die Magnetartikelbedienung und die Anzeige von Gleisbesetztzuständen sind im Lok Control 2000 und im Control Handy ebenfalls integriert – sind Mehrfachbelegungen der Tasten unvermeidlich.

Digital-Loks, Lokdecoder und Nachrüstkonzept

Betriebsfertige Digital-Loks finden sich in den Baugrößen N und H0 bei Trix nicht im Angebot. Der Hersteller rüstet Fahrzeuge beider Baugrößen zunehmend mit NEM-Schnittstellen aus und liefert die entsprechend ausgeführten Lokdecoder.

Abmessungen der Selectrix-Lok-Decoder

Lfd. Nr.:	Artikel-Nr.:	Abmessungen L x B x H [mm]	Ausgangsstrom (für Motor) in [mA]	Fernsteuerbare Zusatzfunktionen
1	66 830	14 x 9 x 2,5	500	1
2	66 832/3	37,5 x 12,5 x 3	1200	2

Für N und H0 sind Lokdecoder auch einzeln zur Umrüstung von Trix Fahrzeugen und von Fremdfabrikaten erhältlich.

Selectrix-Lok-Decoder sind besonders klein und damit vergleichsweise leicht in den Fahrzeugen unterzubringen. Die Abmessungen gehen aus der Tabelle hervor. Hervorzuheben ist die außerordentlich flache Bauweise des Typs 66830, der sich daher besonders gut in Fahrzeugen der Baugröße N einbauen läßt.

Was die technischen Eigenschaften angeht, so sind die beiden Typen – abgesehen vom Ausgangsstrom und der Zahl der Zusatzfunktionen – fast identisch.

Für den Lokdecodereinbau in Fahrzeuge ohne Elektrische Schnittstelle verweist Trix auf autorisierte Umrüstbetriebe für hauseigene Loks und für Fremdfabrikate. Die Fa. Rautenhaus, Modellbahntechnik, Bürgermeister-Mävers-Straße 2a, in 28857 Syke, Telefon: (0 42 42) 43 77, hat für zahlreiche N-Fremdfabrikatloktypen speziell gefertige Platinen mit integrierter Schnittstelle im Angebot.

Zusatzfunktionen

Trix Selectrix bietet wie alle Profi-Digitalsteuerungen eine Dauerzugbeleuchtung.

Konstruktiv sind in Selectrix Lokdecodern lediglich eine bzw zwei fernsteuerbare Funktionen integriert. Eine Funktion wird für das ein- und ausschalten der fahrtrichtungsabhängigen Stirnlampenbeleuchtung der Digital-Loks genutzt; die zweite Funktion steht nur beim größeren der beiden Lokdecoder zur Verfügung.

Trix bietet leider keine betriebsfertige Digital-Lok mit fernsteuerbaren Zusatzfunktionen – analog der Märklin TELEX-Kupplung oder mit Geräuschsimulationseinrichtungen – an.

Neuerdings ist ein separater Funktionsdecoder zur Fernsteuerung von bis zu vier Funktionen erhältlich. Dessen Abmessungen sind erfreulicherweise so gewählt, daß er auch in Fahrzeuge der Baugröße N hineinpaßt.

Hinsichtlich fernsteuerbarer Zusatzfunktionen besteht bei Trix sowohl in Baugröße N als auch in H0 ein erhebliches Defizit – dies erscheint um so verwunderlicher, als der Pionier der Digitalen Mehrzugsteuerungen doch sicher dieses Potential als einer der ersten hätte nutzen können.

Fahrzeugparameter einstellen

Nachdem durch Digital Plus und Arnold Digital die Vorzüge einer elektronischen Programmierung, Anzeige und Änderung von Fahrzeugparametern ohne Öffnung der Digital-Loks schnell offenkundig wurden, hat Trix dieses anwenderfreundliche System als nächster Digitalanbieter für das hauseigene Selectrix System realisiert. Nachdem es dafür zunächst den Programmer Nr. 66841 als separates Gerät gab, sind dessen Funktionen inzwischen im Lok Control 2000 und im Control Handy integriert. Vom Anwender einstellbar sind pro Digital-Lok die in der Tabelle aufgezählten Eigenschaften.

Fahrverhalten

Zur Geschwindigkeitssteuerung stehen 31 Fahrstufen zur Verfügung. Der bereits seit 1983 in allen bisher produzierten Lokdecodertypen integrierte Lastausgleich trägt entscheidend zu einem als schlicht hervorragend einzustufenden Fahrverhalten sowohl bei N- wie bei H0-Digital-Loks bei. Selbst weniger gut laufende Analog-Loks bieten nach dem Einbau eines Selectrix Lok-Decoders passable Fahreigenschaften.

Die bei Selectrix verwandte Motordrehzahlregelung führt zu einem den anderen Profi-Digitalsteuerungen noch um einen Tick überlegenen Fahrverhalten – ausgesprochen sanft, vergleichsweise ruhig (geräuschlos) und ohne jede sichtbare lastabhängige Geschwindigkeitsänderung!

Fahrverhalten in Signalhalteabschnitten

Trix bietet zur Realisierung vorbildgerecht verlaufender Brems- und Anfahrvorgänge in Abhängigkeit von Signalstellungen eine wir-

Vom Anwender einstellbare Fahrzeugparameter

Lfd. Nr.	Funktion	Bemerkung
1	Lokadressen	01 bis 104 [1])
2	Loktypbezogene Höchstgeschwindigkeit	Stufe 1 bis 7, Reduzierung um bis zu 40%
3	Massensimulation (auch wirksam in Signalhalteabschnitten) [2])	Stufe 1 bis 8, ca. 10 cm bis 180 cm jeweils Anfahr- und Bremsweg
4	Aufbau eines Signalhalteabschnittes	ein- oder zweiteiliger Abschnitt
5	Motorcharakteristik (Anpassung Regelungsverhalten an Motor/Getriebe)	Stufe 1 bis 4, Impulsdauer

[1]) In der Praxis nur bis Adresse 99, weil Lok Control 2000 und Control Handy nur zweistellige Adresseneingaben erlauben. [2]) Stufenzahl ist geräteabhängig, Lok Control 1–5, Control Handy 1–8.

Üblicher Aufbau eines Signalhalteabschnittes. Die Zugbeeinflussung geschieht durch ein- und ausschalten der Stromversorgung (Zeichnung); bei Selectrix genügt die Überbrückung des Kontaktes mit einer Bremswegdiode für vorbildgerecht verzögerte Bremsvorgänge in Abhängigkeit der Signalstellung.

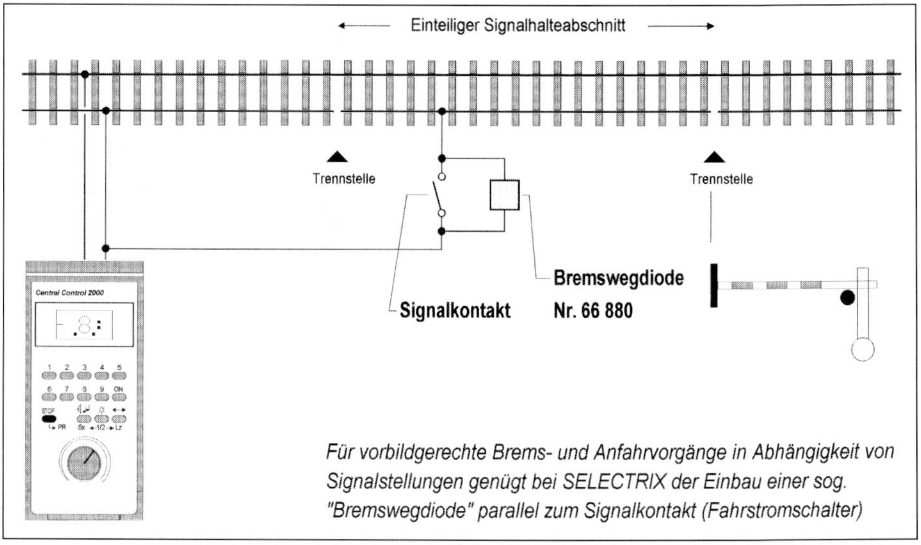

kungsvolle und zugleich äußerst preiswerte Lösung, nämlich den Einbau einer sog. Bremswegdiode in den Signalhalteabschnitt. Pro Signalhalteabschnitt wird eine Bremswegdiode benötigt.

Nachteil dieser Methode ist, daß die Helligkeit der Beleuchtung von Wagen mit Innenbeleuchtungen vor Halt zeigenden Signalen verschieden ist; außerhalb des Signalhalteabschnittes stehende Wagen leuchten hell, innerhalb des Abschnittes stehende Wagen leuchten nur etwa halb so hell.

Zu beachten ist, daß nur die Lokdecoder Nr. 66830, 66832, 66833 und 66831 auf Bremswegdioden reagieren. Mit den früher ausgelieferten Decodern Nr. 66825 und 66826 ist dieser Effekt nicht realisierbar.

Mischbetrieb

Trix hat mit dem Einsteigergerät Central Control 2000 als erster Anbieter ein Multiprotokollsystem auf den Markt gebracht und nennt diese Betriebsweise Mischbetrieb. Innerhalb eines Digitalstromkreises können mit Trix Fahrgeräten Triebfahrzeuge mit Selectrix-Decodern und solche mit NMRA-Decodern gesteuert werden.

Im Mischbetriebsmodus teilt das System die insgesamt 104 zur Verfügung stehenden Adressen in zwei feste Blöcke auf, nämlich in die Adressen 01 bis 64 für Selectrix-Komponenten und die Adressen 65 bis 104 für NMRA-Loks.

NMRA-Loks lassen sich hinsichtlich Fahrtrichtung und Geschwindigkeit steuern, aber ihre fahrzeugspezifischen Daten – wie Adresse, Höchstgeschwindigkeit, Anfahr- und Bremsverhalten, Mindestanfahrspannung, usw. – lassen sich weder programmieren und anzeigen, noch ändern. Auch Zusatzfunktionen sind mit den Selectrix Fahrgeräten nur eingeschränkt ansprechbar.

Viele NMRA-Decoder sind inzwischen wahlweise für 14, 27, 28 oder gar 128 Fahrstufen ausgelegt; Selectrix Fahrgeräte stellen im NMRA-Modus jedoch nur 14 Fahrstufen zur Verfügung. Erhebliche Abstriche bei der Feinfühligkeit der Geschwindigkeitssteuerung sind die Konsequenz.

Bei Mischbetrieb funktioniert das bei artreinem Selectrix- oder NMRA-Betrieb signalstellungsabhängige, allmähliche Bremsen nicht mehr. Auch in diesem Punkt sind beim Fahrverhalten Abstriche hinzunehmen.

Der Nutzen des Mischbetriebsmodus ist aufgrund der damit einher gehenden Nachteile beim Fahrverhalten und vor allem wegen der fehlenden Möglichkeiten zur Programmierung der Fahrzeugeigenschaften als gering einzustufen.

Digital Schalten

Zur Schaltung von jeweils acht doppelspuligen Magnetartikeln oder Dauerstromverbrauchern ist eine von insgesamt 104 Adressen erforderlich. Bei der neuen Gerätegeneration bleibt beim Ausschalten der Anlage die letzte Stellung aller Magnetartikel gespeichert, so daß bei der nächsten Inbetriebnahme der Anlage der vorherige Zustand als definierte Ausgangsstellung vorgefunden wird.

Seit das Route Control Nr. 66813 und das Funktionspult Nr. 66803 als zugehörige Ablage aus dem Angebot gestrichen wurden, fehlt im Selectrix Angebot ein einfaches Tastenstellpult mit Stellungsanzeigen.

Magnetartikel lassen sich mit dem Lok Control 2000 und dem Control Handy schalten; in beiden Fällen wird die Stellung der Magnetartikel auf dem LCD Display nur vorübergehend angezeigt. Der Vorteil der bei Selectrix neuerdings echten Stellungsanzeige kommt so nicht so recht zur Geltung. Einen Ersatz für eine schnelle, unkomplizierte Tastenbedienung und vor allem für eine ständig ablesbare Stellungsanzeige bietet diese eher bedienungsunfreundliche Lösung nicht.

Eine Alternative stellt der Encoder A in Verbindung mit dem Gleichrichterbaustein dar. An die acht Eingänge dieses Schnittstellenbausteines können Stell- und Anzeigeelemente des Trix Gleisbildstellpultes oder aber auch Selbstbautaster und Leuchtmelder angeschlossen werden. Diese Lösung ist verdrahtungsintensiv und damit aufwendig.

Eine weitere Bedienungsmöglichkeit besteht in der Ergänzung des Lok Control 2000

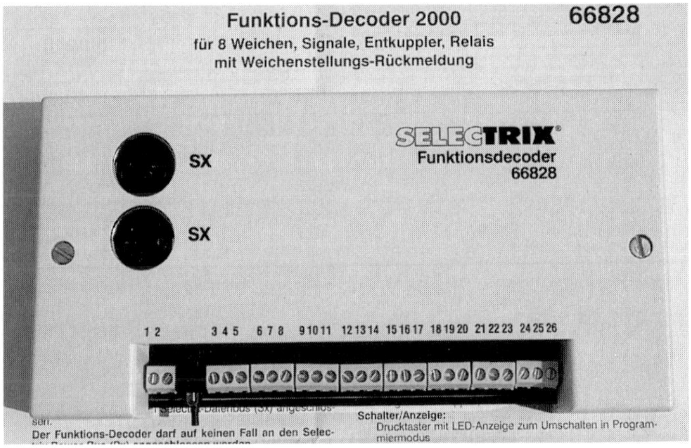

Selectrix Funktionsdecoder für acht Magnetartikel und echter Stellungsmeldung

durch einen Fahrstraßenbaustein, der das Stellen von 40 Fahrstraßen mit jeweils nur 6 Weichen bzw. Signalen erlaubt.

Schließlich besteht eine weitere Bedienungsmöglichkeit im völligen Verzicht auf Encoder A, Lok Control 2000 und Control Handy. Stattdessen sind das erfreulich schnelle Trix-Interface, Software und ein PC notwendig.

Nun zum Pendant der Bedienungseinrichtungen für Magnetartikel und Dauerstromverbraucher, den unabhängig von der Bedienungsart auf der Anlage erforderlichen, stationären Decodern. Wie erwähnt beträgt die Zahl der mit einer Adresse schaltbaren Verbraucher acht. Deshalb lassen sich an einen Funktionsdecoder acht doppelspulige Verbraucher anschließen. Die Ausgänge lassen sich wahlweise auf eine variable Impulszeit oder Dauerstrom programmieren. Mit diesem Decoder können Weichen bzw. Formsignale und Lichtsignale betrieben werden. Der Decoder verfügt über eine externe Stromversorgungsmöglichkeit für angeschlossene Verbraucher – zweifellos ein erwähnenswerter Vorteil.

Ein Decoder mit (potentialfreien) Relaisausgängen – beispielsweise zum Schalten von Digitalstrom in Signalhalteabschnitten – ist nicht im Angebot. Dies läßt sich realisieren, indem an den Impulsausgang ein bistabiles Relais angeschlossen wird.

Der Funktionsdecoder mit externer Stromversorgungsmöglichkeit, wahlweise einstellbaren Impuls- oder Dauerstromausgängen und echter Stellungsrückmeldung ist ein echter Vorteil. Eine Variante mit Relaisausgängen wäre wünschenswert. Ganz oben auf der Wunschliste steht jedoch ein einfaches Tastenstellpult mit Stellungsanzeigen.

Digital Melden

Trix hat in seinen Rückmeldedecoder acht Gleisbesetztmelder integriert und nennt deshalb das Bauteil auch gleich Besetztmelder. Pro Besetztmelder ist eine Adresse erforderlich. Der Baustein erfaßt sämtliche Fahrzeuge mit Stromverbrauchern (Lokomotiven, Wagen mit Innenbeleuchtung) und Fahrzeuge, deren Achsisolierungen mit Widerstandslack überbrückt sind. Dieser Besetztmelder arbeitet sogar in spannungslos geschalteten Gleisabschnitten (z.B. Signalhalteabschnitte) wenn der geöffnete Relaiskontakt mit einem 20 kΩ Widerstand überbrückt wird. Somit sind die Voraussetzungen zur Erfassung sämtlicher Fahrzeuge erfüllt.

Der von Trix eigens angebotene Widerstandslack zeichnet sich übrigens durch sein gutes Langzeitverhalten (konstanter Widerstandswert) besonders aus.

Zwischen den zu überwachenden Gleisabschnitten und den acht Besetztmeldereingängen müssen jeweils Sicherungen oder Kaltleiter zwischengeschaltet werden. Wenn diese Bauteile schon nicht von Hause aus im Besetztmelder eingebaut sind, so sollten sie wenigstens im Selectrix Angebot geführt werden. Unverständlicherweise ist das nicht der Fall.

Gleisbesetzt- bzw Gleisfreimeldungen können durch Aufruf der Adresse eines Gleisbesetztmelders auf den Displays des Lok Control 2000 und des Control Handy angezeigt werden. Dieses Verfahren erfordert Bedienungshandlungen, es kann stets nur der Status eines Besetztmelders angezeigt werden und die Anzeige ist nicht ständig (ohne gesonderte Bedienungshandlung) verfügbar. Das bis vor kurzem lieferbare Route Control Nr. 66813 in Verbindung mit dem Funktionspult Nr. 66803 als zugehörige Ablage ließ sich übrigens nicht nur zum Schalten von Magnetartikeln verwenden, sondern ebenso als stationäre, ständig wirksame Anzeige von Gleisbesetzt- und Gleisfreimeldungen. Heute existieren noch zwei Möglichkeiten zur ständigen Anzeige, nämlich mittels Interface, Software und PC und der Encoder B. An die acht Ausgänge dieses Schnittstellenbausteines können Anzeigeelemente des Trix Gleisbildstellpultes oder aber auch im Selbstbau Leuchtmelder bzw. Leuchtdioden zur Anzeige von Gleisbesetzt- und Gleisfreimeldungen angeschlossen werden. Eine weitere Variante zur Auskopplung der Meldungen stellt die Verwendung des Funktionsdecoders dar. Wird er auf die Adresse des Besetztmelders programmiert und werden an seine acht Ausgänge (anstelle von Magnetartikeln) Leuchtmelder angeschlossen, so lassen sich auch damit Gleisbesetzt- und Gleisfreimeldungen anzeigen.

Das Konzept stimmt, aber Detailverbesserungen wären hilfreich. So sollten die extern notwendigen Bauelemente (Kaltleiter oder Sicherungen) – wie bei anderen Digitalsteuerungen längst üblich – in den Gleisbesetztmelder integriert werden. Und anstelle des verdrahtungsaufwendigen Encoder B sollte ein fertig verdrahteter Display-Baustein als Statusanzeige für Gleisbesetzt- und Gleisfreimeldungen in das Angebot aufgenommen werden.

Verdrahtungsaufwand

Bei Selectrix sind je nach Anwendungsfall zwei verschiedene Bussysteme, nämlich der Px-Bus und der Sx-Bus, erforderlich. Bei den Buskabeln handelt es sich im Unterschied zu anderen Digitalsystemen nicht um einfache Drähte, sondern um Spezialkabel mit mehrpoligen Steckern und zwei Buchsen in jeder Selectrixkomponente. Trix führt im Angebot eigens ein 5 m langes Verlängerungskabel mit Vierfachverteiler und eine Verlängerungsleitung mit zwei Steckern.

Steckverbindungen und Verteiler sind teuerer als einfache Drähte und Geräte mit Schraubklemmen. Wer mit Selectrix digital Schalten und Melden will und damit die stationären Funktionsdecoder und Besetztmelder auf der Anlage verdrahten muß, dem entstehen vergleichsweise höhere Aufwendungen.

Interface

Die Eigenschaften des Selectrix Interface schaffen beste Voraussetzungen für einen rechnergesteuerten und –überwachten Modellbahnbetrieb weil die Datenübertragungsrate mit 19600 Baud vergleichsweise hoch ist. Leider ist das für dieses Digitalsystem geeignete Softwareangebot eher begrenzt.

Bedienungsanleitung

Jeder Selectrix Komponente ist eine Bedienungsanleitung beigefügt. Der große Funktionsumfang vieler Geräte erschwert die Erstellung von Bedienungsanleitungen – um so wichtiger sind jedoch übersichtliche Gliederung, leicht verständliche und durch anschauliche Zeichnungen unterstützte Texte. Bei Trix hat man in diesem Punkt gespart, kleine Schrift, wenige, kleine Anschlußpläne und alles in schwarz/weiß.

Das früher erhältliche Handbuch wird durch zwei neue Bücher ersetzt, wobei Teil 1 die Grundlagen und die Gerätebeschreibung und Teil 2 vorwiegend Anwendungsbeispiele enthält. Informationen mittels anderer Medien – wie Video oder CD-ROM – werden nicht angeboten.

Funktionssicherheit und Qualität

Die Qualität ist zufriedenstellend. Mit einer Ausnahme erwiesen sich auch alle Komponenten als funktionssicher. Diese Ausnahme stellt die bei N-Fahrzeugen verwendete Schnittstelle dar. Der Kontakt zwischen den Decoderstiften und den Kontaktbahnen der

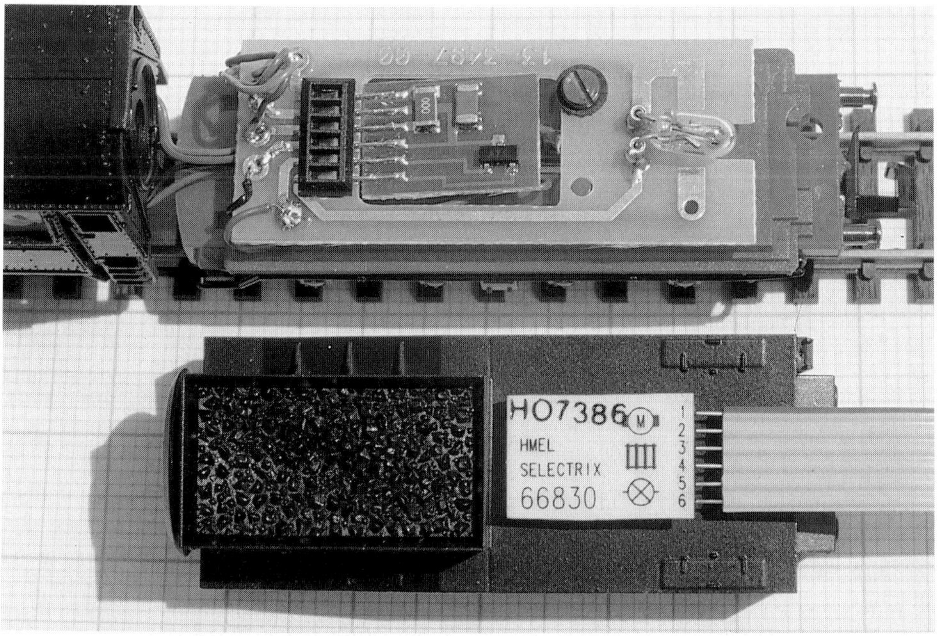

N-Lok mit Schnittstelle

Schnittstelle erscheint auf Dauer nicht sonderlich zuverlässig. Die Kontaktfedern, welche die Stifte auf die Leiterbahnen drücken, leiten keinen Strom und die Leiterbahnen können korrodieren.

Perspektive

Märklin hatte schon einmal zwei Digitalsysteme in seinem Angebot und hat sich schließlich von Märklin Digital= (Gleichstrom) getrennt. Die Übernahme der Fa. Trix hat nun dazu geführt, daß wieder zwei Systeme weiterentwickelt und vermarktet werden müssen.

Codierschalter und Potentiometer sind in Fahrzeugen der Baugrößen N und Z nicht unterzubringen. Deshalb werden fahrzeugspezifische Kennwerte bei Trix Selectrix „softwaremäßig" angezeigt, eingegeben und verändert – die Baugröße N erlaubt nur diese Lösung.

Solange Märklin seine „hardwaremäßige" Programmierung von Fahrzeugkennwerten beibehält, wird man unter einem Firmendach auch zwei Digitalsysteme führen müssen.

Zusammenfassung

Trix SELECTRIX ist ein artreines Digitalsystem, das die Ausrüstung aller Loks mit Lokdecodern zwingend erfordert. Der modulare Aufbau erlaubt eine individuelle Anpassung der Digitalsteuerung an die jeweiligen Verhältnisse einer Modellbahnanlage.

Wichtige fahrzeugspezifische Kennwerte wie Höchstgeschwindigkeit und Massensimulation lassen sich lokbezogen und ohne Eingriffe in die Fahrzeuge einstellen. Die Fahreigenschaften sind schlicht hervorragend. Hervorzuheben ist besonders einfache Nachbildung signalstellungsabhängiger Brems- und Anfahrvorgänge mittels preiswerter Bremswegdioden.

Das Angebot für digitales Schalten und Melden ist zwar umfangreich, aber so manche Detaillösung vermag wenig zu überzeugen. Eine zu starke Ausrichtung der Geräte auf das hauseigene Gleisbildstellpult ist unverkennbar.

9 Fleischmann FMZ

Fleischmann FMZ ist für Zweischienen-Zweileiter-Gleichstrom-Bahnen der Baugrößen N und H0 nach einem hauseigenem Digitalstandard entwickelt worden. Besonders hervorzuheben ist die Möglichkeit, im FMZ-Digitalstromkreis sogar mehrere Analog-Loks steuern zu können. Auch Magnetartikel können digital gesteuert werden. Meldungen lassen sich jedoch nicht erfassen und auswerten.

Systemeigenschaften

In der folgenden Tabelle sind einige wesentliche Systemeigenschaften der Fleischmann Profi-Digitalsteuerung mit den Einsteiger-Digitalsteuerungen verglichen.

Kompatibilität für Ein- und Umsteiger

Mit der FMZ Control lassen sich ausschließlich Digital-Loks mit Fleischmann-Lok-Decodern betreiben. Die beispielsweise von Mär-

Systemeigenschaften von Fleischmann FMZ

Eigenschaften/Anbieter:	Fleischmann	Fleischmann	Fleischmann
	DGITALcontrol Einsteigersystem	FMZ Control 4	FMZ Control Profisystem
Zahl steuerbarer Digital-Loks	5	4	119; max 32 Digital-Loks gleichzeitig
Zahl der im Digitalstromkreis steuerbaren Analog-Loks	> 1 1)	> 1 1)	> 1 1)
Digital-Lok im Analogstromkreis steuerbar	Nein	Nein	Nein
Digital-Loks anderer Digitalsysteme einsetzbar	Nein	Nein	Nein
Doppeltraktion/Mehrfachtraktionsbetrieb vorgesehen	Ja	Nein	Nein
Anzahl der fernsteuerbaren Zusatzfunktionen je Triebfahrzeug	1	0	1
Funktionsdecoder für Zusatzfunktionen verfügbar	Nein	Nein	Nein
Einstellung der Fahrzeugparameter manuell (Codierschalter, Potentiometer)	–	–	–
Einstellung der Fahrzeugparameter elektronisch auf Programmiergleis 3)	Mittels Zusatzgerät Codierer	Mittels Zusatzgerät Codierer	Mittels Zusatzgerät Codierer
Einstellung der Fahrzeugparameter elektronisch auf der Anlage während des Betriebes	–	–	–
Anzeige eingestellter Fahrzeugparameter 3)	Ja	Ja	Ja
Fahrstufenzahl zur Geschwindigkeitssteuerung	15	15	15
Anfahr- und Bremsverzögerung lokbezogen einstellbar	Ja	Ja	Ja
Lokbezogene Höchstgeschwindigkeit einstellbar	Nein	Nein	Nein
Lastausgleich (Motordrehzahlregelung) vorhanden	Ja 4)	Ja 4)	Ja 4)
Vorbildgerecht verzögerte Brems- und Anfahrvorgänge in Abhängigkeit von Signalstellungen realisierbar	Nein	Nein	Nein

Eigenschaften/Anbieter:	Fleischmann	Fleischmann	Fleischmann
	DGITALcontrol Einsteigersystem	FMZ Control 4	FMZ Control Profisystem
Digitalzentrale updatefähig	Nein	Nein	Nein
Mobile Fahrzeugsteuerung und -bedienung	Eine Digital-Lok mit mobilem Handsteuergerät 2)	Vier Digital-Loks mit vier mobilen Handsteuer-geräten 2)	Bis zu 8 Digital-Loks 2)
Gemeinsames Spiel mehrerer Partner möglich	Ja, max. 2 Bedienungsein-richtungen	Ja, bis zu 4 mobile Handsteuergeräte	Ja ,bis zu 8 mobile Handsteuergeräte
Übergabe bzw. Übernahme von Zügen zwischen den Bedienungseinrichtungen	Nein	Nein	Ja
Zahl steuerbarer doppelspuliger Magnetartikel	–	–	119 5)
Stellungsmeldungen	–	–	Unecht
Zahl der übertragbaren Rückmeldungen	–	–	0
Fahrstraßenschaltung	–	–	Ja
Fahren, Schalten, Melden und Betrieb nach Fahrplan mittels Interface, PC, Software	Nein	Nein	Ja 6)
Erhöhung der elektrischen Leistung durch Booster zum Betrieb großer Anlagen	Nein	Ja	Ja
Einsteiger-Digitalgerät beim Aufstieg zum Profi-Digitalsystem weiter verwendbar	Nein	Ja, als Booster	–

1) In der FMZ Control ist bereits ein sog. FMZ Koppler integriert. Zum Betrieb einer Analog-Lok muß es um ein Gleichstromfahrpult ergänzt werden. Werden mehrere FMZ Koppler und entsprechend mehrere Gleichstromfahrpulte ergänzt, so lassen sich sogar mehrere Analog-Loks im Digitalstromkreis einsetzen. 2) Für Analog-Loks stehen nur ortsfeste Fahrgeräte zur Verfügung. 3) Nur möglich bei Verwendung der neuen Lokdecoder Nr. 6842, Nr. 6843 und Nr. 6844, nur möglich für Lokadresse. 4) gilt bei Verwendung der ab 1997 ausgelieferten neuen Lokdecoder Nr. 6842 und Nr. 6843. 5) Angabe entspricht der Adressengesamtzahl, die beliebig auf Digital-Loks und Magnetartikelempfänger aufteilbar ist ; mit jeder Magnetartikeladresse lassen sich vier doppelspulige Magnetartikel schalten. 6) Softwareangebot ist vergleichsweise begrenzt; Möglichkeiten sind durch fehlende Rückmeldungen eingeschränkt

klin Digital und Digital Plus bekannte Eigenschaft Digital-Loks auch in Analogstromkreisen mit herkommlichen Fahrpulten steuern zu können, besteht hier nicht.

Zusätzlich zu den Digital-Loks können im Digitalstromkreis jedoch Analog-Loks fahren. Voraussetzung hierzu bildet die Ergänzung der FMZ Control um ein (oftmals schon vorhandenes) konventionelles Gleichstromfahrpult. Teilt man den Digitalstromkreis in zwei Versorgungsbereiche und ergänzt die FMZ Control durch einen sogenannten FMZ Koppler und ein weiteres Gleichstromfahrpult, dann lassen sich auf der Digitalanlage sogar zwei Analog-Loks einsetzten, die natürlich jewells wiederum nur innerhalb ihres Versorgungsbereiches unabhängig voneinander und unabhängig von den gleichzeitig verkehrenden Digital-Loks gesteuert werden können.

In diesem Punkt übertrifft die FMZ-Technik beispielsweise Digital Plus, wo im Digitalstromkreis nur eine Analog-Lok hinsichtlich Fahrtrichtung und Geschwindigkeit unabhängig von den Digital-Loks betrieben werden kann.

Aus der Möglichkeit, im FMZ-Digitalstromkreis auch Analog-Loks einsetzten zu können, erwachsen dem Interessenten die bereits in anderem Zusammenhang beschriebenen Vorzüge. Insbesondere N-Bahner profitieren von dieser Systemeigenschaft.

Wer mit der Fleischmann DIGITALcontrol in den Digitalbetrieb eingestiegen ist, kann dieses Gerät bei einem Aufstieg zur FMZ Control leider nicht weiter verwenden. Erfolgte der Einstieg dagegen mit der FMZ Control 4, so können alle Komponenten weiterhin Verwendung finden, weil die FMZ Control 4 auch als Booster fungieren kann.

Fleischmann verwendet auch bei seinen Einsteiger-Digitalsteuerungen Digital-Loks mit Standard-Lokdecodern. Folglich können diese Fahrzeuge auch bei der Profi-Digitalsteuerung eingesetzt werden.

DIGITALcontrol und FMZ Control 4 passen nahtlos in das hauseigene FMZ-System, aber mit anderen Digitalsystemen besteht keinerlei Kompatibilität. Folglich bedeutet der Einstieg in die FMZ-Technik eine ausschließliche Bindung an das Fabrikat Fleischmann.

Konzeption und Angebot

Während Märklin Digital, Digital Plus, Arnold Digital und Trix Selectrix auf modulare, schrittweise ausbaubare Digitalsteuerungen setzen, verfolgt man mit der FMZ Control einen anderen Weg. Fleischmann hat eine kompakte Komplettlösung realisiert, also in ein einziges Gerät die Funktionen konventionelle und digitale Fahrzeugsteuerung, Magnetartikel- und Fahrstraßenschaltung, sowie eine Rechnerschnittstelle integriert.

Einerseits bietet diese Konzeption den Vorzug, daß sofort eine komplette Steuerung

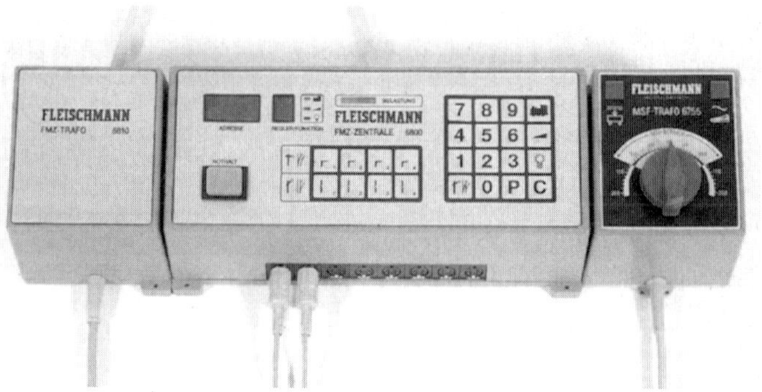

FMZ-Kompaktzentrale für digitales Fahren und Schalten

Übersicht Fleischmann FMZ Artikel

Nr.	Art.-Nr.	Bezeichnung	Erläuterung
1	6810	Transformer	Energieversorgung für FMZ Zentrale und FMZ Booster
2	6800	FMZ Zentrale	Zentraleinheit mit integrierter Fahrzeug- und Magnetartikelsteuerung, Fahrstraßenschaltung, Schnittstelle für PC zur Bedienung von bis zu 32 Digitalloks mit jeweils einer Zusatzfunktion, Magnetartikeln und zum Anschluß von bis zu 8 mobilen Handsteuergeräten
3	6820	Mobiles FMZ Handsteuergerät	Mobiles Handsteuergerät zur Bedienung einer Digitallok
4	6755	MSF Gleichstromfahrpult	Zusätzlicher Betrieb einer Analog-Lok im Digitalstromkreis
5	6809	FMZ Codierer	Elektronische Programmierung, Änderung und Anzeige der Lokadresse
6	6805	FMZ Booster	Erhöhung der elektrischen Leistung bei größeren Digitalanlagen
7	6806	FMZ Koppler	Betrieb einer zweiten Analog-Lok im Digitalstromkreis; zusätzliches Gleichstromfahrpult notwendig
8	6843	FMZ Lokdecoder	Lokdecoder 0,8 A mit Lastausgleich (Motordrehzahlregelung) für H0-Fahrzeuge mit Permanentmagnetmotor
9	6842	FMZ Lokdecoder	Lokdecoder 0,5 A mit Lastausgleich (Motordrehzahlregelung) für N-Fahrzeuge mit Permanentmagnetmotor
10	6850	FMZ Magnetartikeldecoder	Empfänger für 4 doppelspulige Magnetartikel
11	6881	FMZ Computerkabel	Zur Verbindung der FMZ Zentrale mit Commodore C 64 und C 128
12	6882	FMZ Computerkabel	Zur Verbindung der FMZ Zentrale mit PCs mit RS 232/V 24 Schnittstelle
13	9908	FMZ Bedienungshandbuch	
14	99130	FMZ Videofilm (VHS)	

zum Fahren und Schalten zur Verfügung steht. Andererseits bedeutet das Fleischmannkonzept, daß derjenige, der beispielsweise gar keine Magnetartikel digital schalten will, konzeptionsbedingt eine Magnetartikelsteuerung mitkauft, denn wesentliche Teile einer Magnetartikelsteuerung sind nun einmal Bestandteil jeder FMZ Control.

Konzeptionsbedingt gestaltet sich das Angebot an FMZ Komponenten sehr übersichtlich. Hervorzuheben ist, daß es keine Komponenten für die Rückmeldung von Weichen- und Signalstellungen, sowie Gleisfrei- und Belegtmeldungen (zuggesteuerte Kontakte) gibt. Decoder mit Relaisausgängen sind nicht im Angebot. Allerdings darf man dies nicht als Nachteil werten, weil sich jeder Ausgang eines Magnetartikeldecoders auch einzeln durch ein bistabiles Relais ergänzen läßt. Wegen des eher geringeren Verbreitungsgrades dieser Digitalsteuerung existieren praktisch keine Produkte anderer Hersteller zur Ergänzung der FMZ Control.

Bedienung

Zur Bedienung von Digital-Loks steht eine ortsfeste Zentraleinheit in Verbindung mit mobilen Handsteuergeräten zur Verfügung.

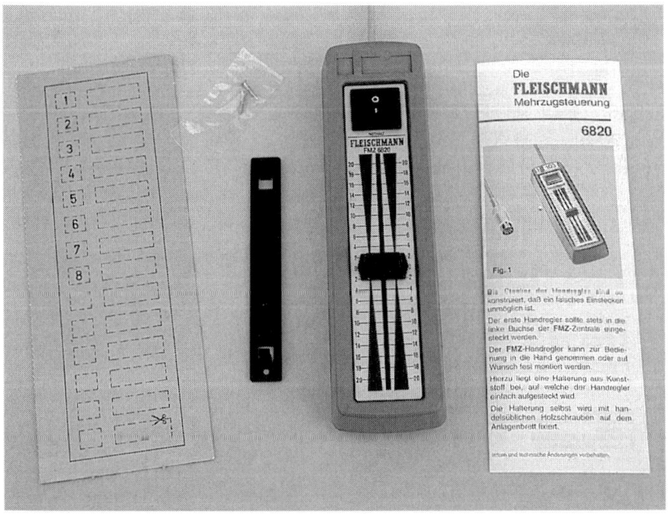

Handsteuergerät mit Zubehör

Zur Steuerung herkömmlicher Analog-Loks ist die Weiterverwendung konventioneller Trafos vorgesehen.

An die Zentrale lassen sich bis zu acht Handsteuergeräte anschließen, womit acht Digital-Loks gleichzeitig und unabhängig voneinander gesteuert werden können. Sollten mehr als diese acht Loks gleichzeitig fahren, so können mit einem Handsteuergerät mehrere Triebfahrzeuge nacheinander aufgerufen, Daten eingegeben und die Fahrzeuge an die Zentrale übergeben werden. Die Gesamtzahl ist auf 32 Digital-Loks fixiert, wovon acht über die Handsteuergeräte individuell gesteuert werden können. Hinzu kommen so viele Analog-Loks wie analoge Versorgungsbereiche innerhalb der Digitalanlage eingerichtet sind. Die Fahrzeugbedienung ist auf drei Stellen verteilt:

1. Auf der Folientastatur der ortsfesten Zentraleinheit muß die Zuordnung einer Lok zu einem der Handsteuergeräte vorgenommen werden, ist die Masensimulation für jedes Triebfahrzeug in acht Stufen wählbar, kann eine Zusatzfunktion je Digital-Lok ein- und ausgeschaltet werden, ist die LED-Anzeige für Lokadresse, Massensimulation und Status der Zusatzfunktion angebracht und befindet sich ein zentral auf alle Fahrzeuge wirksamer Not-Halt Taster.

2. Am mobilen Handsteuergerät sind die Funktionen Fahrtrichtung, Geschwindigkeit und ein Wippschalter für den lokbezogenen Not-Halt plaziert.

3. Am standortgebundenen Gleichstromfahrpult sind schließlich Fahrtrichtung und Geschwindigkeit für Analog-Loks zu steuern.

Dieses Bedienungskonzept erscheint nicht mehr sonderlich zeitgemäß, wenn man es direkt mit den Mitbewerbern vergleicht, wo in der Regel alle Bedienungs- und Anzeigefunktionen auf jedem Gerät übersichtlich untergebracht sind.

Das hat zur Folge, daß in der täglichen FMZ-Praxis Aufruf und Zuordnung einer Digital-Lok BR 103 zu einem Handsteuergerät vier Programmschritte mit insgesamt sechs Tastendrücken erfordern – bei Mitbewerbern wird die Lokadresse direkt am Handsteuergerät eingetippt und schon kann das Fahrzeug gesteuert werden. Das simple Einschalten der Zusatzfunktion ist bei Fleischmann ebenso kompliziert, während bei Geräten der Mitbewerber ein Tastendruck genügt. Aktuelle Lokadresse, gewählte Fahrstufe und Status der Zusatzfunktion sind an den Handsteuergeräten nicht erkennbar; die Fahrtrichtung wird hingegen an der Stellung des Schiebepotentiometers deutlich.

Wird die FMZ-Control durch ein Fleischmann-MSF-Fahrpult erweitert, so werden weitere Ungereimtheiten im Bedienungskonzept deutlich: Während Digital-Loks mit einem Schiebewiderstand (Auf/Ab-Bewegung) an mobilen Handsteuergeräten gesteuert werden, müssen dieselben Funktionen bei Analog-Loks mittels Drehbewegung (Einknopfbedienung mit Mittelstellung oben) an einem ortsfesten Fahrpult vorgenommen werden. Unter ergonomischen Gesichtspunkten sollten gleichartige Funktionen auch mit identischen Bedienungshandlungen ausgeführt werden. Anstelle von Handsteuergeräten mit Schiebepotentiometern wären ebenso Geräte mit Einknopfbedienung realisierbar gewesen.

Jedes Handsteuergerät wird über ein ca. 1,3 m langes Kabel mit Diodensteckern verwechslungsfrei an die FMZ-Control 4 angeschlossen. Eine Verlängerungsleitung ist nicht im Angebot. Zum Lieferumfang jedes Handsteuergerätes zählt ein Adapter einschließlich Befestigungsschrauben, der auf einer Grundfläche befestigt werden kann. Das Handsteuergerät läßt sich in den Adapter einclipsen und wird so zu einer stationären Bedienungseinrichtung – ein praxisgerechtes Detail.

Fahrtrichtung und Geschwindigkeit sind an einem Schiebewiderstand mit Mittelstellung einstellbar. Der bei der Bedienung wirkende mechanische Widerstand ist günstig ausgelegt – nicht zu leicht, aber auch nicht schwergängig. Die Einrastung in der Mittelstellung (Null-Stellung) des Schiebewiderstandes ist deutlich fühlbar. Da der Knopf des Schiebepotentiometers bei jedem Fahrtrichtungswechsel über die Mittelstellung hinwegbewegt werden muß, ist ein Richtungswechsel bei hoher Geschwindigkeit praktisch ausgeschlossen. Wegen der fahrtrichtungsabhängigen Stirnlampenbeleuchtung ist die eingestellte Fahrtrichtung von Digital-Loks auch bei Mittelstellung (= Fahrzeugstillstand) des Schiebepotentiometers erkennbar.

Prinzipiell praxisgerecht ist der bei Fleischmann vorhandene, lokspezisch wirksame Not-Halt auf jedem Handsteuergerät; weil damit gezielt die mit dem jeweiligen Gerät gesteuerte Lok angehalten werden kann. Die anderen Triebfahrzeuge fahren währenddessen weiter. Abstriche in punkto Bedienungsfreundlichkeit müssen gemacht werden, da auch dieser Not-Halt als Wippschalter und nicht als leichter bedienbarer Taster ausgeführt ist.

Digital-Loks, Lokdecoder und Nachrüstkonzept

Das Angebot an betriebsfertigen H0-Fahrzeugen ist mit etwa 50 verschiedenen Fahrzeugen (einschließlich Farbvarianten) durchaus passabel. In Baugröße N stehen nur etwa halb so viele N-FMZ-Loks (einschließlich Farbvarianten) zur Auswahl.

Für beide Baugrößen sind Lokdecoder auch einzeln zur Umrüstung von Fleischmann Fahrzeugen und von Fremdfabrikaten erhältlich. FMZ-Lokdecoder sind wegen des aus technischen Gründen (beim gleichzeitigen Einsatz von Analog-Fahrzeugen im Digitalstromkreis) erforderlichen Kondensators im Vergleich zu denen der Mitbewerber deutlich voluminöser. Daraus folgt, daß gerade in Baugröße N weniger Fahrzeuge für einen Einbau dieser Lokdecoder in Betracht kommen. Weitere Decodereigenschaften sind der Tabelle Systemeigenschaften am Anfang dieses Kapitels zu entnehmen.

Fleischmann hat in der Vergangenheit kein Nachrüstkonzept geboten. Erst kürzlich hat

Lötschnittstelle in einer Fleischmann H0-Lok

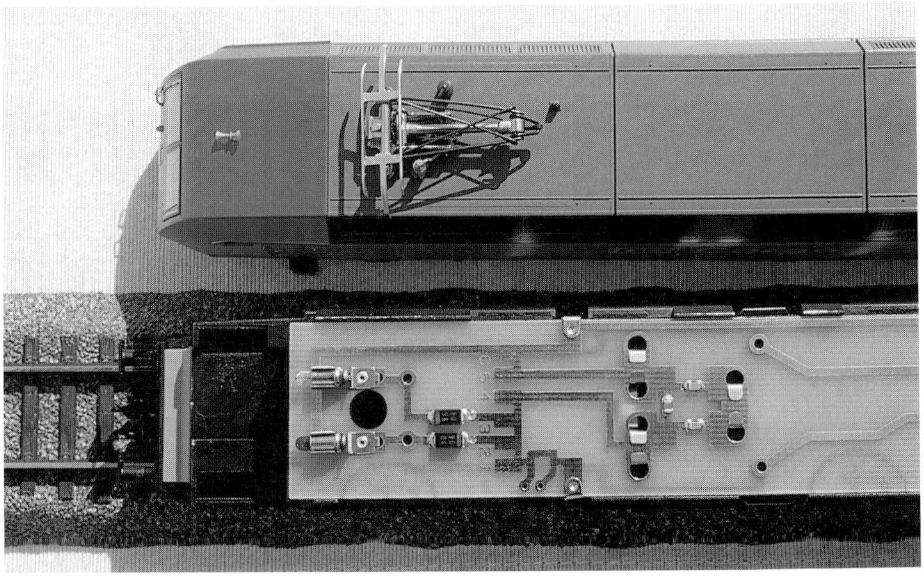

Betriebsfertige N-FMZ-Lok. Der Decoder befindet sich an der Fahrgestellunterseite.

man begonnen H0-Loks mit einer Lötschnittstelle auszurüsten. Zur Spielwarenmesse 1999 ist das Konzept erfreulicherweise weiterentwickelt worden und die Ausstattung von H0- und N-Neuheiten mit genormten NEM-Schnittstellen ist in Aussicht gestellt. Fleischmann Loks mit Schnittstelle gewinnen so für Betreiber anderer Digitalsysteme wieder an Attraktivität, weil sie durch die Schnittstelle einfacher auf andere Systeme umrüstbar werden.

Zusatzfunktionen

Die FMZ-Control bietet wie alle Profi-Digitalsteuerungen eine Dauerzugbeleuchtung. Beim gleichzeitigen Betrieb von Analog-Loks im Digitalstromkreis ist hier allerdings eine Besonderheit zu beachten: serienmäßige 14-Volt-Lämpchen in beleuchteten Wagen und in Analog-Loks müssen bei Einsatz auf FMZ-Anlagen durch spannungsfestere 24-Volt-Versionen ersetzt werden. Wird das versäumt, dann gehen die serienmäßigen Lämpchen schnell kaputt. Folgenschwerer wiegt, daß sich die 14-Volt-Lämpchen bis zu ihrem Ausfall stärker erwärmen und deshalb Kunststoffteile (z. B. Wagendächer) verformen können.

Konstruktiv ist in FMZ-Decodern lediglich eine fernsteuerbare Funktion integriert. Sie wird für das ein- und ausschalten der fahrtrichtungsabhängigen Stirnlampenbeleuchtung der Digital-Loks genutzt.

Fleischmann FMZ bietet derzeit keine betriebsfertigen Digital-Loks mit mehr als einer fernsteuerbaren Zusatzfunktionen an. Wer also Wert auf fernsteuerbare Fahrzeugkupplungen und Ähnliches legt, der ist bei Fleischmann FMZ nicht an der richtigen Adresse. Auch die einzeln erhältlichen FMZ-Lokdecoder bieten lediglich die Möglichkeit zum Anschluß einer einzigen Zusatzfunktion.

Auf dem Sektor fernsteuerbare Zusatzfunktionen besteht bei Fleischmann FMZ ein erheblicher Nachholbedarf – dies gilt für das Angebot betriebsfertiger FMZ-Digital-Loks ebenso wie für die einzeln erhältlichen Lokdeoder.

Fahrzeugparameter einstellen

Dazu dient der sogenannte Codierer. Die Funktion ist im Unterschied zu den Mitbewerbern nicht in die FMZ Zentrale integriert, sondern muß in Form eines separaten Gerätes angeschafft werden. Mit dem Codierer läßt sich jedoch nur die Lokadresse auf einem gesonderten Gleisabschnitt programmieren, anzeigen und jederzeit wieder ändern. Die in acht Stufen fahrzeugbezogen wählbare Massensimulation wird an der FMZ-Zentrale eingestellt. Weitere Parameter wie beispielsweise eine fahrzeugbaureihenbezogene Höchstgeschwindigkeit oder eine Mindestanfahrspannung sind bei Fleischmann FMZ nicht einstellbar. In diesem Kriterium ist die FMZ-Steuerung nicht auf dem Stand der Technik.

Fahrverhalten

Zur Geschwindigkeitssteuerung stehen 15 Fahrstufen zur Verfügung. Die Schrittweite zwischen den Stufen ist der Motorcharakteristik angepaßt. Kleinere Schritte bei niedrigen Geschwindigkeiten und größere im oberen Geschwindigkeitsbereich führen in Verbindung mit der Massensimulation zu einer ausreichenden Geschwindigkeitssteuerung. Die neuerdings in den beiden Lokdecodertypen integrierte Motordrehzahlregelung wird zu einem insgesamt als gut zu bezeichnenden Fahrverhalten der FMZ-Digital-Loks beitragen.

Die Betätigung des Not-Halt auf der stationären Zentrale bewirkt den sofortigen Halt aller Fahrzeuge – also auch der Analog-Loks im Digitalstromkreis – durch abschalten der Versorgungsspannung. Die Betätigung des Not-Halt-Wippschalters auf Handsteuergeräten wirkt auf die mit dem jeweiligen Handsteuergerät aufgerufene Digital-Lok.

Das Fahrverhalten von Analog-Loks im Digitalstromkreis ist u.a. von den Eigenschaften des verwendeten Gleichstromfahrpultes abhängig. Mit einem Fleischmann MSF-Trafo kann die Geschwindigkeit im unteren Bereich wegen der hier verwendeten Halbwellentechnik und des gedehnten Rangiergeschwindigkeitsbereichs recht feinfühlig eingestellt werden. Eine Massensimulation ist für Analog-Loks ebensowenig verfügbar wie ein lokspezifischer Not-Halt.

Der im Stillstand bei Analog-Loks im Digitalstromkreis vernehmbare „Pfeifton" verschwindet beim fahren. Diese konstruktiv bedingte Begleiterscheinung geht im Geräuschpegel des übrigen Fahrbetriebes unter. Triebfahrzeuge mit Glockenankermotoren dürfen nicht als Analog-Lok im FMZ-Stromkreis eingesetzt werden.

Fahrverhalten in Signalhalteabschnitten

Für die Profiversion der FMZ-Digitalsteuerung werden keine Schaltungen für vorbildgerecht verlaufende Bremsvorgänge in Abhängigkeit von Signalstellungen angeboten. Im Klartext bedeutet dies, daß hier trotz aufwendiger Technik die Züge vor Halt zeigenden Signalen abrupt halten. Akzeptables Fahrverhalten ist nur bei ausschließlicher Verwendung von Fahrzeugen mit mechanischer Schwungmasse erreichbar – mit dem heutigen Fahrzeugangebot ist man aber von diesem Idealzustand noch weit entfernt.

Digital Schalten

Fleischmann FMZ verfügt über 119 Adressen. Jede Adresse kann wahlweise zur Steuerung einer Digital-Lok oder von vier doppelspuligen Magnetartikeln verwendet werden.

Zur Bedienung der Magnetartikel wird nur ein einziges Gerät angeboten, nämlich die FMZ Zentrale. Dort müssen Magnetartikel mit der Folientastatur auf vergleichsweise umständliche Weise geschaltet werden. Die Stellungsanzeige steht nur bis zur nächsten Bedienungshandlung zur Verfügung. Es handelt sich dabei um eine unechte Rückmeldung der Magnetartikelstellungen. Anschlußmöglichkeiten für ein ggf. vorhandenes Gleisbildstellpult an die FMZ Zentrale bestehen nicht.

Vom Bedienungskomfort eines simplen Tastenstellpultes – jedem Magnetartikel ist ein Tastenpaar zugeordnet – und dem Anzeigekomfort – jedem Tastenpaar ist eine ständig ablesbare optische Stellungsanzeige zugeordnet – ist die hier gewählte Lösung weit entfernt.

Die zweite Bedienungsmöglichkeit besteht in der Nutzung der in der FMZ-Zentrale integrierten Programmsteuerung. Damit lassen sich bis zu 40 verschiedene Programme erstellen, allerdings darf jedes Programm aus höchstens 8 Einzelschritten (z.B. Weichen oder Signale) aufgebaut sein. Einen weiteren Nachteil stellt die Tatsache dar, daß die Programme nicht durch eine Hintereinanderschaltung miteinander verknüpft werden können. Auch eine zuggesteuerte Auslösung von Programmen ist ausgeschlossen, weshalb Anwendungen wie eine zuggesteuerte Schattenbahnhofssteuerung nicht realisierbar sind. Als Vorteil ist zu nennen, daß die Programmfunktion neben der Magnetartikelsteuerung auch für die Triebfahrzeugsteuerung verwendet werden kann.

Die integrierte Programmsteuerung hat wegen der geringen Schrittzahl und der ausschließlich manuellen Bedienbarkeit nur einen begrenzten Nutzen. Auch ist die Handhabung – wie schon in anderen Zusammenhängen mehrfach bemängelt – zu aufwendig. Während beim Märklin Memory ein einziger Tastendruck zum Aufruf einer Fahrstraße genügt, müssen bei Fleischmann jedesmal wieder drei Tasten in Folge betätigt werden.

Nun zu den auf der Anlage erforderlichen, stationären Decodern. Angeboten wird ein Decoder mit vier Ausgängen zum Anschluß von vier doppelspuligen Magnetartikeln. Die Stromversorgung angeschlossener Verbraucher erfolgt stets mit Digitalstrom, weil der Decoder über keine externe Stromversorgungsmöglichkeit für anzuschließende Verbraucher verfügt. Die Adresse läßt sich an einem von außen gut zugänglichen mechanischen Codierschalter einstellen und bei Bedarf auch im eingebauten Zustand ändern.

Will man Dauerstromverbraucher schalten oder einen potentialfreien Ausgang zur Verfügung haben, so muß der Decoderausgang durch ein (bistabiles) Relais ergänzt werden.

Digital Melden

Bei Fleischmann stehen mit Pilzkontakten zu betätigende Schaltgleise und Schaltmagnete und Reedkontakte zur Wahl – aber leider keine Möglichkeit, wie beispielsweise ein Rückmeldedecoder, um die zuggesteuerten Kontakte in das Digitalsystem einzubinden und damit Funktionen (Signale, Weichen) zu schalten. Auch Gleisbesetzt- und Gleisfreimeldungen – also Dauerkontakte – sind nicht erfaßbar.

Nach wie vor bietet Fleischmann kein Rückmeldesystem an mit dem zuggesteuerte Informationen in die FMZ-Steuerung einfließen können – je nach Anwendungsfall kann dies als erheblicher Nachteil gewertet werden. Das gilt insbesondere für rechnergesteuerte Betriebsabläufe.

Bedienungsanleitung

Jeder FMZ-Komponente liegt eine sorgfältig aufgebaute, gut verständliche Bedienungsanleitung bei. Allerdings sollten die Anschlußschaltbilder ein Größe haben, bei der auch die Klemmenbezeichnungen lesbar sind. Leider hat auch Fleischmann auf Aussagen über das FMZ-Fahrzeugangebot und auf Umrüstungsmöglichkeiten für Fleischmann-Analog-Loks und Fremdfabrikate verzichtet. Das Handbuch ist ebenso wie eine Videodemonstration über FMZ auch separat erhältlich.

Zusammenfassung

Zu den Vorzügen von Fleischmann zählt insbesondere die Möglichkeit auch Analog-Loks im Digitalstromkreis einsetzen zu können. Dies schätzen Umsteiger von Analog- auf Digitalbetrieb und N-Bahner, die schon aus räumlichen Gründen nicht jede Lok mit einem Lokdecoder ausstatten können.

Bei einer Entscheidung für die FMZ-Digitalsteuerung muß die Fabrikatsbindung an einen einzigen Anbieter akzeptiert werden.

Das mit der FMZ-Steuerung bei handgesteuertem Betrieb erreichbare Fahrverhalten hebt sich von herkömmlichen Fahrzeugsteuerungen durch den integrierten Lastausgleich und die Massensimulation ab. Weitere lokbaureihenbezoge Fahrzeugparameter sind nicht einstellbar. Das System erlaubt lediglich die Steuerung einer einzigen Zusatzfunktion. Bausteine zur Realisierung vorbildgerecht verlaufender Bremsvorgänge in Abhängigkeit von Signalstellungen existieren nicht.

Die Bedienung ist zumindest beim Lokaufruf, dem ein- und ausschalten der Zusatzfunktion und dem Schalten von Magnetartikeln als gewöhnungsbedürftig einzustufen.

Magnetartikel und Dauerstromverbraucher lassen sich einzeln und mit der integrierten Programmsteuerung auch in Gruppen digital Schalten. Leider besteht bei FMZ keine Möglichkeit zur Erfassung, Meldung und Auslösung zuggesteuerter Funktionen. Dies schmälert den Nutzen der serienmäßig eingebauten Rechnerschnittstelle.

Als Zielgruppe der FMZ-Steuerung sind weniger die Digitaleinsteiger, als vielmehr passionierte Fleischmann Anhänger zu sehen, die von Analog- auf Digitalbetrieb umsteigen wollen. Qualität und Funktionssicherheit der FMZ-Steuerung werden Sie überzeugen.

10 Zimo Digital

Zimo Digital ist eine multiprotokollfähige Profi-Digitalsteuerung. Damit können Digital-Loks mit NMRA- und Motorola-Decodern der Baugrößen N bis I gesteuert werden. Bei Zimo müssen alle Loks mit einem Lokdecoder ausgerüstet werden. Das Angebot deckt sämtliche Anwendungen von der Fahrzeugsteuerung über signalstellungsabhängige Brems- und Anfahrvorgänge, Schalten von Magnetartikeln und Fahrstraßen bis hin zur Übertragung von zuggesteuerten Meldungen, Zugnummern und einem PC-gesteuerten Betrieb ab.

Historie

Seit 1979 befaßt sich die in Österreich ansässige Fa. Zimo mit Mehrzugsteuerungen. Zunächst verwendete man das hauseigene Zimo Datenübertragungsformat. 1996 stellte man die Steuerung auf das NMRA-konforme Format und das Motorolaformat um. Geräte für das frühere Zimo Datenformat sind nach wie vor erhältlich.

Systemeigenschaften

Die Systemeigenschaften halten im Feld der Mitbewerber fast jedem Vergleich stand.

Der außerordentlich hohe Ausgangsstrom von 8 A ist möglich, weil der Stromversorgungstrafo nicht gemäß den deutschen VDE/GS-Bestimmungen für Spielzeuge spezifiziert ist. Derart hohe Ströme sind zumin-

Systemeigenschaften von Zimo Digital

Eigenschaften/Anbieter:	Zimo Elektronik
Zahl steuerbarer Digital-Loks: Motorola Datenformat NMRA Datenformat	 80, Adresse 1 – 80 10239, Adresse 1 – 10239
Analog-Loks im Digitalstromkreis steuerbar	Nein
Komponenten updatefähig	Ja
Fahrstufenzahl zur Geschwindigkeitssteuerung: Motorola Datenformat NMRA Datenformat	 14 Wahlweise 14, 28, 126
Lastausgleich (Motordrehzahlregelung) vorhanden	Ja, (decoderabhängig)
Höchstgeschwindigkeit einstellbar	Ja, (decoderabhängig)
Geschwindigkeitskennlinie einstellbar	Ja, (decoderabhängig)
Mindestanfahrspannung einstellbar	Ja, (decoderabhängig)
Anfahr- und Bremsverzögerung jeweils separat einstellbar	Ja, (decoderabhängig)
Vorbildgerechte Brems- und Anfahrvorgänge in Abhängigkeit von Signalstellungen realisierbar	Ja, aber nur bei ausschließlicher Verwendung von Zimo Decodern
Anfahr- und Bremsverzögerung für signalstellungsabhängige Brems- und Anfahrvorgänge unabhängig vom handgesteuerten Betrieb einstellbar	Ja, bei Verwendung von Zimo Lokdecodern
Zugnummerngeber integriert	Ja, bei Zimo Lokdecodern
Anzahl der fernsteuerbaren Zusatzfunktionen je Triebfahrzeug	Bis zu 6, abhängig von Lokdecodertyp
Anzahl der fernsteuerbaren Zusatzfunktionen bei Verwendung eines separaten Funktionsdecoders	2
Einstellung der Fahrzeugparameter manuell (Codierschalter, Potentiometer)	Ja, bei Motorola-Lokdecodern

Eigenschaften/Anbieter:	Zimo Elektronik
Einstellung der Fahrzeugparameter elektronisch auf Programmiergleis	Ja bei NMRA,(decoderabhängig)
Einstellung der Fahrzeugparameter elektronisch auf der Anlage während des Betriebes	Ja bei NMRA,(decoderabhängig)
Anzeige eingestellter Fahrzeugparameter	Ja bei NMRA,(decoderabhängig)
Stationäre Fahrzeugsteuerung und –bedienung	Ja
Dezentrale Aufstellung von Fahrgeräten	Ja
Mobile Fahrzeugsteuerung und –bedienung	Ja, wahlweise sogar drahtlos
Gemeinsames Spiel mehrerer Partner möglich	Ja
Übergabe bzw. Übernahme von Zügen zwischen den Bedienungseinrichtungen	Ja
Doppeltraktion/Mehrfachtraktion vorgesehen	Ja bei NMRA(decoderabhängig)
Magnetartikelsteuerung:	
Motorola Datenformat	Nein
Adressenbereich für NMRA Datenformat	Adressen 801 – 863
Fahrstraßenschaltung	Mit Gleisabschnittsmodul und Computerstellpult STP V 4
Stellungsmeldungen	Echt
Adressenbereich für Rückmeldungen (Gleisabschnittsmodule)	Adressen 901 bis 963
Interface	serielle Schnittstelle
Datenübertragungsrate	9600 bit/sec
Digitalfahrstromausgang (Gleis)	8 A
Erhöhung der elektrischen Leistung durch Booster möglich	Ja
Digital-Fremdfabrikate anschließbar	Ja

dest bei Modellbahnen der Baugrößen N und H0 im Schadensfall sehr kritisch zu bewerten – kein gängiges Modellbahnkabel ist dafür dimensioniert!

Kompatibilität

Zimo Digital erfüllt die in der Tabelle aufgeführten Kompatibilitätskriterien. Demzufolge müssen alle Triebfahrzeuge mit einem Lokdecoder ausgestattet werden. Weil keine Analog-Loks eingesetzt werden können, scheidet eine schrittweise Umstellung von Analog-Loks auf Digitalbetrieb aus. Zimo Lokdecoder des Typs MX... entsprechen dem NMRA-Standard. Mit Zimo Digital sind darüberhinaus Fahrzeuge mit Motorola-Decodern steuerbar. Zum Nutzen der Multiprotokollfähigkeit wurde bereits in anderem Zusammenhang Stellung genommen.

Fahrzeuge mit NMRA-konformen Lokdecodern anderer Hersteller können selbstverständlich ebenso mit Zimo-Geräten gesteuert werden. Digital-Loks mit nicht von Zimo stammenden NMRA-konformen Lokdecodern überfahren jedoch Halt zeigende Signale, weil Zimo für vorbildgerechte Brems- und Beschleunigungsvorgänge in Abhängigkeit von Signalstellungen ein von Digital Plus, Arnold Digital, Digitrax, usw. abweichendes Verfahren anwendet. Der Zimo Anwender ist damit de facto auf die ausschließliche Verwendung von Zimo Lokdecodern angewiesen, denn wer kann schon akzeptieren, daß Halt zeigende Signale überfahren werden?!

Mit Hilfe des angekündigten Fremdsystem-Einspeisemoduls soll auch der Anschluß – und damit die weitere Verwendung – von

Kompatibilität von Zimo Digital

Eigenschaft/Kompatibilität	Zimo Digital
Digital-Lok im Digitalstromkreis steuerbar	Ja
Digital-Lok mit herkömmlichem Fahrpult im Analogstromkreis steuerbar	Ja 1)
Automatische Erkennung der Analog-Fahrspannung durch Lokdecoder	Ja 1)
Analog-Lok im Digitalstromkreis steuerbar	Nein
Automatische Erkennung der Digital-Fahrspannung durch Lokdecoder	Ja 1)
Digital- und Analogstromkreise auf einer Anlage kombinierbar	Ja 1)
Betrieb mit anderen NMRA-konformen Digital-Loks auf Zimo Anlagen	Ja 2)
Von Zimo Lokdecodern erkannte Datenformate	NMRA
Von der Zimo Zentrale gesendete Datenformate	NMRA + Motorola
Digitalfremdgeräte mit Zimo Digital kombinierbar	Ja 3)

1) Aussage bezieht sich auf die ausschließliche Verwendung von Zimo Lokdecodern. 2) Einschränkungen in der Funktionalität müssen hingenommen werden. So halten Fremdfabrikate trotz NMRA-konformen Decodern nicht vor Halt zeigenden Signalen und die bei Zimo vorhandene Zugnummernerkennung arbeitet nicht. 3) Fremdsystem-Einspeisemodul MX1SFE erforderlich

Digitalgeräten anderer Hersteller an die Zimo Zentrale möglich werden.

Angebot

Zunächst ein Blick auf die wichtigsten Zimo Bausteine für die Baugrößen N und H0.

Zimo Digital (neu) ist modular aufgebaut. Folglich kann der Anwender die für seine Anlage notwendigen Bausteine individuell zusammenstellen und schrittweise erweitern. Mit beiden Handsteuergeräten können zwar auch einzelne Verbraucher geschaltet und Meldungen angezeigt werden, aber die Be-

Auswahl der wichtigsten N- und H0-Komponenten aus dem Zimo Sortiment

Nr.	Art.-Nr.	Bezeichnung	Erläuterung
1	TRAFO24	Transformator	Energieversorgung für Zentraleinheit und Booster, 24 Volt, 150 VA
2	MX 1	Basisgerät (Zentrale)	Ortsfeste Zentraleinheit, Ausgangsstrom bis 8 A, Digitalfahrspannung stabilisiert und einstellbar zwischen 12 und 24 Volt, Interface eingebaut
3	MX2	Fahrgerät	Kabelgebundenes Handsteuergerät (ortsfest und mobil verwendbar) mit LCD-Display, Schiebepotentiometer, Tasten zur Bedienung von Digital-Loks, Schalten von Zusatzfunktionen, Stellen von Magnetartikeln, Anzeige von Rückmeldungen und Programmierfunktion
4	MX2IF	Fahrgerät	Wie vor, jedoch drahtlose Ausführung
5	MXIF	Infrarot-Modul	Pendant für drahtlose, mobile Handsteuergeräte MX2IF, zum Betrieb von maximal vier drahtlosen Geräten geeignet
6	MX62	N-Lokdecoder	Lokdecoder 600 mA für N-Fahrzeuge mit Permanentmagnet- und Faulhabermotor, Lastausgleich, 16 kHz-Motoransteuerung, einstellbare Anfahr- und Bremsverzögerung, lokspezifische Höchstgeschwindigkeit, eine fernsteuerbare Zusatzfunktion, Zugnummerngeber, NEM (S) Schnittstelle
7	MX60	H0-Lokdecoder	Lokdecoder 800 mA für H0-Fahrzeuge mit Permanentmagnetmotor, ohne Lastausgleich, einstellbare Anfahr- und Bremsverzögerung, lokspezifische Höchstgeschwindigkeit, bis zu 6 fernsteuerbare Zusatzfunktionen, Zugnummerngeber, Kabelanschluß

Nr.	Art.-Nr.	Bezeichnung	Erläuterung
8	MX60R	H0-Lokdecoder	Wie vor, jedoch mit Schnittstellenstecker
9	MX61	H0-Lokdecoder	Lokdecoder 800 mA für H0-Fahrzeuge mit Permanentmagnet- und Faulhabermotor, Lastausgleich, 16 kHz-Motoransteuerung, einstellbare Anfahr- und Bremsverzögerung, lokspezifische Höchstgeschwindigkeit, bis zu 6 fernsteuerbare Zusatzfunktionen, Zugnummerngeber, Kabelanschluß
10	MX61R	H0-Lokdecoder	Wie vor, jedoch mit Schnittstellenstecker
11	MX67	Funktionsdecoder	Fernsteuerung von bis zu 2 Funktionen z.B. in Steuerwagen
12	MXBOO	Booster	Großbooster zur Erhöhung der elektrischen Leistung bei größeren Digitalanlagen, Ausgangsstrom bis 2 x 8 A
13	MXHLU	Bremsmodul	Vorbildgerechte Bremsvorgänge vor Halt zeigenden Signalen
14	MX1FSE	Fremdsystem-Einspeisemodul	Anschluß von Digitalgeräten anderer Hersteller an Zimo Digital
15	MX8	Magnetartikeldecoder	Decoder für 16 Weichen oder Lichtsignale, oder 32 Entkuppler, geeignet für Doppelspulen-, EPL-Antriebe, Glühbirnen, LEDs
16	MX9	Gleisabschnitts-Modul	Gleisbesetztmelder für 16 Gleisabschnitte, Zugnummernerkennung, signalabhängige Zugbeeinflussung in 5 Abstufungen
17	MX9AZN	Zugnummernerkennung	Zugnummernerkennungs-Aufsteckplatine für 8 Blöcke
18	MX9ALA	Lampenverstärker	Lampenverstärker-Aufsteckplatine zur Anzeige von 16 Gleisbesetzt-zuständen und 8 Blocksignalbildern
19	MXDS	Drehscheiben-Modul	Steuerung von Drehscheiben mit Gleisvorwahl
20	MX7	Kehrschleifen-Modul	Kehrschleifen-Modul zum durchfahren von Zweischienen-Zweileiter-Kehrschleifen mit Digital-Loks
21	STP	Stellpult-Software	Windows Software mit Gleisbild Editor, Gleisbild- und Signaldarstellung, Besetzt- und –freimeldeanzeigen, Zugnummernanzeige, Fahrstraßen-schaltung, Blockbetrieb, Schattenbahnhofssteuerung, usw.
22	PFuSch	Software für Loks	Datenbank und Programmierungssoftware für Zimo Decoder
23	BH	Zimo Handbuch	
24	ZAK	Zimo Hauszeitung	

dienung von Verbrauchern und die optische Meldung von Zuständen ist konsequent auf ein PC-Konzept ausgerichtet.

Bedienung

Zwei Fahrgeräte stehen zur Auswahl, eine kabelgebunde und eine drahtlose (auf Infrarotbasis arbeitende) Version. Sämtliche Bedienungs- und Anzeigeelemente der beiden Geräte sind identisch – zweifellos die richtige Entscheidung zur Vereinfachung der Bedienung.

Der Fahrzeugaufruf über eine Tastatur gleicht dem Verfahren bei anderen Digitalsteuerungen. Dies gilt auch für die Fahrtrichtungswahl. Die Geschwindigkeitssteuerung geschieht mittels eines Schiebepotentiometers.

Die bei den einzelnen Tasten positionierten Leuchtmelder sind teils mehrfarbig gestaltet, um eine optimale Übersichtlichkeit zu gewährleisten. Leider ist das beleuchtete Hauptdisplay hinsichtlich der Ziffernzahl unterdimensioniert; so muß die erste Stelle von vierstelligen Adressen unterdrückt werden.

Lokdecoder und Nachrüstkonzept

Die Firma Zimo Elektronik stellt selbst keine Modellbahnen her und führt demzufolge auch keine betriebsfertigen Digital-Loks im Angebot.

Neben Lokdecodern mit Anschlußdrähten werden auch Varianten mit genormten Schnittstellensteckern angeboten. Zimo Lokdecoder verfügen über alle von einer Profi-Digitalsteuerung zu erwartenden Merkmale. Darüberhinaus quittieren sie sogar ihre Adresse nach dem Empfang. Mit dem Gleisabschnittsmodul MX9 und der Aufsteckplatine MX9AZN wird so eine Zugnummer generiert, die eine Verfolgung von Zügen in den einzelnen Gleisabschnitten erlaubt.

Zusatzfunktionen

Systembedingt arbeiten Beleuchtungen mit konstanter, also geschwindigkeitsunabhängiger Helligkeit. Modelle mit betriebsfertigen Zusatzfunktionen sind im Zimo Digital Angebot nicht enthalten. Aber es können natürlich Modelle mit Zusatzfunktionen anderer Hersteller (z. B. Roco) bedient werden.

Der Zimo H0-Lokdecoder MX61 ist beispielsweise mit drei 200 mA Funktionsausgängen ausgerüstet und mit drei weiteren Funktionsausgängen, die mittels eines Zusatzverstärkers nochmals drei Zusatzfunktionen schalten können. Ferner steht der Funktionsdecoder MX67 mit zwei fernsteuerbaren Funktionen zur Verfügung.

Das Zimo Sortiment sollte um Lokdecodertypen mit betriebsfertig integrierten Soundfunktionen komplettiert werden.

Fahrzeugparameter einstellen

Hinsichtlich Art der programmierbaren Fahrzeugparameter (siehe hierzu Tabelle Systemeigenschaften) und dem Verfahren zur Programmierung und Anzeige eingestellter Werte bewegt sich Zimo Digital auf dem hohen Niveau anderer NMRA-konformer Profi-Digitalsteuerungen. Zur Programmierung der Lokdecodereigenschaften steht zudem eine speziell für Zimo Decoder geschriebene Software zur Verfügung.

Fahrverhalten

Zur Geschwindigkeitssteuerung stehen inzwischen wahlweise 14, 28 oder 126 Fahrstufen zur Verfügung. Zimo Lokdecoder verfügen serienmäßig über einen Lastausgleich (Motordrehzahlregelung) und in weiten Bereichen individuell einstellbare Fahrzeugparameter. Diese technischen Vorkehrungen dürften ein gutes Fahrverhalten gewährleisten.

Fahrverhalten in Signalhalteabschnitten

In diesem Punkt verfolgt Zimo eine andere Philosophie als die ebenfalls NMRA-konformen Mitbewerber Digital Plus, Arnold Digital, Intellibox, Digitrax, usw. Hier sendet man über einen Bremsgenerator ein für alle Digital-Loks verständliches Kommando zum bremsen und die Digital-Loks verzögern vorbildgerecht entsprechend dem programmierten Verzögerungsgrad. Zimo verwendet sog. Gleisabschnittsmodule, wo der Bremsvorgang in Abhängigkeit der Signalstellungen und der Adressenquittierungssignale der Zimo Lokdecoder in bis zu fünf Geschwindigkeitsstufen unterteilt wird. Dieses Verfahren führt sicher zu besonders vorbildgerechten Haltevorgängen, zumal bei Zimo das signalstellungsabhängige Brems- und Anfahrverhalten unabhängig von ansonsten wirksamen Brems- und Anfahrverhalten programmiert werden kann.

Der Zimo Lösung haftet allerdings der Nachteil an, daß Digital-Loks mit anderen NMRA-konformen Lokdecodern nicht auf Halt zeigende Signale reagieren. So ist man – will man auch in Signalhalteabschnitten vorbildgetreue Fahrvorgänge – auf die ausschließliche Verwendung von Zimo Decodern angewiesen, was sich mit dem Normungsgedanken und dem Thema Kompatibilität kaum vereinbaren läßt.

Digital Schalten

Für diesen Zweck sind im Betriebsmodus NMRA die Adressen 801 bis 863 reserviert.

Mit jeder Adresse können beispielsweise entweder 16 doppelspulige Weichen oder 32 Entkuppler gesteuert werden.

Als Eingabegeräte zur Magnetartikelsteuerung dienen die beiden Handsteuergeräte oder über das in der Zentrale eingebaute Interface ein PC mit STP-Software.

Das Magnetartikelmodul MX8 dient der Steuerung und echter Rückmeldung stationärer Verbraucher auf Modellbahnanlagen. Es wird in zwei Bauformen geliefert. An das MX8S werden Magnetartikel mit Doppelspulenantrieb sowie Tageslichtsignale mit Glühbirnen oder LEDs angeschlossen. Mit dem MX8M können alle Magnetartikel, also auch solche mit Doppelspulenantrieb als auch solche mit Motorantrieb und ELP-Antrieb, sowie ebenfalls Tageslichtsignale mit Glühbirnen oder LEDs betrieben werden.

Der Informationsaustausch mit der Zentrale geschieht über das CAN-Bus-Kabel. Die Stromversorgung angeschlossener Verbraucher geschieht über eine externe Wechselspannung. Die Programmierung der MX8-Eigenschaften geschieht mit einem Handsteuergerät.

Digital Melden und Zugsteuerung

Dafür sind im Betriebsmodus NMRA die Adressen 901 bis 963 reserviert. Mit jeder Adresse können beispielsweise 16 Gleisabschnitte oder 8 Blockstrecken überwacht werden.

Das Gleisabschnittsmodul MX 9 dient zur Überwachung von 16 Gleisabschnitten (Gleisbesetztmeldung und optional Zugnummernerkennung) und zur signalstellungsabhängigen Zugbeeinflussung. Ohne PC können damit Blockschaltungen, Fahrstraßenschaltungen und Schattenbahnhofsteuerungen realisiert werden.

Angeschlossen werden 16 Gleisabschnitte, wobei dies – etwas vereinfacht dargestellt – 8 Blöcke bestehend jeweils aus einem Fahr- und einem Halteabschnitt sein können. Signalstellungsabhängige Zugbeeinflussung und Zugnummernerkennung erfolgen stets blockweise, die Besetztanzeige jedoch gleisabschnittsweise. Jeder Block verfügt über eine separate Kurzschlußüberwachung. Die Besetztmelder arbeiten nach dem Stromfühlerprinzip. Die Empfindlichkeit liegt je nach Höhe der eingestellten Digitalfahrspannung zwischen 13 kΩ und 35 kΩ Achswiderstand.

Die Digitalfahrstromversorgung erfolgt durch die Digitalzentrale MX1. Der Informationsaustausch mit der Zentrale – soweit er bei einem autonomen Betrieb der Gleisabschnittsmodule erforderlich ist – geschieht über das CAN-Bus-Kabel. Die Programmierung der MX8-Eigenschaften geschieht mit einem Handsteuergerät.

Das Gleisabschnittsmodul MX9 kann durch Lampenverstärker-Aufsteckplatinen erweitert werden, die 8 zweibegriffige Blocksignale und 16 optische Besetztmeldungen anzeigen.

Zugnummernerkennung

Eine Gleisbesetztanzeige teilt dem Anwender lediglich mit, daß sich in einem Gleisabschnitt ein oder mehrere Fahrzeuge befinden – aber nicht, um welche Fahrzeuge bzw. Zug es sich handelt. Zimo bietet als Besonderheit ein Zugnummernerkennungssystem für Digital-Loks, womit sich der Zuglauf optisch verfolgen läßt. Die Zugnummernerkennung funktioniert nur im NMRA-Betriebsmodus und hier wiederum auch nur bei ausschließlicher Verwendung von Zimo-NMRA-Lokdecodern. Diese Lokdecoder quittieren den Empfang ihrer Adresse mit vier 10 µsec kurzen Impulsen. Die Zugnummernerkennung muß mindestens drei erkennen, um aus der gerade gesendeten Adresse und den Impulsen die Zugnummer bilden zu können.

Das Gleisabschnittsmodul läßt sich durch die Zugnummernerkennungs-Aufsteckplatine MX9AZN ergänzen. Die Zugnummern können entweder mittels des extern montierbaren Anzeigemoduls MX9ANZ oder auf dem PC-Bildschirm angezeigt werden. Die Zugnummernerkennungs-Aufsteckplatine MX9AZN kann übrigens auch ohne Gleisabschnittsmodul eingesetzt werden.

Informationen

Wer sich für Zimo Digital interessiert, sollte zuerst das Zimo Betriebshandbuch und die Bedienungsanleitung über das STP Computerstellpult unter Windows studieren. Daneben liefert der Hersteller über die Hauszeitschrift ZIMO AKTUELL zusätzliche Informationen.

Zusammenfassung

Zimo Digital ist eine recht komplexe NMRA-konforme Profi-Digitalsteuerung. Die Eigenschaft auch Motorola Loks einsetzen zu können, ist eher theoretischer Natur, denn die typischen Zimo Vorzüge – wie Zugnummernerkennung – sind gerade bei dieser Betriebsart nicht nutzbar. Man muß akzeptieren, daß alle Triebfahrzeuge mit einem Lokdecoder ausgerüstet werden müssen – ein schrittweiser Umstieg von Analog auf Digital ist ausgeschlossen. Damit ist das System ab Baugröße H0 geeignet, weil in zahlreiche N-Loks kein Lokdecoder hineinpaßt. Die NMRA-Lokdecoder erfüllen alle Voraussetzungen für vorbildgerechtes Fahrverhalten der Fahrzeuge. Die technische Konzeption der Gleisabschnittsmodule sorgt zudem für besonders vorbildgerechte Brems- und Beschleunigungsvorgänge in Abhängigkeit von Signalstellungen.

Das Konzept mit kabelgebundenen und sogar drahtlosen Handsteuergeräten ist praxisgerecht, weil es Steuerung und Beobachtung der Fahrzeugmodelle vor Ort erlaubt.

Was die Bereiche digitales Schalten und Melden anlangt, so sollte von vorne herein die Bereitschaft zum Aufbau einer PC-gestützten Bedienung vorhanden sein, denn beispielsweise übersichtliche Tastenstellpulte zur Bedienung von Magnetartikeln und Dauerstromverbrauchern sucht man im Zimo Sortiment vergebens.

Der Aufbau einer Zimo Digitalsteuerung ist wegen der vielfältigen Möglichkeiten deutlich anspruchsvoller, als der bei Mitbewerbern. Technisches Verständnis ist hier sicher von Vorteil.

11 Ergänzungs- und Alternativangebote

Nicht alle Wünsche werden durch die Angebote der Branchenführer erfüllt. Manchmal ist die Nachfrage zu gering, in anderen Fällen hat der „Kleine" einfach die bessere Idee und setzt sie flexibel um. Deshalb bilden diese Angebote oft nicht nur interessante Alternativen bzw. Ergänzungen, sondern darüberhinaus auch preiswerte Lösungen. Solche Offerten unterliegen einem schnelleren Wandel. Deshalb ist im Einzelfall das Studium der aktuellen Herstellerunterlagen ratsam. Die Übersichten sind mehr als Beispiele, denn als vollständige Marktübersicht zu verstehen.

Angebote für Motorola-Digitalsteuerungen

Märklin ist in Deutschland der unangefochtene Marktführer auf dem Digitalsektor. Wegen der großen Verbreitung von Märklin Digital ist auch das Angebot anderer Hersteller für diese Profi-Digitalsteuerung vergleichsweise umfangreich. Die im folgenden aufgezählten und mit Stichworten beschriebenen Artikel sind natürlich nicht nur für Märklin Digital, sondern für alle mit dem Motorolaformat arbeitenden Digitalsteuerungen geeignet. Erfreulicherweise bieten gerade die Kleinserienhersteller einige der Produkteigenschaften, die man bei Märklin

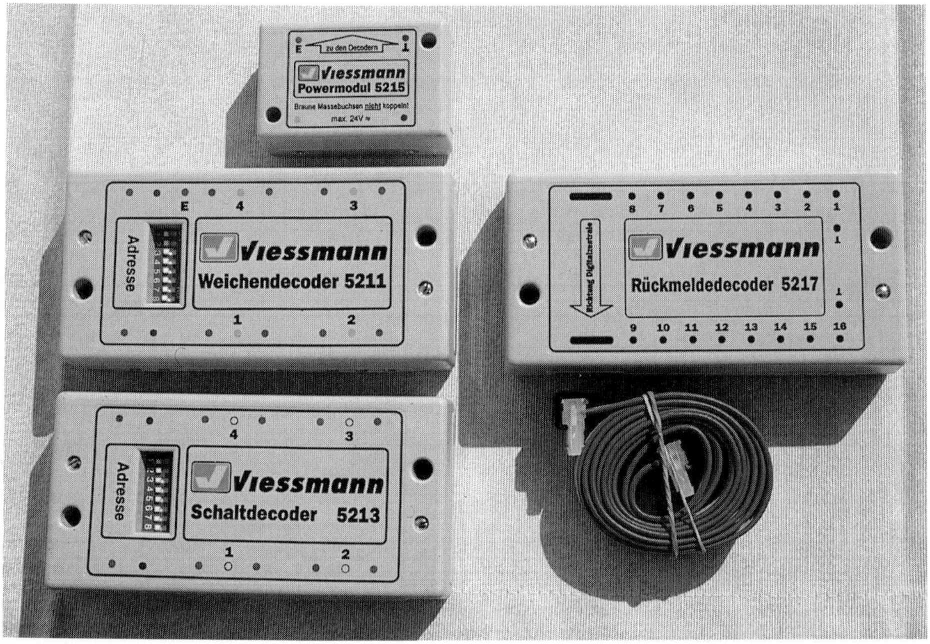

Stationäre Viessmann Decoder mit von außen zugänglichen Codierschaltern für Märklin Digital

Angebote für Motorola Steuerungen

Bezeichnung Verwendung	Typ/Beschreibung/Eigenschaften	Bezugsquelle
Lokdecoder	LE 122, für Motoren mit Feldspulen, ohne Lastausgleich, Mindestanfahrspannung, Anfahr- und Bremsverhalten einstellbar, Funktion Licht + 2 weitere Funktionen, dauerhafte Datenspeicherung	Lenz Elektronik GmbH, Hüttenbergstraße 29, D-35398 Gießen
Lokdecoder	LDEC 16080, für Motoren mit Feldspulen, ohne Lastausgleich, Mindestanfahrspannung, Anfahr- und Bremsverhalten und Höchstgeschwindigkeit einstellbar, Funktion Licht, f1 = 1 A-Ausgang, f3 = Rangiergang (halbe Höchstgeschwindigkeit), f4 = Anfahr/Bremsverzögerung ein/aus, dauerhafte Datenspeicherung	Digitaltrain, Kirchstraße 17, D-57539 Selbach
Lokdecoder	Nr. 10739, Decoder mit Schnittstellenstecker speziell für Roco-Loks mit Gleichstrommotoren zum Betrieb auf Märklin Digital Anlagen, ohne Lastausgleich, Mindestanfahrspannung, Anfahr- und Bremsverhalten einstellbar, Funktion Licht	Roco Modellspielwaren Vertriebsg. M.b.H. & Co. Handels-KG, Georg-Wrede-Str. 49, D-83395 Freilassing
Lokdecoder mit Sound	Lokdecoder für Gleich- und Wechselstrommotoren, NMRA und Motorola-kompatibel, mit Lastausgleich, Sound von Dampf-, Diesel- und E-Loks, über Rechnerschnittstelle beeinflußbar	ESU, electronic solutions ulm GmbH, D-89081 Ulm
Anfahr/Bremsbaustein	DIBAS 21, Funktion vergleichbar dem Signalmodul Nr. 72441 von Märklin, zum langsamen abbremsen vor Halt zeigenden Signalen von Digital-Loks mit Hochleistungsantrieb, darüberhinaus auch für Wendezüge geeignet	Helmo Modellbahnelektronik, Moorsumer Str. 38, D-26419 Grafschaft
Signalmodul	SGM 441, Funktion vergleichbar dem Signalmodul Nr. 72441 von Märklin, zum langsamen abbremsen vor Halt zeigenden Signalen von Digital-Loks mit Hochleistungsantrieb und Lokdecoder LDEC 16080	Digitaltrain, Kirchstraße 17, D-57539 Selbach
Weichendecoder	WDEC 183 PS, Funktion vergleichbar Märklin Decoder k 83, jedoch zusätzlich externe Stromversorgung angeschlossener Verbraucher und Codierschalter ohne Öffnung des Gehäuses zugänglich	
Rückmeldemodul	RM 188, Funktion identisch mit Märklin Rückmeldedecoder s 88, 1 Adapter pro Anlage notwendig	
Digital-Bremsmodul	Nr. 5232, Funktion vergleichbar dem Signalmodul Nr. 72441 von Märklin, darüber hinaus auch für Wendezüge verwendbar	Viessmann Modellspielwaren GmbH, Am Bahnhof 1, D-35116 Hatzfeld
Digitaler Magnetartikeldecoder	Nr. 5211, Funktion vergleichbar Märklin Decoder k 83, jedoch zusätzlich externe Stromversorgung angeschlossener Verbraucher und Codierschalter ohne Öffnung des Gehäuses zugänglich (unter Nr. 5291 auch als Bausatz erhältlich)	
Digitaler Schaltdecoder	Nr. 5213, Funktion vergleichbar Märklin Decoder k 84, Codierschalter ohne Öffnung des Gehäuses zugänglich (unter Nr. 5293 auch als Bausatz erhältlich)	
Einzelweichendecoder	Nr. 5231, Aufbau und Funktion vergleichbar mit Märklin Einbaudecoder Nr. 74460 für C-Gleisweichen, jedoch zusätzlich externe Stromversorgung angeschlossener Verbraucher	
Digital-Signale	Verschiedenste Form- und Lichtsignale mit integriertem Decoder, Zugbeeinflussung, bei Flügelsignalen langsame Flügelbewegung	
Rückmeldemodul	Nr. 5217, Funktion identisch mit Märklin Rückmeldedecoder s 88	
Digitalzentrale	Zentrale zum Anschluß von 16 Handsteuergeräten	Joachim Haupt, Hohlgartenweg 1, D-65232 Taunusstein

Bezeichnung Verwendung	Typ/Beschreibung/Eigenschaften	Bezugsquelle
Keyboard	Keyboard mit 64 Tastenpaaren	
Bremsmodul	Funktion vergleichbar dem Signalmodul Nr. 72441 von Märklin	
Zentraleinheit	Datenübertragungsformat (Motorola I oder II für jede Lokadresse separat einstellbar, vier Fahrgeräte und RS 232 Schnittstelle eingebaut	Modellbahntechnik & Digitalsysteme Sven Heine, Hohe-Loog-Straße 21, D-67434 Neustadt
Lokdecoder	Geeignet für Gleich- und Wechselstrommotoren, Überlastschutz, Funktion Licht + 4 Funktionen, Mindest- und Höchstgeschwindigkeitseinstellung getrennt für beide Fahrtrichtungen	
Magnetartikeldecoder	Mit Relais zum Schaltdecoder erweiterbar	
Magnetartikeldecoder	QS-DEC-II mit externer Stromversorgungsmöglichkeit angeschlossener Verbraucher	LTD, Littfinski Daten Technik, Osterholder Straße 15, D-25482 Appen
Rückmeldedecoder	RM-DEC-88, Eingänge mit Optokopplern zum Anschluß potentialgebundener Schaltgleise u. ä.	
Schnittstelle für Gleisbildstellpult	Switchboard 2000, Anschluß von 16 Tastenpaaren (Momentkontakte) über Schraubklemmen pro Gerät zum Anschluß eines Gleisbildstellpultes an die Control Unit von Märklin	Schmidt Elektronik Systeme HG, Breitenbachstraße 11, o – 12, 13509 Berlin
Schienenfahrbarer Kran	Nr. 46900, schienenfahrbarer Kran mit Schutzwagen	Roco Modellspielwaren Vertriebsg. M.b.H. & Co. Handels-KG, Georg Wrede Str. 49, D-83395 Freilassing
Portalkran	Nr. 40111, Digital-Portalkran	

vermißt. Beispielsweise sei auf Lokdecoder mit Rangiergang, die eine feinfühligere Geschwindigkeitssteuerung erlauben, und auf Magnetartikeldecoder, welche eine externe Versorgung von Verbrauchern mit einfacher Wechselspannung erlauben, hingewiesen.

Angebote für NMRA-Digitalsteuerungen

Hier wird lediglich auf Produkte hingewiesen, die nicht schon in anderem Zusammenhang in diesem Buch genannt worden sind.

Angebote für NMRA-Steuerungen

Bezeichnung Verwendung	Typ/Beschreibung/Eigenschaften	Bezugsquelle
Lokdecoder	Nr. 10742, Einfacher Decoder mit Schnittstellenstecker, für Permanentmagnetmotoren, ohne Lastregelung, Mindestanfahrspannung, Anfahr- und Bremsverhalten einstellbar, Funktion Licht + 1 Funktion	Roco Modellspielwaren Vertriebsg. M.b.H. & Co. Handels-KG, Georg-Wrede-Str. 49, D-83395 Freilassing
Lokdecoder	Nr. 10745, Decoder mit Schnittstellenstecker, für Permanentmagnetmotoren, Lastregelung, usw, Funktion Licht + 1 Funktion	
Lokdecoder	T 120, Decoder mit Anschlußkabeln, für Permanentmagnetmotoren, ohne Lastregelung, Mindestanfahrspannung, Anfahr- und Bremsverhalten, Höchstgeschwindigkeit, Geschwindigkeitskennlinie einstellbar, Adressenumfang bis 10240, während des Betriebes programmierbar, Funktion Licht + 1 Funktion	Dipl.-Ing. T. Kühn, Floßweg 61a, D-53604 Bad Honnef

Bezeichnung Verwendung	Typ/Beschreibung/Eigenschaften	Bezugsquelle
Lokdecoder	NMRA-kompatible Lokdecoder für Gleichstrommotoren unterschiedlicher Baugrößen, mit und ohne Lastausgleich	Digitrax, Case Hobbies, Dorfstraße 28, D-33739 Bielefeld
Lokdecoder mit Sound	Lokdecoder für Gleich- und Wechselstrommotoren, NMRA und Motorola-kompatibel, mit Lastausgleich, Sound von Dampf-, Diesel- und E-Loks, über Rechnerschnittstelle beeinflußbar	ESU, electronic solutions ulm GmbH, D-89081 Ulm
Schienenfahrbarer Kran	Nr. 46800, schienenfahrbarer Kran mit Schutzwagen	Roco Modellspielwaren Vertriebsg. M.b.H. & Co. Handels-KG, Georg-Wrede-Str. 49, D-83395 Freilassing
Portalkran	Nr. 40110, Digital-Portalkran	
Gleisbeseztmelder	Für 16 Gleisabschnitte, NMRA- und Motorola-kompatibel, auch bei Stromausfall funktionsfähig	Blücher Elektronik Barstraße 23, D-10713 Berlin

Alternativ- und Ergänzungsangebote für die Selectrix Steuerung

Bezeichnung Verwendung	Typ/Beschreibung/Eigenschaften	Bezugsquelle
Schaltdecoder	für elektromagnetische Doppelspulenantriebe und motorische Antriebe, vielseitige Eigenschaften programmierbar	Rautenhaus Modellbahntechnik, Bürgermeister-Mävers-Straße 2a, D-28857 Syke
Gleisbesetztmelder	SLX 816, 16-fach Gleisbesetztmelder	
Kehrschleifenmodul		
Drehscheibenmodul	Digitale Steuerung von Arnold und Fleischmann Drehscheiben	
Funktionsdecoder	Funktionsdecoder, auch integriert in Innenbeleuchtungen von Reisezugwagen	
Handregler	Handregler mit Drehknopf	MÜT GmbH, Neufeldstraße 17, D-85232 Bergkirchen
Gleisbesetztmelder		
Schaltdecoder	Echte Stellungsmeldung integriert, für Doppel- und Einzelspulenantriebe, sowie motorische Antriebe	
Handregler		MTTM, Reinhold Günter, Wasserturmstraße 30, 85551 Kirchheim
Schaltdecoder	für Doppelspulenantriebe und motorische Antriebe	
Gleisbesetztmelder		
Anzeigemodul	Geeignet zur optischen Meldung von Gleisbesetztmeldungen	
Kehrschleifenmodul		
Interface	Datenübertragungsrate 19600 Baud	
Spezialdecoder für schienenfahrbaren Roco Kran Nr. 46800	Selectrix-Spezialdecoder	Spezial-Lokwerkstatt, Ing. Jürgen Benzin, D-92342 Mörsdorf

Angebote für Selectrix-Digitalsteuerungen

Der Verbreitungsgrad dieser Digitalsteuerung ist zwar nicht so groß, dafür scheint die Anhängerschaft gleichermaßen fabrikatstreu wie technisch versiert zu sein, denn das für diese Digitalsteuerung gebotene Zubehör ist überwiegend besonders anspruchsvoll.

Zusammenfassung

Zweifellos lohnt sich der Blick auf die Angebote der Kleinserienhersteller, denn sie füllen nicht nur so manche Lücke im Angebot der Großen, sondern ihre Alternativen sind oftmals auch besonders preiswert – man denke beispielsweise an die Bausatzangebote für stationäre Decoder. Auch findet man hier häufig eine im Detail dem Großserienprodukt überlegene technische Lösung, wie Decoder mit externer Stromversorgungsmöglichkeit für das Motorolaformat, oder Bausteine für signalstellungsabhängiges Bremsen, welche auch den Steuerwagen eines Wendezuges vor dem Signalstandort halten lassen. Bei allen Überlegungen sollte man aber auch wissen, daß die Funktionsgarantie von Herstellern erlischt, wenn deren Systeme durch Fremdfabrikate ergänzt werden.

12 Ausblick

Als erster Großserienhersteller hat die Fa. Trix im Jahr 1983 ihre Mehrzugsteuerung Selectrix vorgestellt. 1985 folgte Märklin mit Märklin Digital für das Zweischienen-Dreileiter-System. Inzwischen sind gleich mehrere Produkte für Zweischienen-Zweileiter-Systeme auf dem Markt, wobei sich als Standard zunehmend die NMRA-kompatiblen Digitalsteuerungen etablieren. Es bleibt die Frage nach künftigen Entwicklungstendenzen.

Systemvielfalt auch in Zukunft?

Im wesentlichen haben sich zwei technische Systeme am deutschen Markt durchgesetzt, nämlich Märklin mit dem Motorola-Datenformat und die international genormten, nach dem NMRA/DCC-Datenformat arbeitenden Digitalsteuerungen, wie zum Beispiel Digital Plus der Fa. Lenz Elektronik GmbH.

Diese Zweispurigkeit wird weiterhin Bestand haben, denn die Ende der achtziger Jahre – vor der Normung – existierende Chance einer Zusammenführung der Systeme ist inzwischen endgültig vorbei. Märklin hat dies mit seiner Verabschiedung von dem immerhin zwischen 1989 und Herbst 1996 produzierten, NMRA-konformen System „Märklin Digital= (Gleichstrom)" unmißverständlich verdeutlicht. Es existieren ja nicht nur zwei technisch vollkommen unterschiedliche Datenformate, sondern auch zwei verschiedene Gleis- und Fahrzeugsysteme (Zweischienen-Zweileiter-Gleise und Zweischienen-Dreileiter-Gleise), sowie zwei verschiedene Kundengruppen (Märklin-H0-Liebhaber und Zweischienen-Zweileiter-Anhänger die sich wiederum auf die Modellbahn-Baugrößen H0 und N verteilen).

Die verschiedenen Datenübertragungsformate in Verbindung mit den unterschiedlichen Gleis-, Stromversorgungs- und Fahrzeugsystemen lassen sich auch nicht mit den momentan aktuellen Multiprotokollgeräten überbrücken. Hersteller solcher Geräte werden zunehmend mit der prinzipiellen Schwierigkeit kämpfen müssen, stets die Entwicklungen der anderen Digitalanbieter im Nachhinein in ihre Geräte implementieren zu müssen. Denn nicht etwa die Multiprotokolltechnik bestimmt die technische Entwicklung – grundsätzlich übernimmt sie immer nur die von Anderen vorgegebenen Eigenschaften. Die mittelfristigen Marktchancen von Multiprotokollgeräten dürften sich daher in Grenzen halten.

Eher kritisch sind die Entwicklungsmöglichkeiten der nicht NMRA-konformen Digitalsteuerungen für Zweischienen-Zweileiter-Bahnen der verschiedenen Baugrößen einzuschätzen. Diese Hersteller haben zwar ihren Kundenstamm, sie werden sich aufgrund von Absatzprognosen aber stets besonders genau überlegen müssen, ob und wieviel sie in die technische Weiterentwicklung ihres hausspezifischen Digitalsystems investieren.

Die Multiprotokolldecodertechnik hat unter der nachfolgend genannten Prämisse zumindest für eine mehrjährige Übergangsphase gewisse Chancen. Man kann sich vorstellen, daß ein Hersteller von Zweischienen-Zweileiter-Bahnen, der eine nicht NMRA-konforme Digitalsteuerung anbietet, multiprotokollfähige Lokdecoder am Markt einführt, welche neben dem hausspezifischen Datenübertragungsformat auch NMRA-konforme Daten verarbeiten können. Auf diese Weise könnte der heutige Kundenstamm weiter bedient bzw. gehalten werden, aber gleichzeitig eine Weichenstellung hin zu dem international genormten NMRA-System vorgenommen werden.

Technische Trends

Digitale Mehrzugsteuerungen sind ja kein Selbstzweck, sondern sie sollen ein Hilfsmittel zum möglichst vorbildgerechten Modellbahnbetrieb sein. Bei der Nachbildung fahrzeugspezifischer Eigenschaften sind in den letzten Jahren deutliche Fortschritte zu verzeichnen; Lastausgleich, einstellbare Höchstgeschwindigkeit, vorbildgerechtes Anfahr-/Bremsverhalten auch in Signalhalteabschnitten lauten einige Beispiele.

Heute sind beispielsweise Dampfentwickler ein- und ausschaltbar, aber die Dampfentwicklung arbeitet unter allen Betriebsbedingungen immer nur gleichmäßig – egal ob die Lok steht, oder einen langen Güterzug eine steile Rampe hinauf befördert. Morgen kann die Intensität der Dampfentwicklung vorbildgerecht sein, weil sie über die belastungsabhängige Motorstromaufnahme der Lok automatisch den tatsächlichen Betriebsbedingungen angepaßt wird. Die Änderung des Anfahr-/Bremsverhaltens muß heute noch bei jedem Wechsel der Anhängelast (schwerer Güterzug, leichter Eilzug) vom Bediener vorgenommen werden; künftige Lokdecodergenerationen werden die Anhängelast selbst erkennen und eine lokbaureihenabhängige und anhängelastabhängige Massensimulationsstufe einstellen. Lokdecoder mit integrierten Fahrzeuggeräuschen (Pfeife, Dieselmotor, u.ä.m.) werden sicher nicht mehr lange auf sich warten lassen.

Während fernsteuerbare Fahrzeugkupplungen, Betriebsgeräusche und Funktionsmodelle (Geschwindigkeitsmeßwagen, schienenfahrbarer Kran, usw.) heute noch auf die Baugröße H0 beschränkt sind, kann man nur hoffen, daß diese Entwicklungen auch bei der Spur N Einzug halten. Denn die Anbieter, die den Faktor Spaß am Spiel unterschätzen, werden das Nachsehen haben.

Fernsteuerbare Funktionen bleiben ein digitales Zukunftsthema, weil sie maßgeblich zur Abwechslung beim Modellbahnbetrieb beitragen.

Wenn von Technischen Trends die Rede ist, so darf der Blick nicht nur auf die Ausrüstung der Fahrzeuge mit immer perfekteren elektronischen Baugruppen gerichtet werden. Ebenso entscheidend für gute Fahreigenschaften ist das Zusammenspiel zwischen Elektronik und elektromechanischer Fahrzeugkonstruktion. Und in diesem Punkt sind Fortschritte ebenso wünschenswert.

Positive Beispiele sind die serienmäßige Ausrüstung von N-Loks der Fa. Trix mit Glokkenankermotoren und die Einführung des sogenannten C-Sinus-Motors von Märklin in der Baugröße H0.

Handhabung

Auch beim Thema Bedienung gilt, daß Digitale Mehrzugsteuerungen einen vorbildgerechten Modellbahnbetrieb fördern sollen und nicht etwa zur Konzentration auf Anzeige- und Bedienungselemente, sowie zum ausführlichen Studium von Handbüchern zwingen sollen.

Der sogenannte S-Sinus-Motor von Märklin ist ein innovativer Schritt hin zu optimalen Fahreigenschaften vor allem in Verbindung mit digitaler Fahrzeugsteuerung.

Die Ergonomie der Produkte wird für deren Akzeptanz entscheidend sein. Ein Beispiel sind Erkennbarkeit und Informationsgehalt von Anzeigen. Die Entwicklung begann mit simplen Leuchtdioden und führte zu mehrzeiligen, wesentlich informativeren LCD-Anzeigen. In Einzelfällen sind heute Geräte mit Benutzerführung erhältlich – auf dem Display wird mittels Text dem Anwender mitgeteilt, was er in welchem Fall zu tun hat. Der nächste Schritt könnten Handsteuergeräte mit komfortablen LCD-Grafikdisplays sein.

Bei manchen Digitalsystemen muß derzeit noch eine zweistellige Ziffer als Lokadresse eingegeben werden. Künftig wird die Eingabe der tatsächlichen Lokbaureihenziffern- bzw. -buchstabenkombination möglich sein.

Heute freuen wir uns über Geschwindigkeitsmeßwagen, weil wir so die lokspezifische Höchstgeschwindigkeit messen und dank ausgefeilter Lokdecodertechnik programmieren können. Künftig stehen Handsteuergeräte mit einer permanenten Geschwindigkeitsanzeige – wie auf dem Führerstand einer Lok – zur Verfügung und vermitteln damit das Gefühl „tatsächlich Lokführer zu sein".

Das Verfahren zur Anzeige und Programmierung fahrzeugspezifischer Eigenschaften ohne Öffnung von Digital-Loks war ein wesentlicher Fortschritt. Ungeachtet dessen würden die erwähnten Grafikdisplays Anzeige und Programmierung lokspezifischer Eigenschaften spürbar erleichtern. Auch darauf darf man sich freuen.

Schalten und Melden

Einbaudecoder für jede einzelne Weiche lassen den Wunsch nach digitalem Schalten ohne Verdrahtungsaufwand zur Realität werden. Stellpulte mit echten Stellungsanzeigen sind dazu erforderlich.

Digitales Melden bedeutet eine möglichst lückenlose Erfassung sämtlicher Fahrzeuge auf der gesamten Gleisanlage und dazu bedarf es der Einteilung in Meldeabschnitte, der Montage von Gleisbelegtmeldern und Rückmeldedecodern. Und trotz dieses Aufwandes weiß der Bediener nur, daß sich ein Zug in einem Gleisabschnitt befindet – aber noch längst nicht, um welchen Zug es sich handelt (Zugnummer). Besetzte Gleisabschnitte müssen mittels Displaybausteinen angezeigt werden – aber das Angebot an solchen Bausteinen ist bisher rar.

Anstelle solcher partiellen Lösungsansätze mit teueren Stellpulten, Fahrstraßenstellpulten und Gleisbesetztanzeigebausteinen sollte Software in Verbindung mit einem PC treten. Erhältlich sind heute Gleisplanungsprogramme und zum anderen Programme zur Nachbildung von Gleisbildstellpulten, Fahrplänen, usw.

Weshalb sollte nicht bald eine Software erhältlich sein mit welcher man den Gleisplan (einschließlich der Signalstandorte) entwikkelt und wo anschließend das Programm selbst auf der Basis des Gleisplanes die möglichen Fahrstraßen, die Fahrstraßenausschlüsse und die Fahrstraßensicherungen ermittelt und damit dem Anwender ein komplettes Stellwerk einschließlich Gleisbildstelltisch zur Verfügung steht?

Bezahlbare Technik

Maßgebend für die Weiterentwicklung Digitaler Mehrzugsteuerungen sind deren Absatzchancen, also letztlich die Gewinnerwartungen der Hersteller und Händler. Und die stehen in einer Wechselbeziehung zum Kundenverhalten. Inwieweit entspricht das Preis/Leistungsverhältnis Digitaler Mehrzugsteuerungen den Erwartungen der Modellbahnkunden?

Die Stückzahlen sind in der Modellbahnbranche – und hier speziell bei den Digitalen Mehrzugsteuerungen – eher bescheiden. Dem Vernehmen nach bewegt sich in Deutschland nur Märklin bei den Zentraleinheiten deutlich über 10 000 Stück per anno. Auch diese Zahl ist – gemessen an Produkten der Computer- und Elektronikbranche – relativ gering. Die Folge ist ein Verkaufspreis von annähernd 500,– DM für eine Zentraleinheit. Die Spielräume für Preissenkungen – wie sie der Kunde bei fast allen anderen Elektronikprodukten kennt und schätzen gelernt hat – sind bei Digitalen Mehrzugsteuerungen zweifellos begrenzt. Das muß man fairerweise anerkennen.

Bei Digitalen Mehrzugsteuerungen gehen mit Preissenkungen zumeist aber auch Leistungseinschränkungen einher. Ein Beispiel sind Lokdecoder. Hier folgten auf Standard-Decoder preiswertere Einstiegsdecoder mit teilweise spürbar reduziertem Leistungsvermögen. Auch in diesem Punkt hat der Interessent eine ganz andere Erwartungshaltung – er hat nämlich aufmerksam registriert, daß in anderen Branchen, wie bei der Konsumgüterelektronik, der Computertechnik und selbst der Automobilindustrie, neue Produkte zu niedrigeren Preisen bei gleichzeitig verbesserten Eigenschaften angeboten werden. Für neue Lokdecoder mit integriertem Lastausgleich soll der Modellbahnkunde jedoch mehr bezahlen, als für den bisher angebotenen Standard-Lokdecoder. Und das erscheint kaum noch nachvollziehbar.

Beim Thema Preise für Elektronische Mehrzugsteuerungen besteht ein besonderes Spannungsverhältnis zwischen der Erwartungshaltung der Kunden und den Möglichkeiten der Hersteller und Händler. Ob sich dies in naher Zukunft ändert erscheint fraglich. Um so bedeutsamer ist für den Anwender ein intensiver Preisvergleich vor der eigenen Systementscheidung!

Zusammenfassung

Die technischen Eigenschaften Digitaler Modellbahnsteuerungen haben in den vergangenen Jahren bemerkenswerte Fortschritte gemacht und es bestehen darüberhinaus weitere Entwicklungspotentiale. Mehr Aufmerksamkeit verdient die Optimierung der Handhabung von Profi-Digitalsteuerungen. Bei immer komplexer werdenden Systemen wird das zur Akzeptanzfrage. Wenn Digitale Mehrzugsteuerungen bezahlbar bleiben, dann gehört dieser Art der Modellbahnsteuerung zweifellos die Zukunft!